U0270940

"十二五"国家重点图书出版规划项目

智能电网研究与应用丛书

虚 拟 电 厂

——能源互联网的终极组态

Virtual Power Plants: the Ultimate Configuration
of the Energy Internet

艾 芊 编著

科 学 出 版 社

北 京

内 容 简 介

本书首先论述虚拟电厂的起源、基本概念与组成成员，其次对虚拟电厂构建和运行中的关键技术、通信技术需求及调度框架进行总结和分析；然后从技术角度对虚拟电厂多时空尺度优化策略以及内部成员的精确控制进行详细的分析和建模，并从经济角度分析论述虚拟电厂参与电力能量和辅助服务市场的竞价策略、调度优化、成本分摊机制及典型的商业模式；最后分析虚拟电厂对我国能源战略的影响及其未来发展趋势。

本书可作为工科院校电气及相关专业的研究生教材和参考用书，也可供从事电力系统交易、运行、规划等工作的相关人员参考阅读。

图书在版编目(CIP)数据

虚拟电厂：能源互联网的终极组态=Virtual Power Plants: the Ultimate Configuration of the Energy Internet / 艾芊编著.—北京：科学出版社，2018.8

（智能电网研究与应用丛书）

ISBN 978-7-03-058569-1

Ⅰ. ①虚… Ⅱ. ①艾… Ⅲ. ①数字技术－发电厂－研究 Ⅳ. ①TM62

中国版本图书馆CIP数据核字(2018)第194445号

责任编辑：范运年　王楠楠 / 责任校对：彭　涛
责任印制：赵　博 / 封面设计：陈　敬

科 学 出 版 社 出版
北京东黄城根北街 16 号
邮政编码：100717
http://www.sciencep.com
三河市春园印刷有限公司印刷
科学出版社发行　各地新华书店经销
*
2018 年 8 月第 一 版　开本：720×1000 1/16
2025 年 5 月第九次印刷　印张：21 1/4
字数：410 000

定价：168.00 元
（如有印装质量问题，我社负责调换）

《智能电网研究与应用丛书》编委会

《智能电网研究与应用丛书》序

迄今为止，世界电网经历了"三代"的演变。第一代电网是第二次世界大战前以小机组、低电压、孤立电网为特征的电网兴起阶段；第二代电网是第二次世界大战后以大机组、超高压、互联大电网为特征的电网规模化阶段；第三代电网是第一、二代电网在新能源革命下的传承和发展，支持大规模新能源电力，大幅度降低互联大电网的安全风险，并广泛融合信息通信技术，是未来可持续发展的能源体系的重要组成部分，是电网发展的可持续化、智能化阶段。

同时，在新能源革命的条件下，电网的重要性日益突出，电网将成为全社会重要的能源配备和输送网络，与传统电网相比，未来电网应具备如下四个明显特征：一是具有接纳大规模可再生能源电力的能力；二是实现电力需求侧响应、分布式电源、储能与电网的有机融合，大幅度提高终端能源利用的效率；三是具有极高的供电可靠性，基本排除大面积停电的风险，包括自然灾害的冲击；四是与通信信息系统广泛结合，实现覆盖城乡的能源、电力、信息综合服务体系。

发展智能电网是国家能源发展战略的重要组成部分。目前，国内已有不少科研单位和相关企业做了大量的研究工作，并且取得了非常显著的研究成果。在智能电网研究与应用的一些方面，我国已经走在了世界的前列。为促进智能电网研究和应用的健康持续发展，宣传智能电网领域的政策和规范，推广智能电网相关具体领域的优秀科研成果与技术，在科学出版社"中国科技文库"重大图书出版工程中隆重推出《智能电网研究与应用丛书》这一大型图书项目，本丛书同时入选"十二五"国家重点图书出版规划项目。

《智能电网研究与应用丛书》将围绕智能电网的相关科学问题与关键技术，以国家重大科研成就为基础，以奋斗在科研一线的专家、学者为依托，以科学出版社"三高三严"的优质出版为媒介，全面、深入地反映我国智能电网领域最新的研究和应用成果，突出国内科研的自主创新性，扩大我国电力科学的国内外影响力，并为智能电网的相关学科发展和人才培养提供必要的资源支撑。

我们相信，有广大智能电网领域的专家、学者的积极参与和大力支持，以及编委的共同努力，本丛书将为发展智能电网，推广相关技术，增强我国科研创新能力做出应有的贡献。

最后，我们衷心地感谢所有关心丛书并为丛书出版尽力的专家，感谢科学出版社及有关学术机构的大力支持和赞助，感谢广大读者对丛书的厚爱；希望通过大家的共同努力，早日建成我国第三代电网，尽早让我国的电网更清洁、更高效、更安全、更智能！

周孝信

前　言

当今，中国能源消费供给、能源结构转型、能源系统形态呈现新的发展趋势。能源供需体系向绿色、低碳、高效转型，能源互联网建设朝集中式发电与分布式发电协同发展。以"大智移云"（大数据、智能化、移动互联网、云计算）为代表的信息技术的发展，也为能源体系变革提供了新的手段和动力。虚拟电厂作为能源供给与能源消费的融合点，通过信息技术对能量单元的动态测控、互联互通，提高能源效率，降低能源成本，促进能源低碳化，推动分布式能源和智能电网的发展。这和我国提出的"能源互联网"的思想，在方向上是高度一致的。

顾名思义，虚拟电厂并不是实体存在的常规电厂，它打破了传统电力系统中物理上发电厂之间以及发电侧和用电侧之间的界限。事实上，虚拟电厂既可以作为配电网的主动管理单元，也可以作为辅助机组向电网提供辅助服务。基于先进的控制、计量、通信等技术，虚拟电厂聚合分布式电源、可控负荷、储能系统、电动汽车等不同类型的分布式资源，并通过更高层面的软件构架实现多个分布式能源的协调优化运行，使其能够参与电力市场和辅助服务市场运营，实现电能交易，同时优化资源利用，极大地提高供电可靠性。

不少人可能认为虚拟电厂就是一种 "发电厂"，然而虚拟电厂的内涵角色实质上可以更加丰富多元。在电力体制一体化的模式下，虚拟电厂可以通过配电公司参与到电力系统整体的运行调度之中；在电力批发市场竞争模式下，虚拟电厂可以作为负荷聚合商，且当负荷聚合商达到一定规模时可以作为独立的辅助服务提供商；在电力市场零售竞争模式下，虚拟电厂可以作为零售商和负荷聚合商参与到电力零售市场；甚至，虚拟电厂可以充当协调方的角色，协调发电端和零售商以及最后到用户端之间的交易。

虚拟电厂是当今电力行业最具创新性的领域，目前很多"能源互联网"、"智慧能源"、"互联网+"等概念工程都可以见到虚拟电厂的影子。虚拟电厂的发展将推动能源（特别是电力）技术、管理、体制和商业模式的一系列变革与创新，而分布式能源"产消者"（生产者与消费者合一）的出现、"智慧低碳社区"的建设，将带来能源互联网中"细胞"的发展，意义不可低估。或许，未来需求侧最好的商业模式就是虚拟电厂。派克研究部高级分析师彼得·阿斯穆斯（Peter Asmus）甚至说："虚拟电厂代表着能源互联网。"

虽然虚拟电厂的概念在行业内已流传甚广，特别是2017年7月江苏省关于"最大规模虚拟电厂"的报道，更是让虚拟电厂走到了国内大众的视野内。然而，遗憾的是，目前国内尚无系统地介绍虚拟电厂的书籍，初学者在刚涉足该领域时，经常需要花费极大的精力与时间来搜集整理相关资料。因此作者希望通过系统介绍虚拟电厂的发展历程、技术特征、运营模式、优化策略、应用场景等，能够帮助初学者少走一些弯路，同时帮助公众更加全面地了解与认识虚拟电厂。

需要说明的是，本书借鉴了国内外电力系统同行的大量经验与观点，参考了很多有关资料和文献，得到了很多启发，书后列出的参考文献仅是其中一部分，在此向这些文献的作者表示衷心的感谢。

本书在全面总结虚拟电厂及其在工程技术、商业运营领域国内外研究进展的基础上，同时介绍作者承担的国家自然科学基金项目(U1766207，51577115)、国家重点研发计划(2016YFB0901302)等有关课题所取得的最新研究成果。本书所涉及的内容包括上海交通大学博士研究生范松丽、姜子卿、周晓倩、高扬、肖斐、郝然，硕士研究生方艳琼、刘思源、季阳、苑仁峰、何齐琳、杨思渊、王皓、王玥、殷爽睿、李昭昱、张宇帆等的研究成果，在此一并向他们表示感谢。

本书共 10 章。第 1、2 章对虚拟电厂的研究背景、概念框架、功能特征等进行基本介绍；第 3、4 章讨论虚拟电厂发展过程中需配套的软硬件技术，包括计量体系、通信需求及决策支持等技术；第 5、6 章侧重分析虚拟电厂的调度框架及多维时空尺度的优化调度模式；第 7 章探讨虚拟电厂内部成员的精确控制方法；第 8 章详细阐述虚拟电厂的互动机制、交易策略与结算模式，第 9 章进一步设想虚拟电厂的交易平台与商业模式；第 10 章探讨虚拟电厂的未来发展趋势。

本书完稿后，虽经多番详细审阅，但难免仍有不足之处，加之作者编写水平有限，恳请广大读者批评指正。

艾　芊

2017 年 11 月于上海

目　　录

第1章 虚拟电厂的起源、原动力与建设目标

1.1 虚拟电厂的发展历程

随着环境污染、能源紧缺等问题的日益严重，各国都在寻求新的能源类型以及能源利用方式，分布式能源(distributed energy resource, DER)以其灵活、环保、经济等优点而被广泛利用和推广。目前，风电、太阳能、生物质能等新能源发电在电力系统中所占的比例逐渐增大。尽管分布式能源优点突出，但仍存在诸多问题。首先，分布式能源容量小、数量多、分布不均，使得单机接入成本高，对系统操作员常不可见乃至管理困难；其次，分布式能源的接入给电网的稳定运行带来了许多技术难题，如潮流改变、线路阻塞、电压闪变、谐波影响等；最后，分布式能源的操作方式以及电力市场容量的限制对分布式能源的大规模并网有一定的限制[1]。为充分利用分布式能源发电并使之与传统电力市场实现较好的互动及配合，将各种分布式能源聚合在一起，形成一个整体参与电力系统的调配成为解决这一问题的可靠手段。

早期分布式能源并网大多采用微电网的形式，它能够很好地协调大电网和分布式能源之间的技术矛盾，同时具备一定的能量管理功能，能够维持功率的局部优化与平衡，可有效降低系统运行人员的调度难度[2]。然而，微网以分布式能源与用户就地应用为主要控制目标，且受到地理区域的限制，对多区域、大规模分布式能源的有效利用及在电力市场中的规模化效益具有一定的局限性。在这种情况下，虚拟电厂的提出为分布式能源可靠并网问题提供了新的思路。

虚拟电厂(virtual power plant, VPP)这一术语源于 1997 年 Awerbuch 博士在其著作《虚拟公共设施：新兴产业的描述、技术及竞争力》一书中对虚拟公共设施的定义：虚拟公共设施是独立且以市场为驱动的实体之间的一种灵活合作，这些实体不必拥有相应的资产而能够为消费者提供其所需要的高效电能服务。虚拟电厂将多种分布式能源聚合在一起，实现其整体出力的稳定可靠性，为电网提供高效的电能，从而保证其并网的稳定性和安全性。与传统电厂相比，虚拟电厂的构成资源更多样化、更具环保性、在电力市场中也更具竞争力，为电力行业的转型及整个电力系统的发展提供了新的思路。

虚拟电厂通过先进的控制、计量、通信等技术聚合分布式电源、储能系统、可控负荷、电动汽车(electric vehicle, EV)等不同类型的分布式能源，并通过更高层次的软件架构实现多个分布式能源的协调优化运行，更利于资源的合理优化配

置及利用。同时，虚拟电厂的概念更多强调的是对外呈现的功能和效果，更新运营理念并产生社会经济效益，其基本的应用场景是电力市场。这种方法无须对电网进行改造而能够聚合分布式能源对公网稳定输电，并提供快速响应的辅助服务，成为分布式能源加入电力市场的有效方法。该方法降低了分布式能源在市场中孤独运行失衡的风险，可以获得规模经济的效益。同时，分布式能源的可视化及虚拟电厂的协调控制优化大大减小了以往分布式能源并网对公网造成的冲击，降低了分布式能源增长带来的调度难度，使配电管理更趋于合理有序，提高了系统运行的稳定性[1]。

虚拟电厂的核心是"聚合"和"通信"，通过通信手段将各种分布式能源聚合成一个满足电力系统要求、能可靠并网的整体，使其表现出和传统电厂类似的参数特性是虚拟电厂的主要技术目的。由于虚拟电厂中聚合着各种类型的分布式能源，不同分布式能源表现出不同的出力特性，但某两种或某几种分布式能源能彼此互补，从而使功率输出更加平稳，增加电网对随机性可再生能源的吸收接纳程度。例如，风电和光伏单独出力时具有随机性，但由于二者在时间和地域上的互补性，二者互补的发电系统能有效提高二者在电网中的利用率。同时，由于虚拟电厂在运行过程中，除了有能量的流动，还有信息的流动，虚拟电厂与发电侧、配电侧、用电侧之间通过信息的交互了解用电负荷信息，并合理配置各发电单元的出力，从而使电力系统稳定、经济、环保地运行。因此，通过研究虚拟电厂的组合结构和聚合规律有利于了解虚拟电厂内部各种分布式能源的整合配置规律，在此基础上进一步研究分析各虚拟电厂之间的组合联盟规律以及虚拟电厂与配网侧、用户侧等外部资源交互时的规律，从而在保证电网稳定运行的基础上完成对虚拟电厂整体及其内部各分布式能源的优化配置，使虚拟电厂在管理好自己的基础上为配电网和输电网提供辅助服务，形成更安全、可靠、经济的电网状态。

虚拟电厂的研究主要分为以下四个方面：虚拟电厂的模型框架、虚拟电厂内部优化调度、虚拟电厂的运行控制以及虚拟电厂参与市场竞价[3]。早期虚拟电厂的研究主要集中于前三个方面，虚拟电厂作为一种新型的能源聚合方式，整合多种分布式能源使其相互协调配合，从而实现分布式能源整体的可靠并网。而随着电力市场的逐渐开放，电力系统向电力市场运营转型，虚拟电厂参与电力市场竞价方面的问题得到了国内外学者的广泛关注。

除此之外，从资源、技术、管理的层面来看，虚拟电厂的发展还需解决以下问题。

(1)从资源的角度来看，虚拟电厂发展过程中需合理定位资源功能，具体可归纳为：①识别配网侧可调控的分布式能源，包括分布式发电资源、可调控负荷资源和分布式储能资源、电动汽车资源等；②分析各类分布式能源的技术经济特性，包括运行特性、调控响应特性、系统经济性、环保性等；③结合具体的配电网运行约束，对潜在的分布式资源进行合理定位，明确其提供的服务类型、响应速度、响应频率等[4]。

(2) 从技术的角度来看，虚拟电厂发展过程中需要研发配套的软硬件技术：①在计量方面，需要配套的高级量测体系，包括智能电表、用户室内网、广域量测系统、量测数据管理系统等[5]；②在运行决策方面，需要强大的可视化界面和运行决策支持平台，在分布式能源层面、虚拟电厂层面和相应的区域配电网层面，需要同步设计智能决策系统。

(3) 从管理的角度来看，虚拟电厂发展过程中需要激励各方积极参与：①需建立虚拟电厂运行相关参与方的合作机制，相关参与方包括分布式能源所有者、集成运营商、配电网或输电网运营者以及电力市场运营者，以保证各参与方的合理收益，使其保持长期的参与积极性[6]；②探索建立有利于调动电网企业参与积极性的激励机制，如电网企业收入与售电量脱钩机制，引导和推动电网企业从售电服务向为电力用户提供精细化节电服务的转变，使其更好地发挥在优化供需双侧资源配置方面的作用[7]。

1.2　虚拟电厂的应用现状

随着世界各国对清洁能源和新兴技术的大力推动，虚拟电厂因其对分布式能源的灵活有效管理成为智能电网和全球能源互联网中的重要组成形式。目前很多能源互联网、智慧能源、互联网+等概念工程都可以见到虚拟电厂的影子。研究发现，2016 年工业领域释放出虚拟电厂的最大需求，预计未来也将继续这一趋势[8]。虽然虚拟电厂控制方式包括集中控制、分散控制、完全分散控制等多种控制形态，目前集中控制型虚拟电厂仍然占据全球市场的最大收益领域。按资产类型划分，2016 年需求响应型虚拟电厂占据虚拟电厂市场领域的最大份额，而混合资产型虚拟电厂(mixed-asset VPP)预计将在今后发展中呈现最快的增长率[8]。

2016 年，北美洲是虚拟电厂市场的最大地区(图 1-1)，主要以美国的需求响

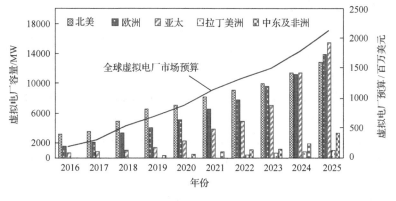

图 1-1　虚拟电厂区域容量及全球市场预算变化

应型虚拟电厂为主。虽然德国在欧洲虚拟电厂示范发展中起到领先作用，但英国占据了 2016 年欧洲虚拟电厂市场效益的首要位置。亚太地区中，日本是虚拟电厂收益最大的国家；沙特阿拉伯是世界其他地区产生最多虚拟电厂收益的国家[8]。不过随着中国虚拟电厂的发展,特别是 2017 年夏季江苏电网成功试点虚拟响应型虚拟电厂，预计中国虚拟电厂将会迅猛发展。

根据美国市场研究机构 Navigant Research[8]调查显示,全球虚拟电厂合计容量预计将由 2014 年的 4800MW 增加到 2023 年的 2.8 万 MW。与此同时，根据最新预算报告, 2016 年的全球虚拟电厂预算约为 1.83 亿美元,2025 年将增至 21 亿美元，年度复合增长率(compound annual growth rate, CAGR)为 31.3%。预计到 2025 年，亚太地区虚拟电厂市场份额为 7.86 亿美元(年度复合增长率为 56.4%)，占据全球市场首位；欧洲地区以 7.52 亿美元占据第二(年度复合增长率为 25%)；北美市场份额预计由 2016 年的 0.63 亿美元增长至 5.42 亿美元(年度复合增长率为 27%)。由于缺乏必要的基础电网连接设施，拉丁美洲、中东及非洲的虚拟电厂发展相对较为落后。2016 年拉丁美洲的虚拟电厂市场年度预算仅为 140 万美元，预计到 2025 年增长至 1120 万美元，年度复合增长速率为 26.4%。中东及非洲则在 2016 年市场预算为 320 万美元，预计 2025 将年增长至 2920 万美元，年度复合增长速率为 27.6%[8]。

推动全球虚拟电厂市场增长的因素包括工业、商业及住宅领域不断增多的分布式能源应用以及不断渗透的智能电网技术。世界范围内，各国政府已针对参与需求响应项目推出峰值负荷管理、收益奖励等多项措施。与此同时，越来越多的政府推出激励措施来推动清洁能源生产，集中式发电与分布式发电在未来能源互联网建设中协同发展。清洁能源的消纳及分布式电源的有效管理，均离不开虚拟电厂技术，这将不断刺激虚拟电厂的未来需求，在能源绿色化、高效化、融合化进程中展现出巨大的发展潜力。

1.2.1 国外虚拟电厂应用

自 2007 年起，欧洲已开展以集成中小型分布式发电单元为主要目标的虚拟发电厂研究项目，参与的国家包括德国、英国、西班牙、法国、丹麦等。目前已实施的虚拟电厂项目包括：德国卡塞尔大学太阳能供应技术研究所的试点项目、欧盟虚拟燃料电池电厂项目、欧盟 FENIX(Flexible Electricity Network to Integrate the Expected Energy Solution)项目等。北美则较少采用"虚拟电厂"的概念，而是主要推进利用用户侧可控负荷的需求响应。亚太地区，虚拟电厂应用走在前端的是澳大利亚和日本。近两年来，虚拟电厂示范项目更加广泛地开展，虚拟电厂商业模式也不断涌现。

(1)2009 年，德国 Next Kraftwerke 公司[9]是最早启动虚拟电厂商业模式的运营商之一，同时也是欧洲电力交易所(EPEX)认证的能源交易商，可参与能源现货市场交易。基于对 4200 多个分布式发电设备的管理，包括生物质能发电、热电联产、水电站、灵活可控负荷、风能和太阳能光伏电站等，Next Kraftwerke 公司的总体管理规模达到 2800MW，相当于两个大型的燃煤发电厂。一方面将风电和光伏发电等可控性较差的发电资源安装远程控制装置 NextBox，通过虚拟电厂平台对聚合的各个电源进行控制，从而参与电力市场交易并获取利润分成。另一方面，利用生物质发电和水电启动速度快、出力灵活的特点，参与电网的二次调频和三次调频，从而获取附加收益。目前 Next Kraftwerke 公司占到德国二次调频市场 10%的份额[10]。

(2)2016 年 6 月，纽约公共事业公司 Con Edison 和美国的储能开发商 Sunverge 投资 1500 万美元的虚拟电厂试点项目，是纽约州能源改革战略的一部分，纽约市布鲁克林区和皇后区的 300 户家庭获得高效的太阳能电池板和锂电池储能系统。该项目旨在探索基于软件的聚合储能系统产生收入的可能性，主要用于输配电扩建延期、削峰填谷、调频、发电容量市场和电力批发市场。美国布鲁克林区和皇后区的每个家庭都会安装 7~9kW 的屋顶光伏系统和 6kW/19.4kW·h 的储能系统[11]。除了提供电网服务，该项目的储能系统还将成为家庭用户家用基本负荷的备用电源。同时，对实时能源服务进行云计算，并实现实时的电网设备聚合与控制。

(3)2016 年 8 月，澳大利亚公用事业 AGL 宣布将要打造世界上最大的虚拟电厂，以此来连接澳大利亚南部 1000 个电池组，实现为家庭和企业供电的目标。这个虚拟电厂造价达 2000 万澳元，能够存储 7MW·h 的电力，产量相当于一个 5MW 的太阳能调峰电厂[12](用户在需求尖峰时段使用自身存储的光伏电能)。该项目所需的电池系统和能量管理系统将由美国的储能开发商 Sunverge 提供。通过该项目，达到提高可再生能源的利用率、降低电费、减少碳排放量、调节能源需求、维持电网稳定的目的。

(4)2016 年 8 月，关西电力公司、富士电机、三社电机、杰士汤浅、住友电工以及日本优利系统等公司合作推出了虚拟电厂试验项目[13]。该项目由日本经济贸易产业省资源能源厅资助，旨在开发新的能量管理系统并安装相应的基础设施，促进可再生能源的有效利用。参与该项目的 14 家公司将共同建立一个用来控制终端用电设备的综合系统。通过物联网将散布在整个电网的终端用设备捆绑起来，建立虚拟电厂，对可用容量进行调整，平衡电力的供给和需求。

1.2.2　国内虚拟电厂应用

虚拟电厂在中国还是一个比较新的概念，随着国家对清洁能源和新兴技术的大力推动，虚拟电厂将成为智能电网和全球能源互联网中的重要聚合形式。目前很多能源互联网、智能能源、互联网+等概念工程都可以见到虚拟电厂的影子。

　　(1)2015 年上海黄浦区启动需求响应型虚拟电厂试点工作。项目中，针对一年中的采暖季、制冷季、过渡季分别进行了需求响应事件模拟，充分验证了需求响应的可行性与潜力。通过试点验证，参与响应的楼宇最大负荷削减可达 25%，平均削减负荷达 10%。由于黄浦区需求响应试点工作效果显著，2016 年 8 月国家批复了上海市城区(黄浦)商业建筑需求侧管理国家示范项目。项目基于互联网+智慧能源+大数据技术，开发建设上海城区(黄浦)商业建筑虚拟电厂，实现智能化、自动化、规模化、资源多元化商业建筑规模需求响应，并为电力调峰/调频和吸纳可再生能源提供服务。力争建设覆盖黄浦区超过 200 幢商业建筑、具备 50MW 需求侧响应(demand response, DR)容量、10MW 自动需求响应(autonomous demand response, ADR)能力、2MW 二次调频能力，以及年虚拟发电运行时间不小于 50h 的城区商业建筑虚拟电厂[14]。

　　(2)2017 年 5 月 24 日，基于世界上首套"大规模源网荷友好互动系统"，江苏电网进行可中断负荷型虚拟电厂的实切演练。借助"互联网+"技术与智能电网技术融合，实现对用电负荷的精准分类。在突发情况时，实现毫秒级、秒级精准控制部分用户的可中断负荷。目前，江苏全省毫秒级实时响应规模已达 100 万 kW。这套"大规模源网荷友好互动系统"将使更多新能源发电走进千家万户。到 2020 年全部建成投运后，相当于少建设 10 台百万千瓦级发电机组，可节约投资 750 亿元，减少二氧化硫排放量 9.7 万 t、二氧化碳排放量 3500 万 t[15]。

　　(3)2017 年 7 月，江苏电力试点"居民虚拟电厂"，以"负荷众筹"形式邀请居民参与负荷响应互动，并对参与响应的居民给予单次 5 元电费红包的奖励。通过在居民电表处安装采集设备和智能终端，记录分析居民的用电信息，掌握居民用电设备类型及节能潜力。一旦遇到用电高峰缺口，即可邀约居民参与节电。通过在居民楼电表箱内采集电流、电压数据的设备和智能终端，将采集到的用户用电信息传输到后台，软件能实现对电气类别的精细判断，了解居民用电习惯，同时给出相应节电建议。目前已有 1370 家企业用户加入试点，其可随时停电、不影响企业正常生产生活的用电，用电容量达到了 376 万 kW。接下来，将在全国推广，预计到 2020 年，全国规模可达到 1 亿 kW，相当于少建 100 台百万 kW 级的燃煤机组，同时消纳超过 1 亿 kW 的清洁能源[16]。

　　(4)在浙江省长兴县画溪街道，超威电力有限公司与浙能长兴发电有限公司联合发起建设虚拟电厂实际运营项目。基于虚拟电厂综合运行服务平台，目前已选取 80 户工商业用户，针对工业非核心生产设备、空调、照明等用电设备进行柔性改造，部署智能需求侧响应终端设备和主站系统，提供用户用能数据监测、分析，通过合理减少终端用电需求达到产生"富余"电能，起到类似增加建设电厂的效果。在储能柜内储满电，通过一个智能管控平台把电传输到千家万户，并随时监测终端用电情况，再通过计算为每个家庭或者企业制定优质、经济的光伏+储能峰谷用电方案[17]。

1.3　能源互联网背景下虚拟电厂发展原动力

虽然能源互联网尚处于发展初期，作为其先驱建设，微网、虚拟电厂、冷热电三联供系统、屋顶太阳能系统、智能家居、储能等正处于快速增长阶段。根据中国政府的"互联网+智慧能源"指导意见，能源生产、能源输配、能源消费领域，加之信息通信技术和物联网领域，都将迎来新的投资机遇。相应地，在能源互联网背景下，分析虚拟电厂的发展原动力具有重要的现实战略意义。

1.3.1　环境驱动力

环境问题已经成为制约人类可持续发展的世界性难题，也是我国发展面临的重要挑战。为缓解环境压力，需要在现有基础上显著提高可再生能源消纳能力和能源利用效率，通过技术进步实现能源生产和消费模式革命[18]。终端能源消费中，电能对化石能源的替代作用随着经济增长模式转化而逐渐强化。在城镇化与工业化的推进中，中国"电能替代"的比例已超出世界主要经济体的平均水平。同时，在发电侧，可再生能源替代化石能源，也是实现绿色经济的根本转型目标。

为了应对环境挑战，我国已经承诺 2030 年左右二氧化碳排放达到峰值，多项研究也给出了我国 2050 年可再生能源发电占 80%以上的技术路线图[19]。预计2014~2040 年，中国电力装机容量共增加 1.72 万 kW，其中可再生能源发电装机容量占 56.1%。换言之，中国对可再生能源发电和核电的投资将是对化石能源发电投资的 3.7 倍，逼近欧洲 OECD 国家同类投资总额[20]。

根据国家统计局的数据[21]，2016 年全国发电量为 59110 亿 kW·h，同比增长4.5%。其中，火力发电量 43958 亿 kW·h，同比增长 2.6%，占全国发电量的 74.4%，比 2015 年下降 1.3 个百分点，这也是火力发电占比连续第 5 年下降；水力发电量10518 亿 kW·h，同比增长 5.9%，占全国发电量的 17.8%，比 2015 年提高 0.3 个百分点；核电、风能和太阳能发电量分别为 2127 亿 kW·h、2113 亿 kW·h 和 394亿 kW·h，同比分别增长 24.1%、19.0%和 33.8%，占全国发电量的比重分别为3.60%、3.57%和 0.7%，分别比 2015 年提高 0.6 个、0.4 个和 0.2 个百分点。虽然可再生能源发电占比进一步提高，但由于当前技术条件限制，风电在用电低谷及供暖季节存在较突出的风电的供需矛盾，弃风现象时有发生，消纳问题依旧突出。随着可再生能源装机容量的继续增加和经济增速的放缓，可再生能源消纳变得更加迫切。

与此同时，新能源集中与分散发展并举的格局正逐渐形成，新增光伏发电装机中分布式光伏发电超过 1/3。作为多类型能源整合管理的有效手段，虚拟电厂在促进可再生能源并网方面有举足轻重的作用。通过能源间的替代和转化可以实现不同种类能源负荷需求和供应间的联产、联供，从而使可再生能源和常规电能一样，在其他能源供应领域发挥更大的作用，形成能源领域的"互联"和整体优化。

1.3.2　经济驱动力

随着科学技术的发展，可再生能源发电成本已低于传统能源成本，为大规模分布式能源的使用创造了有利条件。根据美国能源部相关报告：核能、部分风能、电热能、生物能、水电等可再生能源发电成本已低于传统煤炭发电，太阳能发电成本与煤炭发电成本基本持平(至少目前在德国、澳大利亚、美国、西班牙、意大利等国家，太阳能发电成本已经与煤炭发电成本基本持平)。太阳能光伏发电成本从 2007 年的 6 元/(kW·h)下降至 2016 年的 0.5～0.6 元/(kW·h)，下降幅度高达90%。预计未来 10 年内，太阳能光伏发电成本将降低至 0.25 元/(kW·h)[20]。

与此同时，由于风机成本的下降和效率的提升及更精简的运维流程，陆上风电成本将在过去 8 年下降 30%的基础上进一步降低 47%[22]。陆上风电成本快速下降，海上风电成本下降更快。得益于开发经验日益丰富、竞争加剧、风险降低、大型项目和大型风机的规模经济效应凸显等因素，海上风力发电成本将在 2040年前大幅下降 71%。

此外，储能成本也在持续下降：以电动汽车电池板为例，其锂电池已下降至400 美元/(kW·h)，并预期将在 2030 下降到 150 美元/(kW·h)左右。电动汽车可以在可再生能源发电峰时和批发电价处于低位时灵活充电，将有助于电力系统更好地消纳太阳能和风电等间歇性能源。电动汽车将支撑用电需求并助力电网平衡[22]。

太阳能发电、风能发电和储能成本持续下降，为大规模分布式能源的使用创造了有利条件。根据美国市场研究机构 Navigant Research[23]的调查，分布式电源(包括分布式发电机、储能、微电网、电动汽车及需求侧响应)安装容量将从 2016年的 124GW 增长到 2025 年的 373GW。全球范围内，关于分布式电源管理技术的订单收入从 2016 年的 1.94 亿美元增长到 2025 年的 21 亿美元。

1.3.3　技术驱动力

随着分布式能源的发展，分布式电源、三联供机组、电动汽车、储能装置、可控负荷、智能建筑大量出现，电网内将出现越来越多的"产消者"。未来的电力系统终端将由只能消耗电能的用户转变为通过消耗电能、生产电能以及存储电能等方式积极参与电力系统运行的产消者。中国产消者提高的光伏发电并网电力在 2014 年已达到 317.8 万 kW，占光伏发电总量的 12.5%。此外，电动汽车和充电桩的扩张也将催生移动能源产消者[20]。

　　产消者的出现使能量的流动方向由单向向双向互动、互联转换，相对传统负荷，它们具有更多的智能特性，不但可以受控，而且可以主动提供能量，在能源整体控制过程中可以作为局部的虚拟电厂参与能源调度控制。信息化的进步和智能负荷以及产消者的出现也给负荷主动参与提高能源整体使用效率提供了新手段，新型负荷的互动控制和主动供电能力，可以减小和补充系统备用，提高能源系统的整体效率。

　　随着智能电表的普及和物联网技术的应用，大数据、云计算、分布式计算、人工智能等新技术不断发展，信息通信技术(information communication technology, ICT)在能源互联网中发展成一股颠覆性力量。在利用风能和太阳能发电为数据中心提供绿色电力的基础上，谷歌利用机器学习、人工智能等技术大幅改进数据中心能效[20]。远景能源研发的"智能风机"每台装有数百个传感器、200 万行控制代码[24]，可使风机发电贴合风能的实际变化，随时识别、预测风的变化趋势，实现机组智能化控制。与此同时，远景开发的格林威治云平台、智慧风场 Wind OS管理平台及阿波罗光伏云平台，可以实时感知机组运行状态，并实现数据共享及协调控制。

　　电力及能源领域信息化程度的提高，也为能源跨领域的集约化供给提供了契机。不同能源领域以及用户信息的互联互通，能够更加便捷地了解当前能源的供给与消费情况。发挥能源间的互补优势、充分利用可控负荷资源，对能源供应与消费体系进行整体优化，可以改善能源供用结构、推进能源使用效率的整体提高。

1.3.4　政策驱动力

　　发展分布式能源是国家保障能源供应、优化能源结构、治理环境污染、建设生态文明的重大战略部署。自 2013 年起，我国已陆续发布多项关于分布式电源、配电侧改革、需求响应等方面的文件。可再生能源的消纳、分布式电源的整合、虚拟电厂的管理及市场改革的推进，驱动着中国电力系统不断向绿色化、互联化、交易化方向发展。

　　(1)分布式电源发展方面。2013 年 1 月，国务院发布了《能源发展"十二五"规划》，坚持集中与分散开放利用并举，根据自用为主、富余上网、因地制宜、有序推进的原则，积极发展分布式能源，实现分布式能源与集中供能系统协调发展。2013 年 7 月，国务院进一步印发《关于促进光伏产业健康发展的若干意见》(国发〔2013〕24 号)，明确提出了积极开拓国内光伏应用市场、加强并网管理、大力推进分布式光伏发电应用。2013 年 7 月 18 号，《分布式发电管理暂行办法》(发改能源〔2013〕1381 号)提出：鼓励发展分布式电源技术类型及领域，加强运行管理等措施，并对分布式发电接入电网的电压等级、服务程序等作了明确要求。

(2)分布式电源交易方面。2015 年 3 月 15 日，国务院发布了《关于进一步深化电力体制改革若干意见》(中发〔2015〕9 号)，提出积极发展分布式电源，放开用户侧分布式电源建设，允许拥有分布式电源的用户或微网系统参与电力交易。用户侧分布式电源交易的放开，促进了交易主体的多样化，分布式电源也由传统的被动接受配电网统一调度转变为主动地与配电公司(DISCO)进行运行互动。进一步地，2015 年 3 月 20 日国家发展和改革委员会、国家能源局发布的《关于改善电力运行调节促进清洁能源多发满发的指导意见》鼓励清洁能源发电参与市场，鼓励清洁能源优先与用户直接交易。2017 年，国家发展和改革委员会、国家能源局发布《关于开展分布式发电市场化交易试点的通知》，进一步明确了参与市场交易的分布式发电类型、容量和接入电压等级等事项，对于分布式电源开展电力市场工作具有重要意义。

(3)电价改革方面。国务院于 2015 年发布的《关于进一步深化电力体制改革的若干意见》(中发〔2015〕9 号)完善了电价形成机制，"在发电环节实现了发电上网标杆电价，在输配环节初步核定了大部分省的输配电价，在销售环节相继出台差别电价和惩罚电价、居民阶梯电价等政策"，但"市场化定价机制尚未完全形成"。《中共中央国务院关于推进价格机制改革的若干意见》(中发〔2015〕28 号)进一步明确加快推进能源价格市场化，按照"准许成本加合理收益"原则，合理制定电网、天然气管网输配价格。2016 年，国家发展和改革委员会《关于全面推进输配电价改革试点有关事项的通知》(发改价格〔2016〕2018 号)要求全面推进输配电价改革试点。在目前已开展 18 个省级电网输配电价改革试点基础上，进一步提速输配电价改革试点工作，2016 年 9 月在蒙东、辽宁、吉林、黑龙江、上海、江苏、浙江、福建、山东、河南、海南、甘肃、青海、新疆等 14 个省级电网启动输配电价改革试点。2017 年在西藏电网，华东、华中、东北、西北等区域电网开展输配电价改革试点。

(4)需求侧管理方面。2015 年 4 月 7 日国家发展和改革委员会、财政部发布的《关于完善电力应急机制做好电力需求侧管理城市综合试点工作的通知》，提出试点城市及所在省份要加强电力需求侧管理平台建设，并要求通过手机 APP 等方式向试点地区的用户提供其准实时用电数据，以便吸引用户参与需求响应。2016 年《电力发展"十三五"规划(2016—2020 年)》中特别强调需要大力提高电力需求侧响应能力。2017 年，国家发展和改革委员会发布的《关于深入推进供给侧结构性改革做好新形势下电力需求侧管理工作的通知》(发改运行规〔2017〕1690 号)指出新形势下的电力需求管理工作："推进电力体制改革""进一步研究细化改革推进中优先购电用户的类别和保障方式""探索市场机制建设""进一步完善需求响应工作中的市场化机制"。

1.4　虚拟电厂建设目标

基于云计算、物联网及先进的 ICT 技术，虚拟电厂是整合管理分布式能源的一种有效模式。对于分布式能源来说，虚拟电厂既可以是中间商，也可以是聚合商。虚拟电厂既可以应用在用户侧，包括居民用户、工商业用户等不同类型，也可以应用在发电侧，包括冷热电联产、小型风场、小型水电站等。从外侧来看，虚拟电厂既可以像一个单独的发电设施或受控负荷，从远程站点进行优化，并发布运行计划，也可以像一个自平衡细胞，通过合理调度管理，实现内部能量平衡。从内部来看，虚拟电厂可以利用复杂的规划、调度及竞价将丰富多样的自治资源整合进电网。与微电网以就地应用为控制目标不同，虚拟电厂赋予分布式电源更多的灵活性。分布式电源规模小、数量多，且发电特性差异大，直接参与电力交易的难度较大，不管是从整个电力系统安全经济运行的角度，还是分布式电源参与市场交易的角度，虚拟电厂都是一种有效的解决方案。

对能源互联网建设来说，虚拟电厂是连接零售市场与批发市场的智能化网络，首要目标是以最低的经济和环境成本保证电网平衡，同时帮助分布式能源所有商实现利润最大化[23]。虚拟电厂利用现有电网为用户、效用公司及电网运营商提供供需服务，帮助终端用户(或资产所有商)及配电网实现价值最大化。依托于能量云(或云能量管理系统)，虚拟电厂支持分布式电源的分布式能源即插即用、能源交易与消费的高度灵活。虚拟电厂在给用户带来更大价值(更低的成本和额外的收入来源)的同时，也为配电效用公司带来效益(避免了对电网设施及调峰电厂的投资成本)，更可以为输电网运营商提供网络备用服务。

作为能量云(energy cloud)的终端范例，虚拟电厂提供的服务包括调节服务、电压管理、需求侧响应、紧急备用、峰值负荷管理及可再生能源平抑等。虚拟电厂的四个关键特征是预测优化、分布式资源管理、资源控制调度、市场互动。

(1)动态竞价的市场接口：可提供市场预测、竞价和运行网络信息。

(2)评估市场参与机会及网络服务需求。

(3)实时量度、验证和评价能量。

(4)支持网络服务接口。

虚拟电厂借助于资产优化及预测技术，颗粒化聚合及控制灵活分布式资源，无缝集成到批发能源市场和其他市场平台。虚拟电厂利用交互式能量(transactive energy, TE)交换，帮助聚合商、效用公司、电力零售商、可再生能源开放发商等获取更多价值，帮助能源互联网的智能化发展。虚拟电厂试图给资产所有商及电网运营商带来更大的价值，并加强他们的合作关系。由于用户获取成本较高，所以在虚拟电厂开发方面，效用公司比小型供应商更加具有竞争力。

其应用趋势包括以下几方面。

(1)支持所有分布式资产的接入,包括储能、需求侧现有、分布式电源等,允许能源服务提供商从一个集成的统一自动化平台聚合优化其内部成员。

(2)支持本地资源、区域分布式资源,及辅助服务的联合优化。

(3)支持多个批发市场的连通。

(4)利用先进的大数据分析及机器学习等技术,提供可靠及高度优化的规划调度方案。

虚拟电厂的终极目标之一是,作为网络资源的协同共享体,能源服务提供者可以从这些资源中获取更多的价值,提高投资回报同时降低资产成本[25]。虚拟电厂有望和交互式能量平稳并行发展,利用先进的大数据技术分析海量数据,创建新的商业模式。虚拟电厂所传达的价值在于智能化管理多样分布式电源,是一种分散复杂(systems of systems, SoS)系统,即多个分散自治系统组成更大、更复杂的系统,其组成要素相互作用、相互关联、相互依赖,形成了一个复杂统一的整体。

针对虚拟发电厂角色的考虑,在电力体制一体化的模式下,可以通过配电公司参与到电力系统整体运行调度之中。电力批发市场竞争模式下,虚拟电厂可以作为负荷聚合商,且当负荷聚合商达到一定规模的时候可以作为独立的辅助服务提供商。电力市场零售竞争模式下,虚拟电厂可以作为零售商和负荷聚合商参与到电力零售市场中[26]。

能源行业正朝着更加动态多变的方向发展,配电网络中的自产自消(self-consumption)及微交易(mircro-trading)逐渐成为常态[27]。作为交互式能源的先导模式,虚拟电厂以合理的价格向用户提供高质量的电能,这将为用户创造更大的价值,同时也为配电网络中的效用公司和输电运营商带来更大效益。

1.5　小　　结

虚拟电厂作为整合分布式能源的有效管理模式之一,被视为未来能源互联网的终极组态和能量云的终端范例,在能源发展进程中发挥着举足轻重的作用。本章首先回顾了虚拟电厂的发展历程,明晰虚拟电厂发展过程中不断丰富的内涵特征;进一步地,根据国内外应用现状,介绍了虚拟电厂在目前全球市场中的发展规模;最后结合能源互联网背景,分析了虚拟电厂发展的驱动力,并展望了虚拟电厂的未来建设目标。

参 考 文 献

[1] 卫志农, 余爽, 孙国强, 等. 虚拟电厂的概念与发展[J]. 电力系统自动化, 2013, 37(13): 1-9.

[2] 王成山, 李鹏. 分布式发电、微网与智能配电网的发展与挑战[J]. 电力系统自动化, 2010, 43(2): 10-14.

[3] 方燕琼, 艾芊, 范松丽. 虚拟电厂研究综述[J]. 供用电, 2016, 33 (4) : 8-13.

[4] Gianfranco C, Pierluigi M. Distributed multi-generation: A comprehensive view[J]. Renewable and Sustainable Energy Reviews, 2009, 13 (3) : 535-551.

[5] Peter A. Micro-grids, virtual power plants and our distributed energy future[J]. The Electricity Journal, 2010, 23 (10) : 72-82.

[6] 柳澮, 吴捷, 曾君, 等. 基于多 Agent 系统的分散发电调度规划[J]. 控制理论与应用, 2008, 25 (1) : 151-154.

[7] 陈春武, 李娜, 钟朋园, 等. 虚拟电厂发展的国际经验及启示[J]. 电网技术, 2013, 37 (8) : 2258-2263.

[8] Navigant Research. Virtual power plant enabling technologies [R]. [2017-04-16]. https://www.navigantresearch.com/ research/virtual-power-plant-enabling-technologies.

[9] NextKraftwerke. Technology &Trading [EB/OL]. [2017-10-10]. https://www.next-kraftwerke.com/vpp.

[10] 电力之窗. 前沿|今天我们谈谈虚拟电厂[EB/OL]. [2017-10-10]. http://www.cclycs.com/y118479.html.

[11] 周晓倩. 美国将建基于储能的虚拟电厂[EB/OL]. (2016-06-15) [2017-10-10].http://www.escn.com.cn/news/show-322474.html.

[12] 电缆网. 澳大利亚 AGL 将建造世界上最大虚拟电厂[EB/OL]. (2016-08-09) [2017-10-10].http://news.cableabc.com/ gc/20160809593339.html.

[13] 电力国际信息参考. 日本公司合作推出虚拟电厂实验项目[EB/OL]. (2016-08-26) [2017-10-10]. http://www.cec.org.cn/ guojidianli/2016-08-26/157583.html.

[14] 上海黄浦官方微信. 虚拟电厂|黄浦区的这些办公楼怎会变成 "电厂" [EB/OL]. (2017-08-07) [2017-10-10]. http://www. sohu.com/a/162858345_391448.

[15] 扬子晚报网. 全国最大规模 "看不见" 电厂正落户江苏[EB/OL]. (2017-05-24) [2017-10-10]. http://jsnews. jschina.com.cn/nj/a/201705/t20170524_552738.shtml.

[16] 中国网.江苏试点 "居民虚拟电厂" 缓解用电高峰压力[EB/OL]. (2017-07-19) [2017-10-10]. http://news.eastday. com/c/20170719/u1a13131143.html.

[17] 湖州日报. 长兴新能源小镇建 "虚拟电厂" [EB/OL]. (2017-06-17) [2017-10-10]. http://www.huzhou.gov.cn/art/ 2017/6/17/art_511_662912.html.

[18] 孙宏斌, 郭庆来, 潘昭光, 等. 能源互联网: 驱动力、评述与展望[J]. 电网技术, 2015, 39 (11) : 3005-3013.

[19] 佚名. 中美气候变化联合声明[R]. 2014.

[20] 埃森哲. 中国能源互联网商业生态展望[R]. 2015.

[21] 中国长江三峡集团公司. 2016 年国内能源市场及 2017 年展望[EB/OL]. 中国电力企业联合会. (2017-02-17) [2017-10-12]. http://www.cec.org.cn/xinwenpingxi/2017-02-17/164880.html.

[22] 国家电网报. 解读《2017 年新能源展望》报告[EB/OL]. (2017-06-28) [2017-10-12]. http://www.china-nengyuan. com/news/110581.html.

[23] Navigant Research. Virtual power plant software vendors[EB/OL]. [2017-10-12]. https://www.navigantresearch. com/ research/navigant-research-leaderboard-report-virtual-power-plant-software-vendors.

[24] 澎湃新闻. 远景能源进化论: 从研发智能风机到布局全球能源互联网[EB/OL]. (2016-06-11) [2017-10-13]. http://www.sohu.com/a/82452512_260616.

[25] Autogrid. Navigant research names Autogrid a leader in virtual power plant software [EB/OL]. [2017-10-15]. http://www.marketwired.com/press-release/navigant-research-names-autogrid-a-leader-in-virtual-power-plant-softwa re-2177964.htm.

[26] 喻洁. 考虑源-荷-储互补特性的虚拟发电厂规划与运行策略[EB/OL]. (2017-08-25-26) [2017-10-16]. http://www.escn.com.cn/news/show-455469.html.

[27] Navigant Research. Virtual power plant and transactive energy platforms expected to evolve in parallel, creating new business models that leverage large volumes of data[EB/OL]. [2017-10-15]. https://www.navigantresearch. com/newsroom/ virtual-power-plant-and-transactive-energy-platforms-expected-to-evolve-in-parallel-creating-new-business-models-that-leverage-large-volumes-of-data.

第 2 章　虚拟电厂中的成员、特征与诉求

2.1　虚拟电厂概述

2.1.1　定义

虚拟电厂主要有以下几类定义[1]：①虚拟电厂是一系列分布式能源的集合，以传统发电厂的角色参与电力系统的运行[2]；②虚拟电厂是对电网中各种能源进行综合管理的软件系统[3]；③虚拟电厂也包括能效电厂，通过减少终端用电设备和装置的用电需求来产生"富余"的电能，即通过在用电需求方安装一些提高用电效能的设备，达到建设实际电厂的效果[4]；④在能源互联网建设提出之后，虚拟电厂可以看成是可以广域、动态地聚合多种能源的能源互联网。但以上几类定义的共同点都是通过将大量的分布式能源聚合后接入电网。

综上所述，虚拟电厂可定义为：由可控机组、不可控机组(风、光等分布式能源)、储能设备、负荷、电动汽车、通信设备等聚合而成，并进一步考虑需求响应、不确定性等要素，通过与控制中心、云中心、电力交易中心等进行信息通信，实现与大电网的能量交互。总而言之，虚拟电厂可以认为是分布式能源的聚合并参与电网运行的一种形式。虚拟电厂的框架见图 2-1。

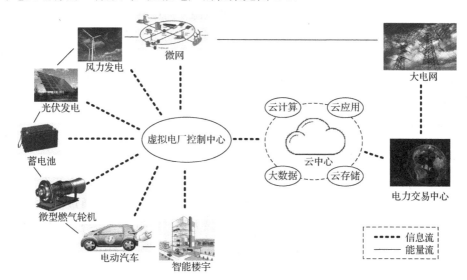

图 2-1　虚拟电厂框架

2.1.2　虚拟电厂的外特性

(1)出力伸缩性。虚拟电厂中含有大量的分布式能源，其中应用较为广泛的风电、光伏等分布式能源受天气、地理因素等外界环境的影响，呈现出较强的随机性，因而虚拟电厂的分布式电源出力表现出一定的不确定性。此外，虚拟电厂中除包含固定负荷，还含有一定规模的可控负荷，针对电网运行实际情况对电力用户进行合理引导，使其改变电力消费模式，可以达到削峰填谷的效果。因此，虚拟电厂整体表现出一定的出力伸缩性，需要配合合理的电网调度方法，实现与电网的安全交互。

(2)广域消纳性。虚拟电厂内部分布式能源均呈现出较强的随机性，但不同类型分布式能源的随机特性具有不同的概率分布，且配备的储能设备可辅助消纳随机发电机组出力。因而通过电网的合理调动，不仅可以实现虚拟电厂内部各类资源之间的主动协调，还可实现广域范围内各虚拟电厂之间的互动调节，以消纳分布式电源较大的随机性。通过这种方式，虚拟电厂相较传统电厂既保留了自身优势，又具有一定的可调度性，有助于实现电网整体的效益最大化。

(3)源荷随机性。虚拟电厂在参与电网调度时，其特性随机呈现为电源和负荷两种状态，可将其视为一个正负变化的负荷。负荷的值即反映虚拟电厂的出力情况，负荷为正值表示虚拟电厂整体出力为负，虚拟电厂内部生产的电能无法满足内部连接负荷的需求，可视为一个负荷，需要从电网中吸收电能；负荷为负值表示虚拟电厂整体出力为正，虚拟电厂内部生产的电能不仅可以满足内部连接负荷的需求，而且有部分剩余，因而可视为一个电源，向电网中输送电能。

(4)环境友好性。虚拟电厂内部资源中，各类分布式电源发电、储能设备的充放电过程以及可控负荷的调控过程，均可视为无污染气体排放。仅其中燃气轮机机组等构成的发电单元在运行时，会产生污染气体，且通过合理的调配，可有效减少该部分污染物的排放。与相同容量的传统机组相比，虚拟电厂发电组件的整体污染物排放量可近似忽略。

2.1.3　虚拟电厂的运行流程

虚拟电厂的目标是将分散的分布式能源优化组合成有机整体，使其作为一个特别的电厂参与电力市场交易运行管理，提供电力辅助服务，并通过协调控制使虚拟电厂处于最优运行点，实现整体利益的最大化。虚拟电厂参与不同的市场运行，将根据市场规则制定不同的运行策略。其基本运行流程如图2-2所示[5]。

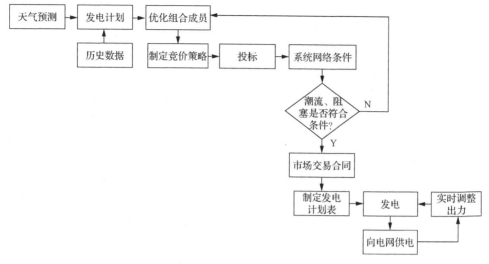

图 2-2　虚拟电厂运行流程图

（1）各发电商根据对历史发电量和现有能量储备等信息的分析，结合对第二日天气信息、发电信息和负荷信息的预测，提交各自的发电计划。

（2）虚拟电厂需要协调各发电商电价，既要保证发电商在合理时间范围内从投资中获利，又要使虚拟电厂获得具有竞争力的报价。在计算虚拟电厂电价时需要考虑政府对虚拟电厂中聚合的可再生能源发电的电价补贴；对于电能储备的价格，需要提前与虚拟电厂运营商和聚合的发电商达成协议。

（3）虚拟电厂根据发电商电价、输出功率、电能质量和电力储备等特性，制定第二天的发电计划。除了理想的调度方案，虚拟电厂还要制定备选调度方案，以备应对电量短缺或者过剩等情况。

（4）虚拟电厂根据发电计划和发电商所报电价和电量，制定虚拟电厂电价，并确定电网接入点和注入功率。

（5）经过内部协调之后，虚拟电厂将与市场运营商签订发电协议（包括电量和电价），然后检验该协议是否符合潮流、阻塞等系统网络条件，若所签订的协议不符合系统网络条件，虚拟电厂将通知违反约束的发电商对自身发电计划进行调整。

（6）当发电计划表满足系统网络约束条件后，系统将通知虚拟电厂订立发电合同。虚拟电厂将根据电力调度合同中的可出售电能，与发电商协调制定第二天的发电计划。

（7）虚拟电厂根据发电计划控制各发电商的输出功率，对实际网络情况进行优化调整，并将发电结果录入数据库，为之后准确的发电预测提供历史数据和依据。

2.1.4　虚拟电厂与微电网的区别

虚拟电厂和微电网都是实现分布式能源接入电网的有效形式。虚拟电厂和微电网都是对分布式能源进行整合，但是两者在以下方面有着较大的区别。

第一，两者对分布式能源聚合的有效区域不同。微电网在进行分布式能源聚合时对地理位置的要求比较高，一般要求分布式能源处于同一区域内，就近进行组合。而虚拟电厂在进行分布式能源聚合时可以跨区域聚合。

第二，两者与配网的连接点不同。由于虚拟电厂是跨区域的能源聚合，所以与配网可能有多个公共连接点(point of common coupling, PCC)。而微电网是局部能源的聚合，一般只在某一公共连接点接入配网。由于虚拟电厂与配网的公共连接点较多，在同样的交互功率情况下，虚拟电厂更能够平滑联络线的功率波动。

第三，两者与电网的连接方式不同。虚拟电厂不改变聚合的分布式能源的并网形式，更侧重于通过量测、通信等技术聚合。而微电网在聚合分布式能源时需要对电网进行拓展，改变电网的物理结构。

第四，两者的运行方式不同。微电网可以孤岛运行，也可以并网运行。虚拟电厂通常只在并网模式下运行。

第五，两者侧重的功能不同。微电网侧重于分布式能源和负荷就地平衡，实现自治功能。虚拟电厂侧重于实现供应主体利益最大化，具有电力市场经营能力，以一个整体参与电力市场和辅助服务市场。

2.1.5　相关示范项目

1. 国外虚拟电厂示范项目

基于虚拟电厂的理论研究，国外相继开展了一系列虚拟电厂工程示范项目。最早的关于虚拟电厂的示范工程项目是2001~2005年在欧盟第5框架计划下实施的VFCPP(Virtual Fuel Cell Power Plant)项目。VFCPP将31个分散且独立的居民燃料电池热电联产系统聚合在一起，当负荷确定时，中央管理系统与现场能量管理器进行通信，从而实现对每个独立系统的协调控制和生产优化。2003~2007年，德国开展了CPP(Combined Power Plant)项目和STADG VPP项目，旨在研究虚拟电厂如何发挥分布式电源的市场效益。2005~2009年，在欧盟第6框架计划下，由来自欧盟8个国家的20个研究机构和组织合作实施和开展了FENIX项目[6]，旨在将大量的分布式能源聚合成虚拟电厂并使未来欧盟的供电系统具有更高的稳定性、安全性和可持续性。FENIX项目提出了三个重要概念：FENIX盒(FENIX box)、商业型虚拟电厂(commercial VPP, CVPP)、技术型虚拟电厂(technical VPP,

TVPP)。EDISON(Electric Vehicles in a Distributed and Integrated Market using Sustainable Energy and Open Networks)[7]是由丹麦、德国等国家的 7 个公司和组织开展的虚拟电厂试点项目，研究如何在虚拟电厂中大规模聚合电动汽车，实现接入大量随机充电或放电单元时电网的可靠运行。2005~2007 年，荷兰开展了 PM VPP(Power Matcher VPP)项目，基于多代理技术完成分布式电源在电力市场中的运行。2007~2008 年，奥地利开展了 VGPP(Virtual Green Power Plant)项目，验证虚拟电厂在奥地利电力市场中的可行性。2012~2015 年，在欧盟第 7 框架计划下，由比利时、德国、法国、丹麦、英国等国家联合开展了 TWENTIES 研究项目[8]，其中对于虚拟电厂的示范重点在于如何实现热电联产、分布式电源和负荷的智能管理。WEB2ENERGY 项目[9]同样是在欧盟第 7 框架计划下开展的，以虚拟电厂的形式聚合并管理需求侧资源和分布式能源，实施和验证"智能配电"的三大技术：智能计量技术、智能能量管理和智能配电自动化。2008~2013 年，德国开展了"E-Energy"计划，目标是建立一个能基本实现自我调控的智能化的电力系统。其中，德国库克斯港的 eTelligence 项目建立了能源互联网示范地区。其核心是建立一个基于互联网的区域性能源市场。而虚拟电厂技术是实现区域能源互联的一种重要模式。此外，德国哈茨地区的 RegModHarz 项目是聚合风电、能、太阳能、沼气、生物质能以及电动汽车等为一体的虚拟电厂示范目还关注了用户侧的电力调整，用户通过响应动态电价，实时调整伯明翰大学在具有 8 栋公寓的社区开展了虚拟电厂的试点项目微型风机、热泵、储能系统和电动汽车，构建了区域性的力市场和备用市场的运作。

2. 国内虚拟电厂示范项目

国内对于虚拟电厂工程示范的建设处于需求响应的功能。江苏昆山的虚拟电厂便以从而实现虚拟电厂的功能。随着国内互联网试点项目在 2015 年初投产屋顶光伏分阶段全覆盖和充电能强大的虚拟电厂，从而网行动计划中的另一个再生能源示范区，实现高比中，虚拟电厂技术成为解决可

2.2　虚拟电厂的构成与分类

2.2.1　虚拟电厂的构成

虚拟电厂主要由发电系统、储能设备、通信系统三部分构成。

(1)发电系统主要包括家庭型分布式能源(domestic distributed generation, DDG)和公用型分布式能源(public distributed generation, PDG)。DDG 的主要功能是满足用户自身负荷。如果电能盈余,则将多余的电能输送给电网;如果电能不足,则由电网向用户提供电能。典型的 DDG 系统主要是小型的分布式能源,为个人住宅、商业或工业分部等服务。PDG 主要是将自身所生产的电能输送到电网,其运营目的就是出售所生产的电能。典型的 PDG 系统主要包含风电、光伏等容量较大的新能源发电装置。

(2)能量存储系统可以补偿分布式能源发电出力波动性和不可控性,适应电力需求的变化,改善分布式能源波动所导致的电网薄弱性,增强系统接纳分布式能源发电的能力和提高能源利用效率。

(3)通信系统是虚拟电厂进行能量管理、数据采集与监控以及与电力系统调度中心通信的重要环节。通过与电网或者与其他虚拟电厂进行信息交互,虚拟电厂的管理更加可视化,便于电网对虚拟电厂进行监控管理。

随着虚拟电厂概念的发展,负荷也成为虚拟电厂的基本组成之一。用户侧负荷与发电能力、电网传输能力一样,可以进行动态调度管理,有助于平抑分布式能源间歇性,维持系统功率平衡,提升分布式能源利用效率,实现电网和用户的互动。需求响应是负荷实现调度的有效手段。

虚拟电厂的分类

虚拟电厂涵盖的内部资源类型,可对虚拟电厂作以下分类:纯由发电单元的虚拟电厂称为供应侧虚拟电厂,单纯由可调整负荷构成的虚拟电厂称为虚拟电厂,在国内也称为能效电厂。同时拥有发电单元和可调整负荷的为混合资产类型虚拟电厂。

虚拟电厂

虚拟电厂(DR-based VPP),由受电力用户主导、通过改变电力消费调整的可控负荷构成。按照响应方式的不同,可控负荷可分为两可转移负荷以及基于激励的可中断负荷[11]。

移负荷指的是,当虚拟电厂接收到市场价格信号时,可针对进行调整,且保持运行功率及用电量基本不变的负荷。虚拟

电厂根据负荷情况调整电价，可有效引导用户改变用电行为，提高用电低谷时段的利用率，降低用电高峰时段的电网压力。基于激励的可中断负荷指的是，当虚拟电厂受激励机制影响时，可进行中断操作的负荷。当系统可靠性受到影响或用电量达到峰值时，虚拟电厂向电力用户发出中断指令，用户则应自觉作出响应，削减负荷。为有效管理可中断负荷，需要用电方与供电方签订可中断负荷合同，供电方依据该合同向用电方传达中断负荷命令，从而可以实现削峰填谷的目标。基于激励的虚拟电厂通过向需求侧用户供电获取收益，并在削减负荷时对需求侧进行经济补偿。

需求响应虚拟电厂的合理调度，有利于资源的利用最大化，但因不含发电单元，无法自主供电，且可控负荷主要受电力用户主导，而电力用户的决策与多种因素有关。当外部环境发生变化、电力用户获取的信息不完全以及对信息的决策处理能力出现偏好性、局限性等情况时，会导致电力用户无法作出理性选择，使可控负荷的变化出现偏差，所以仅可配合其他电厂供电，实现辅助功能。

2）供应侧虚拟电厂

供应侧虚拟电厂（supply-side VPP）主要由分布式发电机组、分布式储能装置以及可直接控制的取暖及空调装置等组成。当系统处于用电低谷或用电高峰时段时，通过合理调整机组出力或储能装置的充放电过程，改变电力供应情况，进而适应需求侧的电力需求，并提高电能的利用率以及电力系统供电的稳定性。

供应侧虚拟电厂由于配置了发电单元，可快速跟踪负荷变化，实现独立自主供电。但供应测虚拟电厂忽略了需求侧电力用户的电力消费模式的改变，将需求侧负荷视为固定负荷，单纯通过发展电力供应侧来满足逐渐增长的电力需求。在供电压力过大时，可能会导致系统失稳，危及电力系统平衡；在处于用电低谷时段时，则可能造成不必要的能源浪费，不符合目前倡导绿色发电的大环境，或使部分机组停机，无法实现发电单元资源的有效利用。

3）混合资产虚拟电厂

混合资产虚拟电厂（mixed asset VPP）由分布式发电机组、储能及可控负荷等资源共同组成，通过能量管理系统的优化控制，实现更为安全、可靠、清洁的供电。

其中，分布式发电机组及储能设备，能够实现独立发电，保证电力供应测的持续供电，可调整负荷则可作为供电单元的补充资源，实现对电力用户用电行为的合理引导。通过将二者进行合理整合及灵活调度，可有效缓解供电高峰时期的供电压力，并充分利用供电低谷时期的多余电能，实现能源利用最大化，并有助于维持电力供需平衡，实现供用电整体效益的最大化。

2.2.3　虚拟电厂内部资源特性

1. 风力发电特性

风力发电因其相关技术成熟、发电成本低廉、便于广泛开发利用等特点，逐渐成为目前可再生能源发电的主要形式。风电机组主要通过风力推动风机叶片转动，经电力电子变换器件及变压器转换，将风能转化为电能。风机的输出功率与风速有如下关系：

$$P = \begin{cases} 0, & v < v_{ci}; \ v > v_{co} \\ av^3 - bP_r, & v_{ci} \leqslant v < v_r \\ P_r, & v_r \leqslant v < v_{co} \end{cases} \tag{2-1}$$

有

$$a = \frac{P_r}{v_r^3 - v_{ci}^3} \tag{2-2}$$

$$b = \frac{v_{ci}^3}{v_r^3 - v_{ci}^3} \tag{2-3}$$

其中，v_{ci}、v_{co} 分别为切入风速及切出风速；v 为实际风速；v_r 为额定风速；P_r 为风机的额定功率；a、b 为两个系数。

当风速低于切入风速时，风力无法吹动叶片转动，风轮静止，输出功率为 0。

当 $v_{ci} \leqslant v < v_r$ 时，机组处于部分负荷状态，机组应尽可能地捕捉风能，增大功率输出，以实现对风能的最大利用。

当 $v_r \leqslant v < v_{co}$ 时，机组处于额定负荷状态。基于机组容量限制，输出功率恒定保持为额定功率。

当风速超出切出风速时，为防止对机组造成损害，机组将不运作，输出功率为 0。

风速受太阳辐射、湿度、地形、天气等多种因素的影响，呈现出较强的随机性，风电出力也表现为出力随机、变化迅速的特点，因而通常将风力发电视为非可调度电源。单个风电机组的容量一般较小，其结构相比于传统火力发电机组也较简单。风力发电单元可以多种方式接入电力系统中，如可经电力电子装置实现并网，还可直接接入负荷。为消纳其随机性，可通过配置大量常规机组或利用地区间风电差异呈现出的互补性来实现。

2. 光伏发电特性

光伏发电利用半导体的光生伏打效应原理，当光照在电池上时，光伏电池两端产生电压，实现将照射在其上的太阳能到电能的转换。光伏发电系统通常接入大量的光伏电池，并将其进行串并联组成光伏阵列，作为其基础部件，并搭配储能装置使用。常见的光伏发电形式有：并网发电、独立发电以及与风力互补发电方式。光伏发电输出功率为

$$P_{PV} = P_{PV\_STC} f_{PV} \left(\frac{R_T}{R_{STC}} \right) [1 + \alpha_P (T_C - T_{STC})] \tag{2-4}$$

其中，P_{PV}、P_{PV_STC} 分别为光伏电源的实际输出功率及在标准测试条件下的额定功率，单位为 kW；R_T、R_{STC} 分别为实际光照强度及标准测试条件下的光照强度，单位为 kW/m^2；f_{PV}、α_P 分别为损耗系数及光伏电池板的功率温度系数；T_C、T_{STC} 分别为实际电池温度及标准测试条件下的电池温度，此处 T_{STC} 取为 25℃。

相比其他类型的分布式能源，光伏发电具备其独特的优势。光伏发电装置较为简单，使用过程中无机械问题、便于维护，且光伏发电系统易于搭建，人口稀疏的农村地区或人口密集的城市区域都可安装建设，经济效益较好。此外，光伏发电系统所利用的太阳能分布广泛，全球各区域均有分布，每年照射至地球的太阳能远超过人类所开发利用的能源需求，且光伏发电系统在太阳能与电能的转换过程中不会给环境带来任何不良影响。

然而，光伏发电受到光照、温度、湿度等因素的多重影响，其出力波动较大，呈现出强烈的随机性，因而通常将光伏发电视为非可调度电源。

3. 需求侧资源特性

需求侧资源指的是能够针对市场电价信号或激励信号作出响应，并能够对正常电力消费模式进行调整的负荷资源，在电力系统运营中，一般通过需求响应参与变动。根据美国能源部的研究报告，可通过响应方式的不同，将电力市场下的需求响应分为两类：价格型需求响应和激励型需求响应。

价格型需求响应是指用户根据实时电价及生活习惯，自主调整用电行为模式，从而在满足用电需求的前提下节约电费的行为。电网公司通过实时用电情况及用户历史用电数据，制定合理的价格机制，对用户用电行为模式进行有效引导，以减缓供电压力、优化电网运行。

激励型需求响应是指供电公司直接通过电价折扣或高价补偿的方式，对电力用户直接给予奖励，从而引导电力用户参与电力平衡调整的过程。一般采用的方

式包括直接负荷控制(direct load control, DLC)、需求侧竞价(demand side bidding, DSB)、可中断负荷(interruptible load, IL)、容量/辅助服务计划和紧急需求响应计划(emergency demand response, EDR)等。

4. 储能设备特性

储能设备在虚拟电厂中主要实现削峰填谷的目标,通过蓄电池、抽水等方式,将电能暂时以化学能、机械能等能量的形式存储,并在需要时释放为电能,以降低分布式电源波动对电压频率平衡及虚拟电厂输出功率质量的影响。根据存储形式的区别,储能设备可大致分为四类:机械储能装置,如抽水蓄能装置、飞轮储能装置等;化学储能装置,如铅酸蓄电池、钠硫蓄电池等;电磁储能装置,如超级电容器储能装置、超导储能装置等;变相储能。

其中以化学储能方式中的蓄电池储能应用最为普遍。蓄电池可工作于充电和放电两种模式下,蓄电池的荷电状态、系统对电能的需求以及蓄电池的电压状态等决定着蓄电池处于充电模式还是放电模式。当系统电能有剩余时,蓄电池将存储多余的电能;当系统电能匮乏时,蓄电池将释放电能作为补充。

蓄电池结构简单,常配合逆变器、控制装置和其他辅助设备,共同构成蓄电池储能系统。因储能装置是一种高效、清洁的分布式电源,具有较好的环境效益,且发电相对稳定、能量转换效率较高、使用方便以及存储过程中不会发生化学反应等优势,在分布式发电领域有着十分广阔的应用前景。

此外,近年来数量快速增长的电动汽车,也可视为一种特殊的储能设备。电动汽车由蓄电池供给动力,通过引导用户行为,合理改变充电时间,不仅可以填补负荷低谷,优化系统运行,还可以通过放电向电网送电,削减负荷高峰,减少系统供电压力,加强电网运行的安全性及稳定性。

2.2.4　虚拟电厂内部资源不确定性

1. 风力发电的不确定性

风速特性可近似用韦布尔分布进行拟合,其概率密度函数为[12]

$$\phi(v) = \frac{k}{c}\left(\frac{v}{c}\right)^{k-1}\mathrm{e}^{-\left(\frac{v}{c}\right)^{k}} \tag{2-5}$$

其中,v 为风速;k 为形状参数;c 为尺度参数,$c = \dfrac{2\bar{v}}{\sqrt{\pi}}$。

2. 光伏发电的不确定性

光伏发电的输出功率与太阳辐射强度密切相关。根据大量数据统计，一段时间内的太阳辐射强度可近似看成 Beta 分布，其概率密度函数为[13]

$$f(r) = \frac{\Gamma(\alpha + \beta)}{\Gamma(\alpha)\Gamma(\beta)} \left(\frac{r}{r_{\max}} \right)^{\alpha - 1} \left(1 - \frac{r}{r_{\max}} \right)^{\beta - 1} \tag{2-6}$$

其中，r、$r_{\max}$ 分别为该时段内的实际光照强度和最大光照强度；α、β 为 Beta 分布的形状参数。

$$\alpha = \mu \left[\frac{\mu(1 - \mu)}{\sigma^2} - 1 \right] \tag{2-7}$$

$$\beta = (1 - \mu) \left[\frac{\mu(1 - \mu)}{\sigma^2} - 1 \right] \tag{2-8}$$

其中，μ 为光照强度的平均值；σ^2 为光照强度的方差。

由于光伏发电输出为直流电，其输出电压和电流随着光照强度和温度的变化而变化[14]，故而光伏发电的出力也可以看成服从 Beta 分布，其概率密度函数为

$$f(P_V) = \frac{\Gamma(\alpha + \beta)}{\Gamma(\alpha)\Gamma(\beta)} \left(\frac{P_V}{P_{V_{\max}}} \right)^{\alpha - 1} \left(1 - \frac{P_V}{P_{V_{\max}}} \right)^{\beta - 1} \tag{2-9}$$

其中，P_V 为光伏发电系统的出力；$P_{V_{\max}}$ 为光伏发电系统的最大出力。

3. 多个间歇式分布电源输出功率的不确定性

虚拟电厂内部含大量风力、光伏等间歇性分布式电源，受到自然条件的影响，各类间歇性分布式电源的输出功率带有很强的随机性。在同一区域内的间歇性分布式电源，由于地理位置比较靠近，多个电源的输出功率间又表现出一定的相关性。为了方便计算，在实际工程应用中，往往忽略这种相关性，将多个分布式电源总的输出功率特性视为单个分布式电源输出功率特性的简单累加，或者直接假定其联合分布服从多元正态分布、多元对数分布。但当电网中接入大批量的分布式电源时，前述方法的假设不再成立，有必要对同一区域内多个间歇性分布式电源总的输出功率特性进行分析研究。

Sklar 于 1959 年提出了著名的 Copula 理论，该理论能够将多个随机变量的一维边际分布连接起来，进而准确构建多个随机变量的联合概率分布函数。其中，通过边缘分布函数刻画变量的分布，通过 Copula 函数表征多个变量之间的相关关系。其数学表达式可以表示为

$$F(x_1,\cdots,x_n,\cdots,x_N) = C\big[F_1(x_1),\cdots,F_n(x_n),\cdots,F_N(x_N)\big] \qquad (2\text{-}10)$$

其中，$F(x_1,\cdots,x_n,\cdots,x_N)$ 表示随机变量 $(x_1,\cdots,x_n,\cdots,x_N)$ 的联合概率分布函数；$F_1(x_1),\cdots,F_n(x_n),\cdots,F_N(x_N)$ 表示单个随机变量 $x_1,\cdots,x_n,\cdots,x_N$ 的概率分布函数；C 表示 Copula 函数。Sklar 定理表明，若 $F_1(x_1),\cdots,F_n(x_n),\cdots,F_N(x_N)$ 均为连续函数，则 C 唯一确定。此外，对随机变量作任意递增变换时，采用的 C 保持不变。

Nelsen 总结了多种形式的 Copula 函数，常见的 Copula 函数有正态 Copula 函数、t-Copula 函数以及 Archimedes Copula 函数，其分布函数的数学表达式分别如下所示。

1）正态 Copula 函数

$$C(u_1,u_2,\cdots,u_N;\rho) = \Phi_\rho\big[\Phi^{-1}(u_1),\Phi^{-1}(u_2),\cdots,\Phi^{-1}(u_N)\big] \qquad (2\text{-}11)$$

其中，ρ 为对角线元素全为 1 的 $N\times N$ 对称的正定矩阵；Φ_ρ 为 N 维标准正态分布函数，其相关系数取为 ρ；Φ^{-1} 为标准正态分布函数的逆函数。

2）t-Copula 函数

$$C(u_1,u_2,\cdots,u_N;\rho,k) = t_{\rho,k}\big[t_k^{-1}(u_1),t_k^{-1}(u_2),\cdots,t_k^{-1}(u_N)\big] \qquad (2\text{-}12)$$

其中，ρ 为对角线元素全为 1 的 $N\times N$ 对称的正定矩阵；$t_{\rho,k}$ 为标准 N 维 t 分布的分布函数，其自由度为 k，相关系数取为 ρ；t_k^{-1} 为自由度为 k 的一维 t 分布函数的逆函数。

3）Archimedes Copula 函数

$$C(u_1,u_2,\cdots,u_N) = \begin{cases} \phi^{-1}[\phi(u_1),\phi(u_2),\cdots,\phi(u_N)], & \sum_{i=1}^{N}\phi(u_i) \leqslant \phi(0) \\ 0, & \text{其余} \end{cases} \qquad (2\text{-}13)$$

其中，$\phi(u)$ 为阿基米德函数的生成元，其既是减函数，也是一个凸函数；$\phi^{-1}(u)$ 为阿基米德函数生成元的逆函数。

通过 Copula 理论可以构造多个间歇性分布式电源输出功率的联合概率分布数学模型，具体可分为如下三个步骤。

（1）确定各类分布式电源的边缘分布。首先确定单个风力发电、光伏发电单元在独立工作状态时的输出功率的概率分布。

（2）选择最佳的 Copula 函数。不同的 Copula 函数表征的相关性特点存在差异，运用每种 Copula 函数联合相同边缘分布及相关系数的多个随机变量时，所得的联合概率分布结果不同，因而需要选择一个能够有效表征各分布式电源边缘分布相关性的最佳 Copula 函数。在构建风力、光伏发电单元输出功率的联合概率分布时，应首先结合风力、光伏输出功率的特点进行选择，例如，同一区域的风力发电与光伏发电单元常具有负的相关性，则可选择相关系数为负值的 Copula 函数对其加以描述。

(3)校验选择的 Copula 函数。由 Sklar 定理可知，对于特定的连续多维随机变量，有唯一确定的 Copula 函数可以逼近理论值，实现其联合概率分布的最优拟合。当通过步骤(2)选择了间歇性分布式电源联合功率输出分布特性对应的 Copula 函数后，可通过赤池信息量准则(Akaike information criterion, AIC)法、图像法以及平方欧氏距离法等对其进行校验。

2.3　虚拟电厂的功能特征

2.3.1　商业型虚拟电厂

1. 定义

商业型虚拟电厂从商业收益的角度出发，不考虑配电网的影响，对用户需求和发电潜力进行预测，将虚拟电厂中的分布式能源接入电力市场中，以优化和调度用电量，是分布式能源投资组合的一种灵活表述。这种方法可以降低分布式能源在市场上单独运作所面临的失衡风险，又可以使分布式能源通过聚合提供多样性的资源，在市场中获得规模的经济效益，并获取电力市场的信息，从而最大限度地增加收益机会。

2. 输入与输出

商业型虚拟电厂的输入与输出见图 2-3。

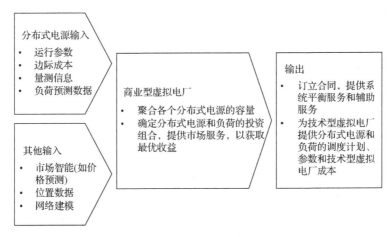

图 2-3　商业型虚拟电厂的输入与输出

每个在商业型虚拟电厂组合的分布式能源提交资料，说明其运行参数、边际成本等特点。这些输入汇集到单一的虚拟电厂并创建文件，每个文件都代表了一个投资组合的分布式能源的结合能力。

3. 功能

商业型虚拟电厂主要实现的功能包括以下几方面。

(1)规划应用模拟所有有关能量和传播流动的费用、收益与约束。根据设定的电力交易时段，如 15min、30min 或 1h 的时间分辨率，考虑到 1～7 天的情况。规划功能根据人工输入或自动开启进行循环操作(如一天一次或者一天多次)。

(2)负荷预测。提供多种类型负荷的预测计算。其中所需的基本数据是在规划功能中决定的时间分辨率范围内的连续的历史测量负荷值。负荷预测建立分段线性模型来模拟影响功能变化的行为，例如，星期几、天气变化或者工业负荷的生产计划等。模型方程系数每天在有新的测量值时循环计算。

(3)根据市场情报，优化潜在收入的有价证券，制作合同中的电力交换和远期市场，控制经营成本，并提交分布式能源进度、经营成本等信息至系统运营商。

(4)编制交易计划、确定市场价格、实现实时市场交易。

2.3.2　技术型虚拟电厂

1. 定义

技术型虚拟电厂从系统管理的角度出发，由分布式能源和可控负荷共同组成，考虑分布式能源聚合对本地网络的实时影响，可以看成一个带有传输系统的发电厂，具有与其他和电网相连的电厂相同的表征参数。技术型虚拟电厂主要为系统管理者提供可视化的信息，优化分布式能源的运行，并根据当地电网的运行约束提供配套服务。

2. 输入与输出

技术型虚拟电厂的输入与输出见图 2-4。

3. 功能

技术型虚拟电厂主要实现的功能包括以下几方面。

(1)提供可视化操作界面，允许对系统作出贡献的分布式能源活动，同时增强分布式能源的可控性，提供系统以最低的成本运营。

(2)整合所有分布式能源的输入，为每个分布式能源建模(内容包括可控负荷、电网区域网络，以及变电站操作等)。

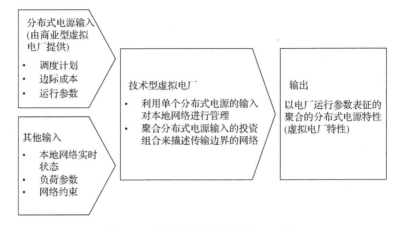

图 2-4　技术型虚拟电厂的输入与输出

(3)提供发电管理，监督虚拟电厂所有的发电和存储机组，根据每个机组各自的控制方式(独立、人工、计划或控制)和机组参数(最小/最大能量输出、功率梯度、能量内容)，此功能通过命令界面计算和传输机组的实际状态(启动、在线、遥控、扰动)、机组的实际能量输出、机组启动/停止命令和机组能量设定点。而且，根据机组状态变化监督和发信号给命令响应与设定点。如果有机组扰动，发电管理功能会根据环境变化，同时考虑到所有的限制条件，自行启动机组组合计算来强制其他机组重新计划。

(4)在线优化和协调分布式能源。在线优化和协调功能将整体的功率校正值分配给在控制方式中运行的所有的单独的发电机组、储存机组和柔性负荷。分配算法根据以下的原则运行：首先，必须考虑机组的实际限制(如最小、最大功率，储存内容，功率调整限制等)。其次，整体功率校正值必须尽可能快的达到。最后，最便宜的机组应该首先用于控制操作中。这里的"最便宜"是以机组在其计划运行点附近所增加的电能控制费用作为参考依据。每个独立机组增加的功率控制费用根据各自的调度计划由机组组合功能计算得出。每个机组各自的功率校正值输出到发电管理功能和负荷管理功能来实现。

(5)提供柔性负荷管理。一个柔性负荷种类可以包括一个或多个有相同优先权的负荷组；这里负荷组是指可以完全用同一个开关命令开启或关闭的负荷。该功能根据负荷种类的控制方式(独立、计划或控制)和实际的开关状态，通过命令界面计算和传输实际控制状态、负荷组的实际能量消耗和允许的控制延迟时间以及所需的用于实现所有负荷种类设定点的开关控制(运用同一类负荷中负荷组的轮流减负荷)。由机组组合计算出的最优负荷计划作为操作方式"计划"和"控制"中的负荷控制基础。

(6)负责制定发电时间表、限定发电上限、控制经营成本等。

（7）控制和监督所有的发电机组、蓄能机组和柔性需求，同时提供保持电力交换的能量关系的控制能力。

（8）提供天气预测。如果虚拟电厂内部有当地天气情况测量设备，外部导入的数据和当地测量数据之间的差值可以使用移动平均校正算法来最小化。由此得到的最终值就作为其他规划功能的输入值。

（9）提供发电预测和机组组合。发电预测功能依据预测的天气情况计算可再生能源的预计输出。预测算法可以是根据所给出的变换矩阵、两个天气变量到预计的能量输出的分段式线性转换。风速和风向到风力发电机组，光的强度和周围的温度到光电系统。转换矩阵可以根据机组技术特征和(或者)基于历史电能和天气测量值的评估，使用神经网络算法(在离线分析阶段)进行参数化。

2.3.3　两类虚拟电厂间的配合

　　商业型虚拟电厂通常与传统发电机组相互配合，参与电力市场竞争，共同实现最优发电计划。而技术型虚拟电厂则将聚合后的资源提供给系统运营商，实现以最低成本维持系统平衡。两类虚拟电厂在电力市场中发挥的作用以及相互之间的联系如图 2-5 所示。

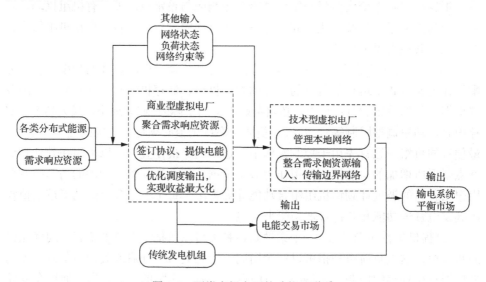

图 2-5　两类虚拟电厂的功能及联系

　　商业型虚拟电厂通过聚合各类分布式能源资源及需求响应资源，并结合网络状态等条件与传统机组共同参与到电力市场交易中，同时商业型虚拟电厂也为技术型虚拟电厂提供资源信息、运行计划、运行参数等信息，技术型虚拟电厂接收这些信息后，利用其聚合的资源以及传统机组为输电系统提供服务。

2.3.4　虚拟电厂与外部电网间的配合

由于虚拟电厂是各种分布式能源接入配电网，参与电力市场运行的中间者，虚拟电厂的优化调度问题不仅考虑内部的出力计划的制订，还要考虑虚拟电厂与外部电网之间的互动。虚拟电厂与外部电网的配合如图 2-6 所示。虚拟电厂与外部电网的配合机制可以分为三种：一是虚拟电厂扮演与传统发电厂同样的角色，由外部电网统一进行调度，从而制定虚拟电厂的调度计划。二是虚拟电厂在外部电网与虚拟电厂完成联合调度后，外部电网确定虚拟电厂的出力，虚拟电厂根据外部电网优化的结果作为约束，再进行内部优化，制定虚拟电厂内部资源的出力计划。三是虚拟电厂先进行内部优化，制定内部优化计划后上报给外部电网，外部电网根据虚拟电厂上报的调度计划进行优化，制定电网的运行计划。

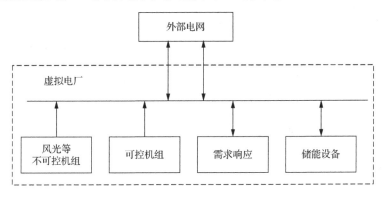

图 2-6　虚拟电厂与外部电网的配合

2.4　虚拟电厂的控制结构

2.4.1　集中控制方式

虚拟电厂通过控制协调中心(control coordination center, CCC)可以完全掌握涉及分布式运行的所有单位的信息，并可以对所有发电或用电单元进行控制。在集中控制方式下，虚拟电厂可以简单地解决各个分布式单元的优化问题以满足市场需求。但是，当虚拟电厂采用集中控制方式时，所有单元的信息都需要通过控制协调中心进行处理并进行双向通信，所以集中控制方式具有有限的可扩展性和兼容性。集中控制方式的逻辑关系图如图 2-7 所示。

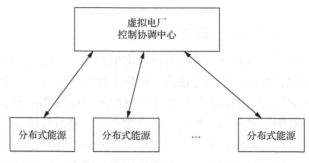

图 2-7　集中控制方式的逻辑关系图

2.4.2　分散控制方式

当采用分散控制方式时，虚拟电厂被分为多个层次。处于下层的虚拟电厂的控制协调中心控制辖区内的发电或用电单元，再由该级虚拟电厂的控制协调中心将信息反馈给上一级虚拟电厂的控制协调中心，从而构成一个整体的层次结构。这种分散控制方式能使虚拟电厂模块化，可以改善集中控制方式下的通信堵塞和兼容性差的问题。运行时的中央控制协调中心仍然需要位于整个分散控制的虚拟发电系统的最顶端，以确保系统运行的安全性和整体运行的经济性。分散控制方式的逻辑关系图如图 2-8 所示。

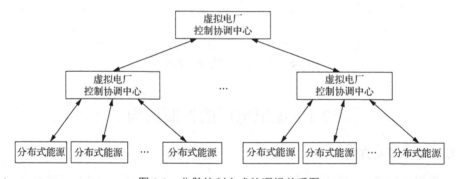

图 2-8　分散控制方式的逻辑关系图

2.4.3　完全分散控制方式

完全分散控制方式可以认为是分散式控制结构的一种延伸。在该种控制方式下的虚拟电厂的控制协调中心由数据交换与处理中心代替，数据交换与处理中心只提供市场价格、天气预报等信息。而虚拟电厂也被划分为相互独立的自治的智能子单元。这些智能子单元不受数据交换与处理中心控制，只接收来自数据交换与处理中心的信息，根据接收到的信息对自身的运行状态进行优化。完全分散控制方式下的虚拟电厂具有很好的可扩展性和开放性，同时更适合参与电力市场。

完全分散控制方式的逻辑关系图如图 2-9 所示。

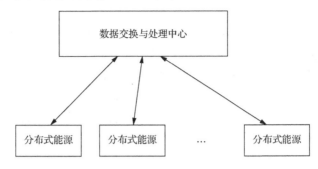

图 2-9 完全分散控制方式的逻辑关系图

2.5 虚拟电厂的投资模式

2.5.1 分布式能源投资相关市场主体概述

虚拟电厂中含有大量的分布式发电资源，其中又可细分为很多类别。虚拟电厂在进行分布式能源的投资建设及运行维护过程中，需要涉及多种市场主体，其中主要包括政府等相关监管部门、分布式能源设备供应商、工程建设公司、运行维护公司、节能服务公司、电网公司及用户等，如图 2-10 所示。各市场主体在虚拟电厂对分布式电源的运营过程中权责不同，发挥着不同作用。

图 2-10 虚拟电厂投资运营的相关市场主体

(1) 政府等相关监管部门。其职能主要包括：制定合理的分布式能源融资政策，针对虚拟电厂中分布式能源的投资资金募集及使用过程实施监管，保证钱款来源及去向的合法性、正规性；制定行业发展规范，保证运营过程中的计量、竞价、报价、结算等工作符合国家相关法律要求，并通过有效的引导，推动分布式能源投资运营环境的良好化发展。

（2）分布式能源设备供应商。其主要负责向虚拟电厂提供所需的各类分布式能源设备。设备投资商不参与虚拟电厂投资时，则根据市场价格将各类分布式能源设备出售或租赁给虚拟电厂，通过设备售价与成本间的差价或租金盈利，并根据签订的销售合同，对设备的运维过程提供技术支持；设备投资商参与虚拟电厂投资时，则可低价或无偿提供各类分布式电源设备的出售、租赁及运维服务，通过提前协商，签订合同的方式，确定盈利情况。此时，分布式能源设备供应商即成为分布式能源投资商。

（3）运行维护和节能服务公司。虚拟电厂可以通过签订合同的方式，同专业的运行维护公司合作，使其负责各类分布式电源运行维护过程中的相关技术工作。若运行维护公司参与虚拟电厂的投资运营，则可适当降低运行维护费用，并从虚拟电厂的总收益中获取一定比例的效益。此外，虚拟电厂可通过签订节能服务合同的方式，委托专业的节能服务公司提供节能服务，并将一定比例的节能收益作为回报。若节能服务公司参与虚拟电厂的投资运营，则可适当提高其获取节能收益的比例。

（4）电网公司及用户。电网公司可通过与虚拟电厂签订协议，以接收虚拟电厂发出的电能，用户也是虚拟电厂发电量的获益者，二者均可通过直接或第三方投资机构等方式进行投资与合作，参与虚拟电厂运营，获取相应的利润。

2.5.2　虚拟电厂投资主体

虚拟电厂的投资运营过程中，涉及多种市场主体，根据虚拟电场内部分布式电源投资所有权之间的差异，可将其分为单投资主体模式虚拟电厂和多投资主体模式虚拟电厂。

1. 单投资主体模式

单投资主体模式指的是虚拟电厂内部的分布式能源均归虚拟电厂所有，即在分布式能源投建阶段采取独立投资的方式。采用单投资主体模式的虚拟电厂通过分布式电源的独立投建运营工作，掌握分布式能源的全部信息，例如，投资运行成本、机组特性信息以及机组控制参数等，其基本模式如图 2-11 所示。

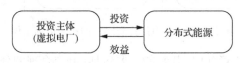

图 2-11　虚拟电厂单投资主体模式

单投资主体模式虚拟电厂着眼于整体，在参与电力市场运营过程中，主要通过外部市场运营与内部发电成本之间的差价获取效益，整体的投资效益较好。通过制定合理的内部分布式发电资源的发电方案或调整参与运营的竞价策略，实现整体效益最大化。但此种投资主体模式需要大量的投资资金及人力资源，且需要具有一定的分布式电源建设能力，因而对投资主体的要求较为严格。

2. 多投资主体模式

多投资主体模式指的是虚拟电厂内部的分布式能源各自归属于不同的独立运营商，虚拟电厂仅作为获得市场准入的第三方，即采取合作投资的方式。虚拟电厂通过与独立运营商签订合同，以协商的固定电价从独立运营商购电，将购得的分布式电源发电量统一集中调度，不再掌握分布式电源的技术指标及发电成本等信息，其基本模式如图 2-12 所示。

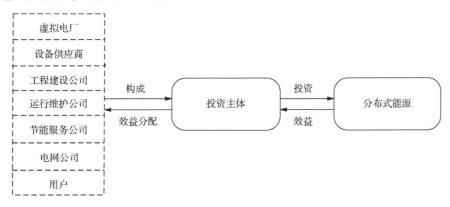

图 2-12　虚拟电厂多投资主体模式

多投资主体模式虚拟电厂不再关注分布式电源的发电效益，仅着眼于外部市场运营与合同电价之间差价的获利情况，而独立运营商则通过合同电价与发电成本之间的差价盈利。通过与不同类别投资主体间的合作，可降低对虚拟电厂的资金要求等条件限制，使不同类别的投资主体充分发挥各自的优势，共同实现分布式电源发电的有效利用。但是，此种投资模式下，各投资主体的效益相比单投资主体模式差，为保证整体发电的效率与质量，也应对不同投资主体间实现有效的协调安排。

2.6　小　　结

虚拟电厂是一种集分布式能源和负荷为一体的综合能源服务商，也是一种新型的上网交易模式。本章在对虚拟电厂的定义、外特性、运行流程、示范项目进行研究的基础上，进一步研究虚拟电厂的构成与分类，对内部资源特性进行总结；从虚拟电厂的功能特征出发，介绍了商业型虚拟电厂与技术型虚拟电厂，并分析了两者之间的联系以及与外部电网的配合；介绍了虚拟电厂的控制结构及优缺点；最后概述了分布式能源投资相关市场主体，对虚拟电厂的单投资主体模式与多投资主体模式进行了介绍。

参 考 文 献

[1] Saboori H, Mohammadi M, Taghe R. Virtual power plant(VPP), definition, concept, components and types[C]. Asia-pacific Power & Energy Engineering Conference. IEEE, 2011: 1-4.

[2] Schulz C, Roder G, Kurrat M. Virtual power plants with combined heat and power micro-units[C]. 2005 International Conference on Future Power Systems, IEEE, 2005: 5.

[3] Asmus P. Microgrids, virtual power plants and our distributed energy future[J]. The Electricity Journal , 2010, 23(10): 72-82.

[4] 姜海洋, 谭忠富, 胡庆辉, 等. 用户侧虚拟电厂对发电产业节能减排影响分析[J]. 中国电力, 2010, 43(6): 37-40.

[5] 范仁峰, 艾芊. 虚拟发电厂技术探讨[J]. 电器与能效管理技术, 2014[9]: 33-38.

[6] FENIX. Flexible electricity network to integrate expected "energy solution" [EB/OL]. [2017-06-03]. http://www.fenix-project.org/.

[7] EDISON. Executive summary of the Edison project[R/OL]. [2017-06-12]. http://www.edison-net.dk/.

[8] Twenties project [EB/OL]. [2016-01-10]. http://www.twenties-project.eu/.

[9] WEB2ENERGY. Project interim report-EU commission in Brussels[R/OL]. [2017-06-20]. http://www.web2energy.com/.

[10] 张小平, 李佳宁, 付灏. 配电能源互联网: 从虚拟电厂到虚拟电力系统[J]. 中国电机工程学报, 2015, 35(14): 3532-3540.

[11] 周亦洲, 孙国强, 黄文进, 等. 计及电动汽车和需求响应的多类电力市场下虚拟电厂竞标模型[J]. 电网技术, 2017, 41(6): 1759-1767.

[12] 丁明, 吴义纯, 张立军. 风电场风速概率分布参数计算方法的研究[J]. 中国电机工程学报, 2005, 25(10): 107-110.

[13] 于欣波, 罗奕. 一种分布式光伏发电出力的 PH 分布模型[J]. 可再生能源, 2015, 33(11): 1619-1624.

[14] 王成山, 洪博文, 郭力. 不同场景下的光蓄微电网调度策略[J]. 电网技术, 2013(7): 1775-1782.

第3章 虚拟电厂运行的关键技术

3.1 数据存储和大数据分析

3.1.1 数据清洗和数据存储技术

配电网负荷数据的有效分析不仅可以满足规划设计、生产调度、智能仿真、负荷预测、电能质量和电能决策工作的需要，还能解决未来配电网面临的精确供能、电力需求侧管理、分布式电源接入、多电源互动以及分散储能等问题。随着传感量测、信息通信、分析决策、自动控制和能源电力等技术与现代配电网的深度融合，产生了指数级增长的海量异构、多态、高维的负荷数据，例如，一些东南沿海中、大型城市的市区中压馈线已超过千条水平，地市供电公司各种系统的监测设备超过 10 万个，配电自动化系统数据库预留达到 100TB 以上，年增长量超过 5TB，用电信息采集系统日采集量近 100 万条，数据规模达到当前信息学界所关注的"大数据"级别，如何在可承受的时间和存储成本范围内对负荷数据进行清洗和修复，提高后续分析决策结果的质量和精度，实现对配电网负荷情况的精确掌握，充分合理地利用负荷数据指导配电网的生产工作是当前配电网面临的挑战。本节重点介绍数据清洗和数据存储技术在配网中的应用。

1）异常数据辨识

当前配电网负荷数据来源于配电自动化系统、用电信息采集系统、负荷控制系统、用户集中抄表系统、电能质量监测系统和一些地市公司安装的其他监测系统。受设备、环境和运行状态等因素影响，异常数据特点较为复杂。目前国内外学者针对异常检测在多种领域均提出了解决方案。文献[1]提出了一种基于 Storm 的状态监测数据流滑动窗口处理方法。文献[2]则从实时性方面进行考虑，提出了一种分层的异常事件检测算法。文献[3]针对以内容为中心的未来网络，结合聚类算法与粒子群算法对网络攻击进行检测。文献[4]结合粒子群优化算法和向量机，提出了一种基于在线学习的入侵检测算法。文献[5]提出了一种基于时间序列分析的双循环迭代检验法。在用电行为的异常检测中，文献[6]针对用电信息采集系统采用离群点算法，从而达到检测反窃电的目的。文献[7]利用基于网格的聚类算法对用电行为的异常度进行排序，在用电行为的异常检测上取得了一定成果。由于用电量受用户行为习惯影响较大，所以采用现有研究成果实现对用电量异常行为分析容易造成误判。文献[8]针对电力系统中用户用电行为本身的特征，在时间尺度上对用电量进行波动区间的划分，利用基于密度的聚类方法对区间进行分簇，有效识别异常用电模式。

2) 重复数据检测

重复数据检测作为数据清洗技术的重要组成部分,可有效保证数据清洗效果。近年来,专家与学者对重复记录检测技术开展了一些相关研究,包括优先队列算法、近邻排序算法(sorted neighborhood method, SNM)、多趟近邻排序算法(multi-pass sorted neighborhood, MPN)、基于反馈学习机制的聚类检测方法、字段匹配算法、Smith-Waterman 算法以及基于 N-Gram 的聚类检测方法等。总的来说,以上方法大致可以分为基于排序的方法、基于关联的方法、基于匹配的方法以及基于聚类的方法。其中,基于排序的方法最直观,但不能处理不是前缀的缩写情况,且精度较低;基于关联的方法具有较高的置信度与支持度,但计算成本过大;基于匹配的方法精度较高,但算法复杂且参数难以控制;而基于聚类的方法精度较高,可发现孤立样本字段,但算法复杂导致计算成本较大。在电能质量分析方面,重复数据检测被用于处理暂态事件监测记录,提取扰动源特征信息[9]。

3) 数据存储框架

智能配用电数据一方面具有用户种类复杂、点多面广、类型多样、海量、难以快速发现有价值信息和规律性等特点,另一方面具有很多内在的规律,符合大数据的信息特征,具备很大的挖掘空间。如果能够合理利用有效的大数据分析工具对用户的日志信息(视频、音频、文本等)、用电习惯、用能特性进行分析,对区域范围内的能源需求进行有效预测和预判,可为未来营销业务的拓展提供新思路和新途径。

为此,将结构化和非结构化混合组成的智能配用电数据按照资源、存储和查询等三个层级设计对其进行管理,如图 3-1 所示。其中,资源层主要实现智能配用电大数据计算资源的虚拟化、标准化和负载均衡;存储层实现大数据的快速存储管理;查询层实现海量数据的快速检索。

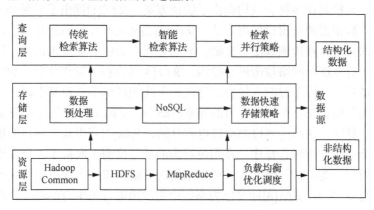

图 3-1　智能配用电数据存储技术架构

3.1.2　数据挖掘技术

1) 数据特征化

数据特征化(data characterization)是将数据按一般特征或特性进行汇总。数据特征的输出可以用多种形式提供,包括饼状图、柱状图、曲线图、多维数据立方体和包括交叉表在内的多维表。结果描述也可以用概化关系(generalized relation)或特征规则提供。

2) 关联分析

关联分析(association analysis)是发现数据间关联规则的一种数据挖掘模式,这些规则展示属性和数据取值在给定数据集中频繁出现在一起的条件。关联规则存在的概率用置信度或可信度来描述,置信度或可信度越高,关联规则存在的可能性就越大。

3) 分类分析

分类(classification)分析能找出描述并区分数据类别或概念的模型(或函数),以便使用模型预测类别来标记未知的对象类别。导出模型基于训练数据集的分析来实现。

4) 聚类分析

聚类(clustering)分析是以对象的最大化类别内相似性和最小化类别间相似性为原则进行分组的一种分析方法,属于对数据进行描述的一种。聚类分析能够提取一些隐藏于数据间未知的数据特征,是无指导学习的一种重要的分析方法。

5) 孤立点分析

孤立点分析(outlier analysis),数据集中可能包含一些数据对象,它们与数据的一般行为或模型不一致,这些数据对象被称为孤立点。在某些应用中(如欺诈检测),罕见的事件可能比正常出现的事件更富有价值。

6) 演变分析

演变分析(evolution analysis)描述行为随某一变量对象变化的规律或趋势,并对其建模,其中包括变化变量相关数据的特征化、区分、关联、分类或聚类,这些分析包括序列或周期模式匹配和基于类别相似性的数据分析等内容。

以上各种模式对应的数据挖掘目标不同,因此必须根据数据挖掘目标谨慎地进行选取。在某种模式中还有很多不同的算法和模型,每种算法和模型都有其适用条件和优缺点,选取何种算法和模型需要综合各方面的因素进行综合考虑,因此,数据挖掘人员的相关经验能帮助其进行有效地选择。

数据挖掘是一个交叉学科领域，受多个学科影响，包括数据库系统、统计学、机器学习、可视化和信息科学。此外，数据挖掘还依赖于所用的数据挖掘方法，以及可以使用的其他学科的技术，如神经网络、模糊粗糙理论、知识表示、归纳逻辑程序设计或高性能计算。由于数据挖掘源于多个学科，数据挖掘研究产生了大量的、各种不同类型的数据挖掘系统。因此，数据挖掘现已形成一个完整的理论体系。随着其他学科研究的不断深入，数据挖掘在不断借鉴中仍在向前发展。

3.1.3　大数据分析在虚拟电厂中的应用

1）基于关联规则挖掘的配电网运行可靠性分析

配电网运行可靠性是指供电点到用户的整个配电系统及设备按可接受的标准和期望的数量满足用户电力和电量需求能力的度量。配电网运行可靠性水平是指在已知的网络结构及各设备元件的可靠性参数、系统实时运行环境、电网实时运行状态及调度、检修计划等因素条件下，未来一段时间内配电网按照用户的用电质量与数量要求不间断地提供电力和电量的能力。

配电网运行可靠性分析是基于配电网各运行调度监控系统提供的海量多源异构数据、考虑配电系统网络结构及各元件的可靠性参数、实时运行环境、电网实时运行状态及调度、检修计划等因素对系统运行可靠性的影响，研究系统在当前状态下未来一定时期内的可靠性，实时地给出系统的运行可靠性指标参数值。针对运行可靠性概念，所需的数据包括各设备元件的历史运行工况、各类设备元件的状态信息、停运情况及停运时刻的运行条件、预测时刻系统运行时出现的各类信号、地理信息、天气、现场环境与图像等数据，具体分为台账数据、实时运行数据、负荷数据和环境数据四大类[10]。

利用关联规则挖掘相关的数据，从配电网的异构多源数据中挖掘出可靠性的主要影响因素，减少输入数据的维度，加快速度。具体的配电网运行可靠性分析步骤如下。

（1）建立配电网运行可靠性四维指标体系，如图 3-2 所示。

（2）采用主成分分析法，结合历史运行可靠性数据，对各指标数据进行特征提取，获取运行可靠性评估的主要指标。

（3）采用关联规则挖掘方法，挖掘影响运行可靠性的主要因素。

（4）将步骤（3）中的主要影响因素作为人工神经网络的输入 $I(T)$，根据需求选取评估尺度 t，基于步骤（2）中的主要评估指标，选取 $(T+t)$ 时刻的指标值 $O(T+t)$ 作为输出，对人工神经网络进行训练，得到人工神经网络预测模型。

（5）将实时数据的主要影响因素数据输入步骤（4）所得人工神经网络预测模型，即可预测 t 时间后的可靠性指标值，预测流程如图 3-3 所示。

　　将以上方法运用于某中型城市配电系统数据，包括各设备元件的历史运行工况、各类设备元件的状态信息、停运情况及停运时刻的运行条件、预测时刻系统运行时出现的各类信号、地理信息、天气、现场环境与图像等数据，分为台账数据、实时运行数据、负荷数据和环境数据四大类，每采集一次作为一个样本，对所提的方法进行验证，该系统的数据样本共有 350400 个。从中选取 14 个样本作为验证样本，分析得到的结果如图 3-4～图 3-6 所示。

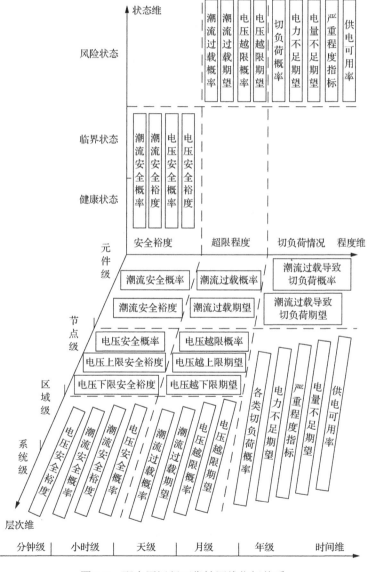

图 3-2　配电网运行可靠性四维指标体系

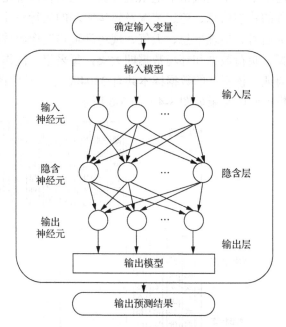

图 3-3　基于人工神经网络的预测流程

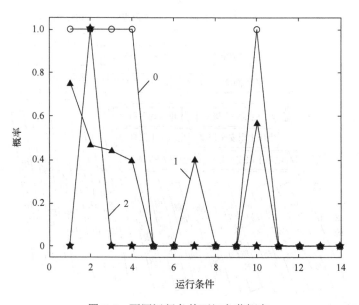

图 3-4　不同运行条件下切负荷概率

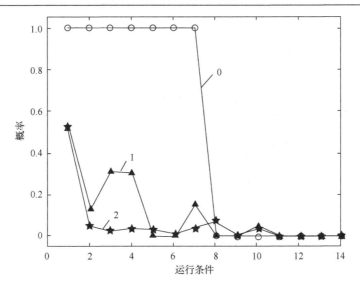

图 3-5　不同运行条件下电压越限概率

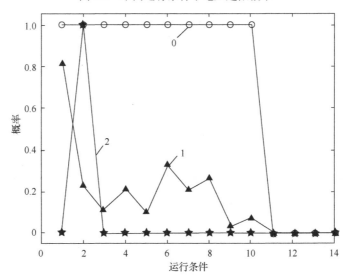

图 3-6　不同运行条件下电力不足概率

图 3-4 为 14 种运行条件下切负荷概率。曲线 0 为实际情况，取值为"1"时表示处于切负荷状态，"0"表示正常；曲线 1 为经过关联规则挖掘所得的切负荷概率；曲线 2 为不经过关联规则挖掘直接进行神经网络预测的结果。

图 3-5 为电压越限概率，其中：曲线 0 为实际情况，取值为"1"时表示电压越限，"0"表示正常；曲线 1 为经过关联规则挖掘所得的电压越限概率；曲线 2 为不经过关联规则挖掘直接进行神经网络预测的结果。

图 3-6 为电力不足概率，其中：曲线 0 为实际情况，取值为"1"时表示处于

电力不足状态，"0"表示正常；曲线 1 为经过关联规则挖掘所得的电力不足概率；曲线 2 为不经过关联规则挖掘直接进行神经网络预测的结果。

2）基于随机矩阵的配网异常事件快速发现

随机矩阵理论 M-P 定理和单环定理都假设随机矩阵中元素满足独立同分布[11]，实际情况很难满足，因此需要寻找一种限制条件较为宽泛的分析方法。于是考虑利用时间序列相关特性对电网运行数据进行分析。

随着配网中同步相量测量装置(phasor measurement unit, PMU)的逐渐推广，大量电网同步相量量测、输出以及动态记录将为配网分析提供大量原始数据。不同属性的数据适用于不同应用场景，选取合适的属性数据使数据分析效果更明显，有利于发现电网问题。根据应用场景实际需求和时间序列对于数据平稳性的要求，将电压数据作为研究的基础数据源。

电网运行数据具有时间特性和空间特性，设 $X = \{x_{ij}\}, i = 1, \cdots, N, j = 1, \cdots, T$。其中 N 表示节点数，T 表示总时间，建模架构如表 3-1 所示。

表 3-1　PMU 分析数据结构

x_{ij}	1	2	$\cdots$	T
1	x_{11}	x_{12}	$\cdots$	x_{1T}
2	x_{21}	x_{22}	$\cdots$	x_{2T}
$\vdots$	$\vdots$	$\vdots$		$\vdots$
N	x_{N1}	x_{N2}	$\cdots$	x_{TN}

对于每一个时间点，其内、外部影响因素等属性数据可形成随机向量，在时间序列中随机向量以矩阵形式呈现，构成随机矩阵。电网作为一种复杂的实时系统，运行过程中产生大量的历史数据，并实时产生新的运行数据。为了充分利用历史数据，实现数据的实时分析，采用滑动时间窗口模型采集数据：时间窗口宽度为 T_w，每次采样向后移动一个时间点，即在 t 时刻采集，t 时刻为当前时刻，窗口中有 $t-1$ 个历史时刻，对应有 $t-1$ 个历史状态变量。

$$\hat{X}_t = \left[\hat{X}_{t-T_w+1}, \hat{X}_{t-T_w+2}, \cdots, \hat{X}_t \right]^{\mathrm{T}} \tag{3-1}$$

采用随机矩阵分析高维谱分布要求假设条件 $N, T \to \infty$ 且 $c = N/T \in (0,1]$，在实际中很难满足。因此，实际计算时取时间窗口 $T_w = 240$，近似使初始条件满足随机矩阵假设。针对样本数据不满足平稳性的情况，需对数据进行处理以满足平稳条件。利用一次差分方式对数据进行预处理，形成差分矩阵 $\hat{D}$。

$$\hat{D} = \left[d_1', d_2', \cdots, d_n' \right]^{\mathrm{T}} \tag{3-2}$$

其中，$d_1', d_2', \cdots, d_n'$ 为 n 个独立差分向量。

时间序列需要确定 ARMA(p, q) 模型阶数，常用的有 FPE (final prediction error) 准则、AIC 和 MDL (minimum description length) 准则。由 Wold 定理：任何有限方差的自回归滑动平均 (auto-regressive and moving average, ARMA) 或移动平均 (moving-average, MA) 模型的平稳随机过程可以用无限阶自回归 (auto regressive, AR) 模型表示。实际电网分析中需要兼顾准确性和实效性，因此考虑采用 AR 模型。根据电网运行数据样本特征，采用 AIC 准则计算阶数。基于上述简化，判定阶数 $p=2$，即采用 AR(2) 模型。为进一步表征运行数据中存在的关联特性，定义量化指标——平均谱半径 (mean spectral radius, MSR) 如下：

$$k_{\mathrm{MSR}} = \frac{1}{N} \sum_{i=1}^{N} \left| \lambda_{S_n, i} \right| \tag{3-3}$$

其中，$\lambda_{S_n, i}$ 为观测矩阵协方差矩阵的特征值；k_{MSR} 为在某种运行方式下电网运行的整体态势，或者某种扰动对电网的影响程度。

结合滑动时间窗口，MSR 评价方法可以对一段时间内电网的运行情况进行分析和评估。MSR 与内环半径对比可分析系统运行稳定特性：若 MSR 在内环半径和外环半径之间，系统稳定；反之，系统有故障或扰动发生。

3.2　态势感知技术

虚拟电厂中包含分布式电源、可控负荷以及储能设备，因此负荷随机需求响应、分布式电源间歇式出力、售电公司与虚拟电厂之间的互动与博弈为虚拟电厂带来不确定性因素。态势感知技术可以聚焦于实时感知虚拟电厂中不确定因素的变化，因此为虚拟电厂参与多种市场的优化调度与竞价提供了良好的数据资源。态势感知分为三个层次：一级态势感知为态势觉察，进行数据或信息收集，解决"环境中正在发生什么"的问题；二级态势感知为态势理解，通过数据分析获得认识，解决"为什么发生"的问题；三级态势感知为态势预测，基于对环境信息的感知和理解，预测未来的发展趋势，解决"将要发生什么"的问题[11]。

3.2.1　态势觉察

1) 基本定义

态势觉察 (perception)：获取被感知对象中的重要线索和元素，是态势感知中最基础的一层。其关键技术为对量测装置进行合理布置，以获得所需要的数据。态势觉察技术主要包括：①提高可观测性的量测优化配置技术；②PMU 优化配置及数据应用技术；③高级量测体系构建技术[11]。

2) 典型应用场景

文献[12]在考虑模拟分布式电源(distributed generater, DG)出力不确定性的基础上，建立了兼顾经济性和多种网络结构估计精度的多目标量测配置模型。通过高斯混合模型模拟分布式电源的概率密度分布函数(probability distribution function, PDF)，如式(3-4)所示。将得到的 PDF 中各高斯分量的权重 ω_i、均值 μ_i 和协方差 Σ_i 作为蒙特卡罗法模拟的参数计算各分布式电源的有功出力 P，如式(3-5)所示。假定各分布式电源均为 PQ 节点，且功率因数恒定，则各分布式电源的无功功率为 $Q = P\tan\varphi$。因此可以将未配置量测装置的分布式电源的有功与无功出力作为伪量测参与到状态估计中。

$$f(y\,|\,\Theta) = \sum_{i=1}^{K}\omega_i f(y\,|\,\mu_i,\Sigma_i) \tag{3-4}$$

其中，K 为高斯分量的总数；$\Theta = \{\omega_i,\mu_i,\Sigma_i, i = 1,2,\cdots,K\}$ 为各高斯分量的参数。

$$P = \sum_{i=1}^{K}\omega_i \mathrm{mvnrnd}(\mu_i,\Sigma_i) \tag{3-5}$$

其中，$\mathrm{mvnrnd}(\mu_i,\Sigma_i)$ 为从以 (μ_i,Σ_i) 为参数的多维正态分布中取一组随机数。

状态估计中，状态量 x 与量测量 z 之间的关系是

$$z = h(x) + \varepsilon \tag{3-6}$$

其中，$h(x)$ 为量测方程；ε 为量测误差，$\varepsilon \sim N(0,\boldsymbol{R})$，$\boldsymbol{R}$ 为量测误差的协方差矩阵。

使用加权最小二乘法(weighted least squares, WLS)进行求解，其目标函数可写成：

$$\hat{x} = \arg\min\left[z - h(x)\right]^{\mathrm{T}}\boldsymbol{W}\left[z - h(x)\right] \tag{3-7}$$

其中，$\hat{x}$ 为状态量的最大似然估计值；$\boldsymbol{W}$ 为一个加权正定矩阵，假定 $\boldsymbol{W} = \boldsymbol{R}^{-1}$。

系统估计精度可表示为

$$E_{\mathrm{sys}} = \sum_{i=1}^{n}\left|x_{i,\mathrm{true}} - x_{i,\mathrm{est}}\right| \tag{3-8}$$

其中，E_{sys} 为系统状态估计总误差；n 为状态变量的个数；$x_{i,\mathrm{true}}, x_{i,\mathrm{est}}$ 分别为第 i 个状态变量的真值和估计值。

综合考虑量测装置配置经费和系统估计精度，建立目标函数：

$$\min F = \omega_{\text{cost}} C_{\text{cost}} + \omega_{\text{accu}} E_{\text{com}}$$
$$\text{s.t.} \, n_p + n_c \leqslant N_m \tag{3-9}$$
$$E_{\text{com}} \leqslant E_{\text{sys.max}}$$

其中，C_{cost} 为总量测配置经费，$C_{\text{cost}} = c_p n_p + c_c n_c$，$c_p$ 和 c_c 分别为单个功率量测与电流量测的相对价格；n_p 和 n_c 分别为功率量测与电流量测的安装数量；N_m 为量测装置安装数量的上限；E_{com} 为系统综合估计误差，$E_{\text{com}} = \sum_{i=1}^{N_{\text{str}}} p_i E_{\text{sys.}i}$，$p_i$ 为第 i 种网络结构对量测配置的影响权重，$E_{\text{sys.}i}$ 为第 i 个网络结构的系统状态估计总误差；$E_{\text{sys.max}}$ 为最大允许系统估计误差。影响权重 ω_{cost}、ω_{accu}、p_i 可由层次分析法(analytic hierarchy process, AHP)求得。

最后根据式(3-9)所建立的数学模型，运用贪婪算法进行求解，得出不同类型的量测装置安装的数目以及地点。

3.2.2　态势理解

1)基本定义

态势理解(comprehension)：综合态势估计中得到的数据和信息，形成安全态势的综合评估。潮流计算、状态估计是对运行态势进行安全分析、经济分析等评估的基础。

2)典型应用场景(计及历史数据的配网三相状态估计)

文献[13]针对配网中量测不足且存在大量历史数据的现状，根据配电网运行状态与历史状态信息和量测信息之间的强相关性，以节点电压的幅值和相角作为状态量，建立历史数据模型，如式(3-10)、式(3-11)所示：

$$U_{ik}^{\varphi} = \alpha_{i0} + \alpha_{i1} U_{i,k-1}^{\varphi} + \cdots + \alpha_{iT} U_{i,k-T}^{\varphi} + \alpha_{i,T+1} Z_{i1} + \cdots + \alpha_{i,T+M} Z_{iM} \tag{3-10}$$

$$\theta_{ik}^{\varphi} = \beta_{i0} + \beta_{i1} \theta_{i,k-1}^{\varphi} + \cdots + \beta_{iT} \theta_{i,k-T}^{\varphi} + \beta_{i,T+1} Z_{i1} + \cdots + \beta_{i,T+M} Z_{iM} \tag{3-11}$$

其中，U_{ik}^{φ}、θ_{ik}^{φ} 分别为 k 时刻节点 i 的 φ 相电压幅值与相角，且 $\varphi = \{a,b,c\}$；U_{ik-T}^{φ}、θ_{ik-T}^{φ} 分别为 $k-T$ 时刻节点 i 的 φ 相电压幅值与相角；Z_{iM} 为最大相关性方法 (maximum relevance, MR) 提取的第 M 个 $k-1$ 时刻的历史量测信息；$\alpha_i = \{\alpha_{i0}, \alpha_{i1}, \cdots, \alpha_{i,T+M}\}$ 为节点 i 的 φ 相电压幅值历史模型参数；$\beta_i = \{\beta_{i0}, \beta_{i1}, \cdots, \beta_{i,T+M}\}$ 为节点 i 的 φ 相电压相角历史模型参数。

通过历史数据模型得到的精度较高的电压幅值与相角被视为虚拟量测量并作

为状态估计初值，状态估计方法采用加权最小二乘法，利用状态估计得到的配电网态势信息，通过电压稳定指标、低电压指标与支路功率失稳临近度对配电网运行态势进行判断，由态势估计得到数据中蕴含的运行状态信息。

设支路 b_{ij} 的第一类电压稳定指标 L_{ij} 为

$$L_{ij} = 4\left[\left(P_{ij}X_{ij} - Q_j R_{ij}\right)^2 + \left(P_{ij}R_{ij} - Q_j X_{ij}\right)U_i^2\right]\Big/U_i^4 \qquad (3\text{-}12)$$

且

$$L_{ij} \leqslant 1$$

其中，i 和 j 分别为支路 b_{ij} 的首节点和末节点；R_{ij} 和 X_{ij} 分别为支路 b_{ij} 的电阻值和电抗值；U_i 为支路 b_{ij} 中首节点 i 的电压幅值；P_j 和 Q_j 分别为流过末节点 j 的有功功率和无功功率。

整个配电网的第一类电压稳定指标 L 为

$$L = \max\left\{L_b\right\} \qquad (3\text{-}13)$$

其中，L_b 为配电网全部支路的第一类电压稳定指标 L_{ij} 的集合。L 越小，整个配电网的电压越稳定。

低电压指标 F 为全网中低电压节点数 n_{low} 比全网总节点数 n：

$$F = n_{\text{low}} / n \qquad (3\text{-}14)$$

针对支路功率越限问题，定义支路功率失稳临近度 P_c：

$$P_c = \left|\frac{2P_b - P_b^{\max} + P_b^{\min}}{P_b^{\max} - P_b^{\min}}\right| \qquad (3\text{-}15)$$

其中，P_b 为整个配电网所有支路的有功功率；$P_b^{\max}$、$P_b^{\min}$ 分别为支路有功功率的上限和下限，分别取 2 和 -2。当支路功率失稳临近度 $P_c \geqslant 2$ 时，支路功率越限，线路失稳。

3.2.3　态势预测

1) 基本定义

态势预测(projection)：基于对态势察觉、理解的结果，对虚拟电厂中的不确定性变化，如负荷、分布式电源等进行安全风险评估；对系统运行状态进行安全预测。

2) 典型应用场景(配网安全风险与预测预警)

(1)配网安全风险。配网安全风险包括考虑分布式电源接入与配电网灾害的安全风险分析。分布式电源输出功率具有不确定性,并网或离网运行方式对配电网网架结构均有所影响。文献[14]提出了针对设备随机故障的含分布式电源配电网的停电风险快速评估方法,考虑了分布式电源并网与离网运行模式,给出了由设备故障引起的停电风险评估标准。

(2)基于安全域方法的配网预测预警。安全域方法可以判断运行点是否处于安全的运行状态,计算运行点与安全边界之间的距离等,因此对运行点进行预防性控制给出了方向和度量。文献[15]提出了针对运行点进行安全预测控制的方法,结合运行点轨迹与短期负荷预测的结果,预测运行点未来发展轨迹,如果运行点从安全区域进入不安全区域,则采取干预措施对运行点进行纠正。

3.3　云计算技术

3.3.1　云计算定义和关键技术

云计算[16]是一种可以调用的虚拟化资源池,这些资源池可以根据负载动态重新配置,以达到最优化使用的目的。用户和服务提供商事先约定服务等级协议,用户以用时付费模式使用服务。云计算具有服务资源池化、可扩展性、通过宽带网络调用、可度量性、可靠性等特点。

1) 设备架设

云计算设备是采用虚拟化的分布式计算和存储系统实现数据云计算调度和云计算存储的设备。在云计算设备中,数据处理采用的是交互信息网络结构模式,数据包传输密集,由于内部的和外部的用户都可以访问新的和现有的应用系统,所以需要一个交互信息构架下的交互信息通道实现高安全级进程向低安全级进程的转换。在这个过程中,接收方直接或者间接地从客体中读取消息,实现数据包发送和信息编码,客户端通过信息解码实现信息接收[17]。

2) 改善服务技术

云计算通过以下几种形式提供服务[18]。

(1)软件即服务(software-as-a-service, SAAS)。这种类型的云计算通过浏览器把程序传给用户,对于用户省去了服务器和软件授权上的开支,并且减少了供应商维护程序的成本。

(2)实用计算(utility computing)。实用计算创造了虚拟的数据中心,使其能够把内存、I/O 设备、存储和计算能力集中起来组成一个虚拟的资源池来为整个网络提供服务。

(3) 网络服务。网络服务提供者能够提供应用程序编程接口 (application programming interface, API)，让开发者能够开发更多基于互联网的应用，而不是提供单机程序。

(4) 平台即服务。开发环境被作为一种服务来提供，用户可以通过中间商提供的设备来开发自己的程序。

(5) 管理服务提供商 (managed service provider, MSP)。这种应用更多的是面向 IT (information technology) 行业而不是终端用户，常用于邮件病毒扫描、程序监控等。

(6) 商业服务平台。该类云计算为用户和提供商之间的互动提供了一个平台。

(7) 互联网整合。将互联网上提供类似服务的公司整合起来，以便用户能够更方便地比较和选择自己的服务供应商。

3) 资源管理技术

云计算资源由两大类组成：一类是指物理计算机、物理服务器以及前两项与必要的网路设备和存储设备形成的物理集群；另一类是通过虚拟化技术在物理计算实体上生成的虚拟机以及由多个虚拟机组合形成的虚拟机群。

云计算资源管理可以分为资源监控和资源调度两部分[19]。

(1) 云计算资源监控。云计算环境多采用非实时被动监控方式，即各个节点每过一个时间间隔向中心节点发送消息汇报相关系统参数。Chukwa 是一个典型的系统资源监控解决方案，用于监控大型分布式系统的数据收集系统。由 Chukwa 中收集数据的智能体将采集到的数据通过超文本传送协议 (hypertext transfer protocol, HTTP) 发送给 Cluster 的 Collector，而 Collector 将数据存入 Hadoop 中，并定期运行 MapReduce 分析数据，将结果呈现给用户。

(2) 云计算资源调度。资源调度是对以分布式方式存在的各种不同资源进行组合以满足不同资源使用者需求的过程。调度策略是资源管理最上层的技术，云计算负载均衡调度策略与算法，可以分为性能优先和经济优先两类。

①性能优先。系统性能是一种衡量动态资源管理结果的天然指标，良好的动态资源管理能够以最小的开销使分散的各种资源像一台物理主机一样进行协同工作。在云计算中性能优先主要有以下三种策略。

先到先服务 (first-come-first-service)：来自不同用户的任务请求被整合到唯一一个队列中，根据优先级和提交时间，具有最高优先级的第一个任务将优先处理。

负载均衡：负载均衡策略是指使所有物理服务器 (CPU、内存、网络带宽等) 的平均资源利用率达到平衡。

提高可靠性：该策略保证各资源的可靠性达到指定的具体要求。

②经济优先。经济模型在云计算的资源调度中是一个降低成本的解决方案。

云计算资源供应商通过提供资源而获得相应的收益，并且随着云计算资源市场中可供选择的分布式资源增多，云服务使用者可以获得性价比更高的服务，资源供应商也能有更大的收益。目前，经济优先策略主要有基于智能优化算法、基于经济学定价、基于指标调度策略、基于博弈论的双向拍卖等几种。

4) 任务管理技术

任务管理的一个重要功能是有效管理节点资源，尽量保证负载平衡，将阻塞减小到最低限度。MapReduce 调度模型是一种典型的任务管理模型，其通过提供简便的编程接口以在一个集群环境中分发调度数据密集型任务。本地性、同步、公平性原则是 MapReduce 调度任务中必须处理的三个问题[20]。

(1) 本地性。MapReduce 调度中的本地性问题是指数据输入节点与任务分配节点之间的距离，高本地性可以保证任务的吞吐量。大多数 MapReduce 任务的调度方法通过把任务分配给与数据输入节点邻近的计算节点以节省网络成本。

(2) 同步。同步即把 Map 处理过程产生的中间数据转换为 Reduce 处理过程的输入数据，多个 Mapper 存在时，必须等所有 Map 处理结束后才能产生中间数据的输出。因此，同步过程是影响系统任务处理速度的关键因素。

(3) 公平性。一个高工作负载的 MapReduce 任务可能占用了共享集群的利用率，而一些短计算任务可能就得不到需求的响应时间。因此，任务调度系统必须在公平性、本地性与同步原则之间作出平衡，以保障任务能够分配到足够的需求响应时间。

3.3.2　云平台介绍

1) Google 云计算平台

Google 使用的云计算基础架构模式主要包括 3 个相互独立又紧密结合在一起的系统组成：Google 建立在集群之上的 Google File System 文件系统、针对 Google 开发的模型简化的大规模分布式数据库管理系统 BigTable 以及由 Google 应用程序的特点提出的 MapReduce 编程模式[21]。

(1) Google File System。其与传统分布式文件系统拥有许多相同的目标，如性能、可靠性等。Google File System 还受到应用负载和技术环境的影响，主要有：集群中节点失效是常态而非异常；文件的大小以 GB 计；文件的读写模式与传统分布式文件系统不同；文件系统的某些具体操作不透明并且需要应用程序的协作完成。

(2) 分布式数据库管理系统 BigTable。BigTable 是具有弱一致性要求的大规模数据库系统，可以处理 Google 内部格式化以及半格式化的数据。

(3) MapReduce 编程模式。MapReduce 通过 Map（映射）和 Reduce（化简）两个

简单的概念来参加运算，用户只需要提供自己的 Map 函数以及 Reduce 函数就可以在集群上进行大规模的分布式数据处理，而不需要考虑集群的可靠性、可扩展性等问题。

2) IBM "蓝云"计算平台

"蓝云"计算平台是由 IBM 云计算中心开发的企业级云计算解决方案，将 Internet 上使用的技术扩展到企业平台上，它使得数据中心具有类似于 Internet 的计算环境，通过虚拟化技术和自动化技术，构建企业自己的云计算中心，实现企业硬件资源和软件资源的统一管理、统一分配、统一部署、统一监控和统一备份，打破应用对资源的独占，从而帮助企业实现云计算理念。

"蓝云"计算平台的一个重要特点是虚拟化技术的使用。虚拟化的方式在"蓝云"计算平台中有两个级别：一个是在硬件级别上实现虚拟化，即获得硬件的逻辑分区使得相应的资源合理地分配到各个逻辑分区；另一个是通过开源软件实现虚拟化。

3) Amazon 弹性计算云平台

Amazon 通过提供弹性计算云平台，以满足小规模软件开发人员对集群系统的需求，用户可以通过弹性计算云平台的网络界面操作在云计算平台上运行的各个实例，即用户使用的只是虚拟的计算能力，用户只需要为自己所使用的计算平台实例付费，运行结束后，计费也随之结束。该方式减小了管理维护的负担并且付费方式简单明了。

3.3.3　云计算特征比较和发展

1) 云计算与网格计算的区别

网格计算是通过局域网或广域网提供的一种分布式计算方法，涵盖位置、软件、硬件，以期使连接到网络的每个人都可以进行合作和访问信息。尽管云计算与网络计算均是分布计算，但是在作业调度与资源分配方式上有所不同[18]。

(1) 作业调度。网格的构建是为了完成特定任务的需要。用户将自己的任务交给整个网格，网格将任务分解成相互独立的子任务并交给各个节点完成计算。由于网格根据特定的任务设计，因此，有不同的网格项目，如生物网格、地理网格、国家教育网格等出现。云计算根据通用应用设计，用户向资源池中申请一定量的资源来完成其任务，而不会将任务交给整个云来完成。

(2) 资源分配。网格作业调度系统需要自动找寻与特定任务相匹配的节点，根据用户事先写好的并行算法，通过调度系统将任务分解到空闲节点上执行。整个过程比较复杂，因此网格计算被建设完成特定需求。云计算是通过虚拟化将物理机的资源进行切割，从这个角度来实现资源的随需分配和自动增长，并且其资源的自动分配和增减不能超越物理节点本身的物理上限。

2）云计算与超级计算机的区别

云计算是一种新型的超级计算方式，以数据为中心，是一种数据密集型的超级计算。但是，与超级计算机相比，云计算完成了从面向任务的、传统的单一计算模式向面向服务的专业化、规模化计算模式转变。面向大众用户的多样化应用是云计算中心服务所包括的范围，其能有效地适应业务创新和用户需求，并且能够向用户提供高质量的服务环境[22]。

3）云计算未来发展

（1）大数据分析。随着电力系统中具有 4V（海量（volume）、异构（variety）、实时（velocity）、真实（veracity））特征的数据大量增长，大数据已经在电力系统中一些领域，如安全稳定分析[23]、输变电设备的状态检测[24]等领域取得了一些应用成果。由于云计算具有并行化处理的计算特征，云计算可以很好地与大数据分析结合，这使得开源的云平台为大数据提供更好的开发与分析平台。文献[25]基于 Hadoop 平台开发了电力用户侧大数据并行负荷预测原型系统。文献[26]将局部加权线性回归预测算法和云计算 MapReduce 模型相结合，对电力短期负荷进行了预测。

（2）混合云的发展方向。混合云是公有云与私有云的组合，其兼具二者的特点，既可以提供公有云的开放性，又能提供私有云的安全性。因此，混合云是未来云服务的主流模式。

3.4　区域链技术

3.4.1　区域链技术原理

1）区块链构成

区块链是由区块有序链接起来形成的一种数据结构，其中区块是指数据的集合，相关信息和记录都包括在里面，是形成区块链的基本单元[27]。其中，区块可由两部分组成：①区块头，链接到前面的区块，并为区块链提供完整性；②区块主体，记录网络中更新的数据信息。图 3-7 为区块链示意图。每个区块都会通过区块头信息链接到之前的区块，形成链式结构。

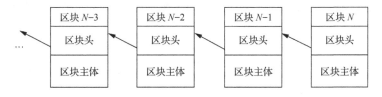

图 3-7　区块链的组织方式

2) 区块链网络

区块链网络是一个点到点的网络。整个网络没有中心化的硬件和管理机构，既没有中心路由器，也没有中心服务器。网络中的每个节点地位对等，可作为客户端和服务器。在区块链系统中，每个节点保存了整个区块链中的全部数据信息，因此，数据在整个网络中备份多次。网络中参与的节点越多，数据的备份个数也越多。在这类网络结构下，各节点数据由所有参与者共同拥有、管理和监督。在保证网络稳定性的同时，数据被篡改的可能性更小。

3) 区块链加密系统原理

区块链采用非对称加密算法解决网络之间用户的信任问题。非对称加密算法需要两个密钥：公开密钥和私有密钥[28]。公开密钥与私有密钥是一对，如果用公开密钥对数据进行加密，只能用对应的私有密钥才能解密；如果用私有密钥对数据进行加密，那么只能用对应的公开密钥才能解密。非对称加密算法一般比较复杂，执行时间相对对称加密长，但非对称加密算法的好处在于无密钥分发问题。

在区块链中每个参与的用户都拥有专属的公开密钥和私有密钥，其中专属公开密钥公布给全网用户，全网用户采用相同的加密和解密算法，而私有密钥只有用户本人掌握。用户用私有密钥加密信息，其他用户用公开密钥解密信息。用户可用私有密钥在数据尾部进行数字签名，其他用户通过公开密钥解密可验证数据来源的真实性。

3.4.2　区域链基础模型

1) 数据层

区块链是指去中心化系统各节点共享的数据账本[29]。各分布式节点通过特定的哈希算法和 Merkle 树数据结构，将一段时间内接收到的交易数据和代码封装到一个带有时间戳的数据区块中，并链接到当前最长的主区块链上，形成最新的区块。数据层包括数据区块、链式结构、哈希算法、Merkle 树和时间戳技术。

2) 网络层

网络层包括区块链系统的组网方式、消息传播协议和数据验证机制等要素。结合实际应用需求，通过设计特定的传播协议和数据验证机制，可使得区块链系统中每个节点都能参与区块数据的校验和记账过程，仅当区块数据通过全网大部分节点验证后，才能记入区块链。

3) 共识层

在分布式系统中高效达成共识是分布式计算机领域中的关键环节。如同社会系统中的"民主"和"集中"的对应关系，决策权越分散的系统达成共识的效率越低，但系统稳定性和满意度越高。相反，决策权越集中的系统更易达成共识，但同时更易出现专制和独裁。区块链技术的核心优势之一就是能够在决策权高度分散的去中心化系统中使得各节点高效地针对区块数据的有效性达成共识。目前主流的共识机制包括工作证明 (proof of work, PoW)、股权证明 (proof of stake, PoS) 和委任权益证明 (delegated proof of stake, DpoS) 共识机制[30]。这些共识机制各有优劣势，比特币的 PoW 共识机制依靠其先发优势已经形成成熟的挖矿产业链，用户较多。PoS 和 DPoS 等新兴机制则更为安全、环保和高效，从而使得共识机制的选择问题成为区块链系统研究者最不易达成共识的问题。

4）激励层

区块链共识过程通过汇聚大规模共识节点的算力资源来实现共享区块链账本的数据验证和记账工作，因而其本质上是一种共识节点间的任务众包过程。去中心化系统中的共识节点本身是自利的，最大化自身收益是其参与数据验证和记账的根本目标。因此，需要设计激励相容的合理众包机制，在共识节点最大化自身收益的个体理性行为与保障去中心化区块链系统的安全和有效性的整体目标相吻合。区块链系统通过设计适度的经济激励机制并与共识过程相集成，从而汇聚大规模的节点参与并形成对区块链历史的稳定共识。

5）合约层

合约层封装区块链系统的各类脚本代码、算法以及由此生成的更为复杂的智能合约。合约层是建立在数据、网络和共识层之上的商业逻辑和算法，是实现区块链系统灵活编程和操作数据的基础。以比特币为代表的数字加密货币大多采用非图灵完备的简单脚本代码来编程控制交易过程，这也是智能合约的雏形。随着技术的发展，目前已经出现以太坊等图灵完备的可实现更为复杂和灵活的智能合约的脚本语言，这使得区块链能够支持宏观金融和社会系统的诸多应用。

3.4.3　区域链应用场景

由区块链独特的技术设计可见，区块链系统具有分布式高冗余存储、时序数据且不可篡改和伪造、去中心化信用、自动执行的智能合约、安全和隐私保护等特点，这使得区块链技术不仅可应用于数字加密货币领域，同时在经济、金融和能源系统中也被广泛地应用。本节以虚拟发电资源交易为场景，介绍区块链技术在能源系统中的应用[27]。

随着能源互联网的发展，大量分布式电源并入大电网运行。但分布式电源容量小，出力有间断性和随机性。通过虚拟电厂广泛聚合分布式能源、需求响应、分布式储能等进行集中管理、统一调度，进而实现不同虚拟发电资源的协同是实现分布式能源消纳的重要途径。在未来的能源互联网中，虚拟发电资源的选择与交易应满足公开透明、公平可信、成本低廉的要求。

在虚拟发电资源交易的愿景中，存在一系列商业模式的挑战，主要包括以下几方面。

(1)虚拟电厂的交易缺乏公平可信、成本低廉的交易平台。虚拟电厂之间的交易以及虚拟电厂与其他用户的交易成本高昂，难以实现社会福利最大化。

(2)虚拟电厂缺乏公开透明的信息平台。每家虚拟电厂的利益分配机制并不公开，分布式电源无法在一个信息对称的环境下对虚拟电厂进行选择，增加了信用成本。

区块链能够为虚拟发电资源的交易提供成本低廉、公开透明的系统平台，如图 3-8 所示。具体而言，基于区块链系统建立虚拟发电厂信息平台和虚拟发电资源市场交易平台，虚拟电厂与虚拟发电资源可以在信息平台上进行双向选择。每当虚拟发电资源确定加入某虚拟电厂时，区块链系统将为两者之间达成的协议自动生成智能合约。同时，每个虚拟发电资源对整个能源系统的贡献率即工作量大小的认证是公开透明的，能够进行合理的计量和认证，激发用户、分布式能源等参与到虚拟发电资源的运作中。在区块链市场交易平台中，虚拟电厂之间以及虚拟电厂和普通用户之间的交易，可以智能合约的形式达成长期购电协议，也可以在交易平台上进行实时买卖。

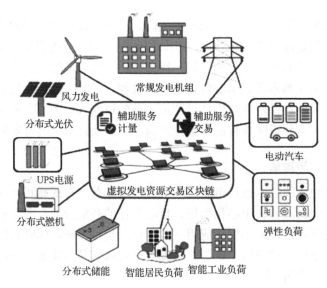

图 3-8　区块链技术在虚拟发电资源交易方面的应用

该系统具有如下特点。

(1)运行生态化。分布式信息系统与虚拟电厂中的虚拟发电资源相匹配，用户自愿加入虚拟电厂系统平台的维护工作，权利与义务对等，保证了系统平台的去中心化属性；开放的信息发布与交易平台易于接入，便于聚合更多虚拟资源。

（2）工作量认证公平化。构成虚拟电厂的各种资源如分布式储能、弹性负荷等对能源系统的贡献大小即工作量能够根据既定规则进行公开公平的认证，保障各参与者利益的合理分配，激发其参与辅助服务市场等的积极性。

（3）智能合约化。虚拟电厂与分布式能源签署有关利益分配的智能合约，一旦智能合约实现的条件达成，区块链系统将自动执行合约，完成虚拟电厂中的利益分配。由此虚拟电厂中分布式能源利益分配得公平有效，并且降低了信用成本；所有的交易都建立在区块链系统上。整个系统中交易的清算由系统中所有节点共同分担，费用低廉，免去了交易手续昂贵的中心化机构。

（4）信息透明化。虚拟发电资源在信息平台上得到了公开市场信息。公开透明的信息平台，不仅有利于分布式电源寻找条件最优的虚拟电厂加入，也为不同虚拟电厂之间提供了定价参考，激励它们降低成本，促进市场竞争。

3.4.4　区域链存在的问题

1）安全问题

安全性威胁是区块链迄今为止所面临的最重要的问题。其中，基于 PoW 共识过程的区块链主要面临的是 51%攻击问题，即节点通过掌握全网超过 51%的算力就有能力成功篡改和伪造区块链数据。目前，中国大型矿池的算力已占全网总算力的 60%以上，理论上这些矿池可以通过合作实施 51%的攻击[31]，实现比特币的双重支付。基于 PoS 共识过程在一定程度上解决了 51%的攻击问题，但同时也引入了区块分叉时的 N@S（nothing at stake）攻击问题。

区块链的非对称加密机制也随着数学、密码学和计算技术的发展而变得越来越脆弱。随着量子计算机等新计算技术的发展，未来非对称加密算法具有一定的破解可能性，这也是区块链技术面临的潜在安全威胁。

区块链的隐私保护也存在安全性风险。区块链系统内各节点并非完全匿名，而是通过类似电子邮箱地址的地址标识来实现数据传输的。虽然地址标识并未直接与真实世界的人物身份相关联，但区块链数据是完全公开透明的，随着反匿名身份甄别技术的发展，有可能实现部分重点目标的定位和识别。

2）效率问题

区块链效率也是制约其应用的重要因素。一方面，日益增长的海量数据存储是区块链将面临的问题。以比特币为例，为同步自创世区块至今的区块数据需约 60GB 存储空间，虽然轻量级节点可部分解决此问题，但适用于更大规模的工业级解决方案仍有待研发。另一方面，比特币区块链目前每秒仅能处理 7 笔交易，交易效率问题限制了区块链在大多数金融系统高频交易场景中的应用[32]。

3) 资源问题

PoW 共识过程高度依赖区块链网络节点贡献算力，这些算力仅用于解决 SHA256 哈希和随机数搜索，不产生实际社会价值，可认为这些算力资源被 "浪费" 掉了。与此同时，随着比特币和专业挖矿机的日益普及，比特币生态圈已经在资本和设备方面呈现出明显的军备竞赛态势，其逐渐成为高耗能的资本密集型行业，这进一步凸显了资源消耗问题的重要性。

4) 博弈问题

区块链网络作为去中心化的分布式系统，各节点在交互过程中存在相互竞争与合作的博弈关系，在比特币挖矿过程中尤为明显。通常来说，比特币矿池间可以通过相互合作保持各自稳定的收益。但矿池通过区块截留攻击(block withholding attacks) 的方式，伪装成对手矿池的矿工并分享对手矿池的收益但不实际贡献完整工作量证明来攻击其他矿池，从而降低对手矿池的收益。设计合理的惩罚函数来抑制非理性竞争，同时使合作成为重复性矿池博弈的稳定均衡解，这将成为区块链技术的研究难点。

3.5 多代理技术

3.5.1 智能体基本理论

1) 智能体的概念及特点

智能体(agent)一词，国内也有学者称为主体或代理，有些文献则称为软件智能体，最初形成于分布式人工智能领域，至今尚无统一和确切的定义。比较权威的智能体定义为：在与其他智能体共同存在协同处理的环境中能够自主地、持续地活动的实体。大多数研究者认为，智能体是一种具有知识、目标和能力，并能单独或在人的少许指导下进行推理决策的能动实体，是一种处于一定环境下包装的计算机系统，为了实现设计目的，它能在这种环境下灵活、自主地活动[33-35]。

智能体一般具有以下特性[36-39]。

(1) 自治性(autonomy)。智能体运行时不直接由人或其他部门控制，它对自己的行为和内部状态有一定的控制权。

(2) 社会能力(social ability)或称可通信性(communicability)。智能体能够通过某种主体通信语言(agent communication language)与其他主体进行信息交换。

(3) 反应能力(reactivity)。智能体应该能够感知它们所处的环境，可以通过行为改变环境，并适时响应环境所发生的变化。

(4) 自发行为(pro-activeness)。传统的应用程序是被动地由用户来运行的，而且机械地完成用户的命令，而主体的行为应该是主动的，或者说是自发的，主体感知周围环境的变化，并做出基于目标的行为(goal-directed behavior)。

2) 智能体的表示与分类

智能体是一个高度开放的智能系统,其结构如何直接影响系统的智能和性能,而人工智能的任务就是设计智能体程序。所以,智能体和程序以及结构之间的关系可以这样表示:智能体=体系结构+程序。一般来说,通常把智能体看作从感知到实体动作的映射。根据人类思维的不同层次,可以把智能体分为如下几类[40-44],如图 3-9 所示。

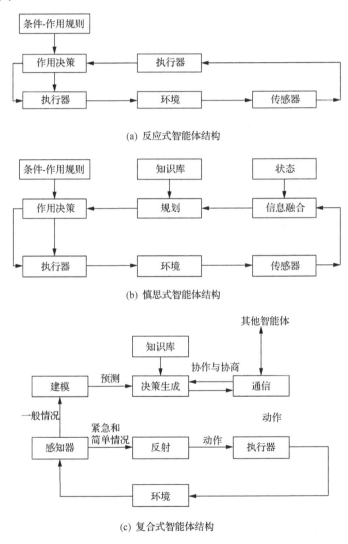

(a) 反应式智能体结构

(b) 慎思式智能体结构

(c) 复合式智能体结构

图 3-9　智能体的结构图

(1) 反应式(reflex 或者 reactive)智能体只是简单地对外部刺激产生影响,没有任何内部状态。每个智能体既是客户,又是服务器,根据程序提出请求或作出回答。

智能体通过条件-作用规则将感知和动作连接起来。我们把这种连接称为条件-作用规则。

(2)慎思式(deliberative)智能体又称为认知式(cognitive)智能体,是一个具有显式符号模型的、基于知识的系统。其环境模型一般是预先知道的,因而对动态环境存在一定的局限性,不适用于未知环境。由于缺乏必要的知识资源,在智能体执行时需要向模型提供有关环境的新信息,而这往往是难以实现的。在慎思式智能体的结构中,智能体接收到外部环境信息,依据内部状态进行信息融合,以产生修改当前状态的描述。然后在知识库支持下制定规划,再在目标指引下,形成动作序列,对环境发生作用。

(3)复合式智能体是在一个智能体体内组合多种相对独立和并行执行的智能形态,其结构包括感知、动作、反应、建模、规划、通信和决策等模型。它通过感知模块来反映现实世界,并对环境信息作出一个抽象,再送到不同的处理模块。若感知到简单或紧急情况,信息就输入反射模块,作出决定,并把动作命令送到行动模块,产生相应的动作。以上的几种分类是几种最基本的分类模式,同时在这几种分类的基础上,又发展出具有内部状态的智能体结构、具有显式目标的智能体结构、基于效果的智能体结构。

3.5.2　多智能体系统理论

1)MAS 定义与特点

多智能体系统(multi-agent system, MAS)是由多个智能体组成的系统,它是为了解决单个智能体不能够解决的复杂问题,由多个智能体协调、合作形成问题的求解网络。在这个网络中,每个智能体能够预测其他智能体的作用,也总影响其他智能体的动作。因此,在 MAS 中要研究一个智能体对另一个智能体的建模方法。同时,为了能影响另一个智能体,需要建立智能体间的通信方法。也就是说多个智能体组成的一个松散耦合又协作共事的系统,就是一个 MAS。为了使智能体之间能够合理高效地进行协作,智能体之间的通信和协调机制成为 MAS 的重点问题。同时值得强调的是,前面讨论的智能体的特性大多也是 MAS 所具有的特点,如交互性、社会性、协作性、适应性和分布性等。此外,MAS 还具有如下特点:数据分布性或分散性,计算过程异步、并发或并行,每个智能体都具有不完全的信息和问题求解能力,不存在全局控制。

2)MAS 的组织结构

MAS 的组织结构选择影响系统的异步性、一致性、自主性和自适应性的程度,并决定信息的存储方式、共享方式和通信方式。系统结构中必须有共同的通信协议或传输机制。对特定的作用,应选择与其能力要求相匹配的结构。比较有名的组织结构如图 3-10 所示[44-47]。

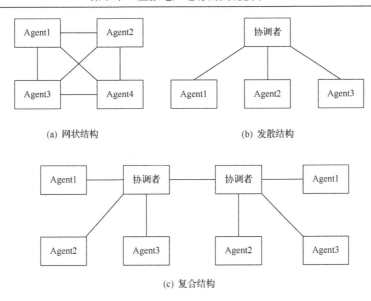

(a) 网状结构　　　　　　　　　　(b) 发散结构

(c) 复合结构

图 3-10　MAS 的组织结构

图 3-10(a)称为网状结构。系统中的智能体采用点到点的通信方式,结构简单、易于实现、保密性好。该类 MAS 的框架、通信和状态知识都是固定的。每个智能体必须知道应在什么时候把信息发送到什么地方去,系统中有哪些智能体是可以合作的,它们具有什么能力等。因此该类结构适合用于比较小的 MAS。

图 3-10(b)称为发散结构。系统中采用的是协调者转发通信方式。协调者具有一定的管理者作用。适合大多数的 MAS。与之相类似的是"黑板"结构,在"黑板"结构中的局部智能体群的数据存储就是"黑板",也就是说智能体把信息放在可存取的"黑板"上,实现局部数据共享。"黑板"结构中的数据共享要求群体中的智能体具有统一的数据结构或知识表示,因而限制了 MAS 中智能体的设计和建造的灵活性。

图 3-10(c)称为复合结构。系统中的多智能体组成多智能体联盟,结构比较复杂。在该结构下,若干亲近的智能体通过协调者进行交互。当某智能体需要某种服务时,它就向其所在的局部智能体群体的助手智能体发出一个请求,该助手智能体以广播形式发送该请求,或者寻找请求与其他智能体能力进行匹配,一旦匹配成功就把该请求发给匹配成功的智能体。在这种结构中,一个智能体无须知道其他智能体的详细信息,比网络结构有较高的灵活性,适合用于大型 MAS。

由于在一般的大型 MAS 中,各个协调者之间的通信方式还是采用与图 3-10(a)所类似的系统并采用点对点通信,多个协调者连成网状结构。但是由于电力系统是一个超大的系统,如果还是采用图 3-10(c)所示的模式,由于协调者较多,所构成的网状结构比较复杂,程序的编制和系统的协调都难以实现。同时更难以体现电力系统分散控制的优点。为此，这里提出一种如图 3-11 所示的体系结构。

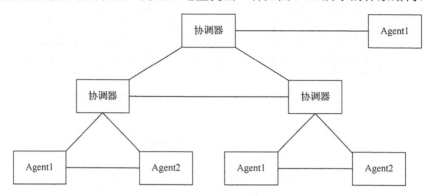

图 3-11　梯形多智能体体系结构

这种梯形多智能体体系结构结合了图 3-11 的几种结构的优点。在底层多智能体结构中，分别根据处理问题的不同，采用不同的放射型或者是网状和放射型相结合的体系结构。整体系统可以根据不同的要求采用不同的层次。系统最终通过一个最高协调者进行综合协调控制[48-50]。

3.5.3　MAS 实现和关键技术

1）MAS 平台开发

MAS 在复杂动态实时环境下，由于受到时间、资源及任务要求的约束，需要在有限时间、资源的情况下，进行资源分配、任务调配、冲突解决等协调合作问题。因而 MAS 中智能体间的协调与协作，成为系统完成控制或解决任务的关键。多个智能体只有分享信息、相互协调、共同承担任务才能构成一个有一定功能的、可以运转的系统。

在 MAS 的范畴内，需要协调的是智能体之间的相互关系。协调模型就是要提供一个对智能体之间的相互作用进行表达的形式化框架。一般来说，协调模型要处理智能体的创建与删除、通信活动、在 MAS 空间中的分布与移动、智能体行为随时间的同步与分布等。图 3-12 给出了一个常用的协调平台模型。

更加精确地说，在图 3-12 中一个协调模型应该包括以下 3 个元素。

（1）协调体。协调体是系统中的实体，它们之间的关系由协调模型规定和控制。协调体可以是进程、线程和对象等，在这里主要指的是各类智能体。

（2）协调媒介。协调媒介是使智能体间的相互作用成为可能的各类载体的统一抽象描述，也是协调体得以组织在一起的核心，如用于协调的信号灯、"黑板"、元组空间等都是支持智能体进行协调的协调媒介。典型的例子有信号灯、监视器、频道，更复杂的有元组空间、"黑板"和管道等。

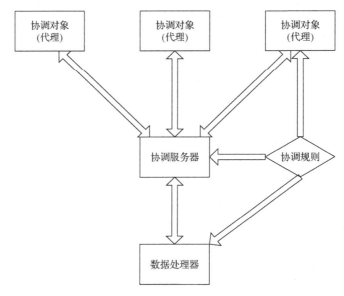

图 3-12 MAS 的协调平台

(3)协调规则。用于定义与协调体相互作用事件相对应的协调媒介的行为。这些规则可以用通信语言和协调语言进行定义,通信语言包含表达和交换数据结构的语法,协调语言是交互原语与语义的集合。

2)MAS 通信语言标准

一般采用 KQML(knowledge query and manipulation language)作为智能体之间的通信语言。KQML 定义了一种多智能体之间传递信息的标准语法以及一些动作表达式,其中既包括消息格式又包括消息操作协议,规定了消息格式和消息传送系统,为 MAS 通信和协作提供了一种通用框架[42]。

采用消息通信是实现灵活复杂的协调策略的基础,是智能体共享信息、决策全局性行为以及组织整个 MAS 的保证。通信使得多智能体可以交换信息,并在此基础上协调动作和互相合作。

在虚拟发电厂内的 MAS 中采用以下两种通信相结合的方式。

(1)联邦系统通信与广播通信相结合(直接的信息传输)。一方面,各智能体之间的交互是通过联邦体来实现的,智能体可以动态地加入联邦体,接受联邦体提供的服务。这些服务包括:接受智能体加入联邦体并进行登记;记录加入联邦体的智能体能力和任务;为加入联邦体的智能体提供通信服务;对智能体提出的请求提供响应;在联邦体之间提供知识转换与消息路由等[51-54]。

另一方面，利用广播进行消息传输，广播机制可以把消息发送给每个智能体或一个组。一般情况下，发送者要指定唯一的地址，唯有符合该条件的智能体才能够读取这个消息。为了支持协作策略，通信协议必须明确规定通信过程、消息格式和选择通信语言，另外一点是交换的知识，全部有关的智能体必须知道通信语言的语义。因而，消息的语义内容是分布式问题求解的核心问题。

由于两个智能体间消息是直接交换的，执行中没有缓冲，如果不发送给它，该智能体就不能读取。因此，为了保证其他智能体系统可以获得相应的数据，本书还将采用"黑板"系统进行补充。

(2)"黑板"系统（间接的信息传输）。通过一个共享的被称为"黑板"的数据仓库通信，所有必要的信息都可以张贴在"黑板"上供所有的智能体检索[44]。在本书中"黑板"系统主要用于共享存储模式。"黑板"是一个智能体写入消息、公布结果并获取信息的全局数据库或知识库。它按照所研究的智能体问题划分为几个层次，工作于相同层次的智能体能够访问相应的"黑板"层以及邻近的层次。通过这种方法，各个智能体系统都可以获得足够的数据以保证自身智能体的控制和与其他智能体的协同控制。如果系统中的智能体过多，那么"黑板"中的数据会呈指数增加，为了优化处理，"黑板"可以为各个智能体提供不同的区域。

3）MAS 知识库模式

知识库是知识工程中结构化、易操作、易利用和全面有组织的知识集群。它是根据某一（或某些）领域问题求解的需要，采用某种（或若干）知识表示方式在计算机存储器中存储、组织、管理和使用的互相联系的知识片集合。智能体具有反应性，会根据一定的规则对环境作出反应，而规则指的就是知识库中的知识，智能体的行为以及智能体间的交互都要以该知识库作为语义基础。知识库的抽象层次、表示方式和覆盖范围决定了智能体的智能水平。

3.5.4　多代理技术典型应用场景

1）MAS 在协调优化中的应用

电动汽车由于清洁环保、高效节能而备受关注。近年来，国内电动汽车行业发展迅猛，产销两旺。预计到 2020 年，国内纯电动汽车和插电式混合动力汽车生产能力达 200 万辆，累计产销量超过 500 万辆。然而，电动汽车大规模接入电网，会带来负荷高峰、电压下降、线路损耗增大、谐波污染，以及三相不平衡等问题。因此，有必要对电动汽车充电负荷进行有序协调优化。随着电动汽车规模的增大，控制中心每次优化计算需要存储的信息和计算量也相应增大，导致优化时间过长，甚至会出现"维数灾"问题。因此，基于 MAS 理论结合分层控制和分布式控制方法，可有效解决大规模 V2G 的协调优化问题。本节所采用的电动汽车充放电分层管理框架如图 3-13 所示，分为配电网控制中心、本地运营商、电动汽车智能体 3 个层次。

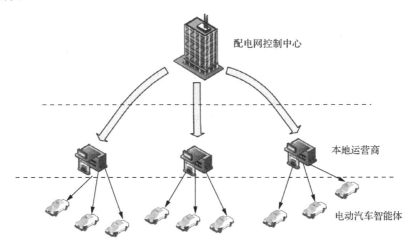

图 3-13　基于 MAS 的电动汽车充放电管理框架

　　电动汽车作为具有适应性的智能体，在接入电网时，可以从本地运营商获取停留时段的电价等信息，根据自身的电池状态及充电需求进行优化计算，并将优化后的可接受充电计划提交给本地运营商。本地运营商根据当地负荷预测的情况，对电动汽车提交的充电计划进行审核，选取最小化峰谷差的充电计划并下达给各个电动汽车智能体，电动汽车智能体照此计划进行充放电。实际充电计划与最优计划的成本差，将由本地运营商对用户进行补贴。配电网控制中心接收本地运营商聚合了各个电动汽车智能体充电负荷的负荷数据后，针对节点电压、线路传输功率等安全约束，对各个本地运营商提交的购电计划进行管理控制。如果本地运营商提交的充电负荷使得配电网安全约束越限，则对越限时段的充电电价进行调控，实现电动汽车智能体充电负荷的转移，以保证配电网的正常与安全运行。

　　2）MAS 在电力市场运营中的应用

　　由于虚拟电厂含微型燃气轮机、燃料电池、光伏发电等分布式电源，其具有利用可再生能源、相对较小的网损、少量的环境污染、灵活高效的能源调度等优点，这使得虚拟电厂成为一种极具优势的电网形式。同时，由于微型电源的冷热电联供，让虚拟电厂不仅具备了极高的能源转换效率，也使得其发电成本大大下降。并且，随着分布式发电装机容量的增加，虚拟电厂所发出的功率将逐渐大于本地负荷的消耗，此时，为充分利用虚拟电厂中剩余的电量，虚拟电厂将参与并网输电。因此，随着技术的进步、成本的下降、容量的增大，虚拟电厂在保证自身消耗的同时，将参与电力市场的竞价体系。

　　当虚拟电厂加入电力市场后，由于虚拟电厂的特殊性，其对于上级电力市场来说可以看成单一的元件进行竞价，对于自身来说又可以对各个分布式元件进行协调调度。因此，在并网时，如能优化虚拟电厂在上级电力市场的竞价策略，以使其获得高额利润；同时协调虚拟发电厂中各发电元件电量输出，以获得最小的发电成本，这样虚拟电厂可以在增大利润的同时减小成本，从而获得最大的利润。

　　然而，随着虚拟电厂的加入，电力市场也产生了一些新的变化。如竞价的实时化、分布化、分层化等。这使得传统的竞价机制难以适应市场新的变化。在这种环境下，MAS 将凭借其分布、快速处理复杂问题的能力逐渐取代传统的电力市场预测体系。MAS 是由多个智能体组成的系统，各智能体成员之间相互协同，相互服务，共同完成各自的任务。其自主性、交互性、高效性的优点将更好地适应电力市场向分布化和层次化发展的需求。因此，本节提出基于 MAS 的虚拟电厂市场竞价结构，如图 3-14 所示。

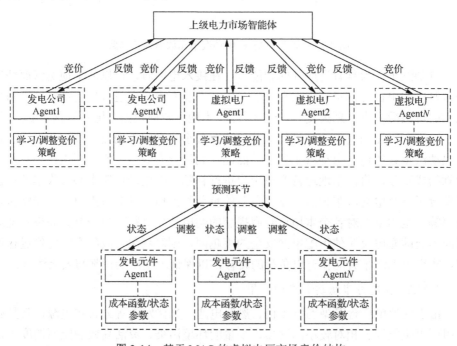

图 3-14　基于 MAS 的虚拟电厂市场竞价结构

　　(1) 上级电力市场智能体。根据各高级智能体申报的竞价数据，以及系统安全水平，编制交易计划、确定市场价格、实现实时市场交易。同时反馈给各高级智能体市场最终定价及各发电公司输出电量，使其成员能够根据提供的信息，进行下一步交易决策。

　　(2) 虚拟电厂及发电公司智能体。根据自身状况向上级智能体进行竞价申请，并对上级智能体所提供的数据进行学习并调整竞价策略。若是虚拟电厂智能体，则还要对发电元件智能体所提供的数据进行虚拟电厂发电余额、输电成本的预测处理，并综合上级智能体提供的数据进行上网竞价。在竞价成功后，虚拟电厂智能体以成本最小化竞价策略对发电元件智能体进行调度。

(3)发电元件智能体。其负责向虚拟电厂智能体提供输电损失、容量上限、输电量、发电元件运行状态等相关数据。并根据自身状态和虚拟电厂智能体提供的数据进行竞价，在竞价完成时进行具体的输电。

3.6　物联网技术

3.6.1　物联网基本概念

物联网是在互联网的基础上，通过射频识别(radio frequency identification, RFID)、红外感应器、全球定位系统(global positioning system, GPS)、激光扫描器等信息传感设备，按约定的协议，把任何需要的物品与互联网连接起来，实现信息交换和通信，以实现智能化识别、定位、跟踪、监控和管理的一种网络[55]。具体包含两层意思：①物联网的核心和基础是互联网，并在互联网的基础上进行了延伸和扩展；②其用户端延伸和扩展到的任何物品与物品之间，进行信息交换和通信。

3.6.2　物联网架构

(1)感知层。感知层是物联网的外部识别物体。感知层包括二维码标签和识读器、RFID 标签和读写器、摄像头、GPS、传感器、终端、传感器网络等，主要用于识别物体、采集信息。

(2)网络层。网络层是物联网的神经中枢和大脑，用于信息的处理和传输。网络层包括与互联网的融合网络、网络管理中心、信息中心和智能处理中心等。网络层将感知层获取的信息进行处理和传输。

(3)应用层。应用层是物联网的社会分工与行业需求的结合，用于实现广泛智能化。应用层是物联网与行业专业技术的深度融合，与行业需求结合，实现行业智能化。

3.6.3　物联网信息感知

信息感知是物联网应用的基础，其提供了大量感应信息。信息感知最基本的形式是数据收集，即节点将感知数据通过网络传输到汇聚节点。各汇聚节点通过数据清洗的方法对原始感知数据进行数据预处理。信息感知的目的是获取用户感兴趣的信息，并不需要收集所有感知数据。在满足应用需求的条件下，采用数据压缩、数据聚集和数据融合等网内数据处理技术可以实现高效的信息感知[56]。

1）数据收集

数据收集是感知数据从感知节点汇集到汇聚节点的过程。数据收集关注数据的可靠传输，要求数据在传输过程中没有损失。以下将从可靠性、高效性、网络延迟和网络吞吐量四个方面对数据收集方法进行分析讨论。

数据的可靠传输是数据收集的关键问题，目的是保证数据从感知节点可靠地传输到汇聚节点。目前，在无线传感器网络中主要采用多路径传输和数据重传等冗余传输方法来保证数据的可靠传输。多路径方法在感知节点和汇聚节点之间构建多条路径，将数据沿多条路径同时传输，提高数据传输的可靠性。

能耗约束和能量均衡是数据收集需要重点考虑和解决的问题。多路径方法在多个路径上传输数据，通常会消耗更多能量。重传方法将所有数据流量集中在一条路径上，不利于网络的能量均衡，当路径中断时需要重建路由。文献[57]提出了一种多路径数据传输方法，在全局时间同步的基础上，将网络看作多通道的时间片阵列，通过时间片的调度避免冲突，从而实现能量有效的可靠传输。当网络路由发生变化或节点故障产生大规模数据传输失败时，逐跳重传已经不能奏效，这时则采用端到端的数据传输方法。这种端到端和逐跳混合的数据传输方式实现了低能耗的可靠传输。

对于实时性要求高的应用，网络延迟是数据收集需要重点考虑的因素。为了减少节点能耗，网络一般要采用节点休眠机制，但若休眠机制设计不合理则会造成严重的休眠延迟和网络能耗。为减小休眠延迟并降低节点等待能耗，数据集成多略访问控制（data-gathering multiple access control, DMAC）方法和吸收树（sink tree, STREE）方法使传输路径上的节点轮流进入接收、发送和休眠状态，通过这种流水线传输方式使数据在路径上像波浪一样向前推进，减少了等待延迟[58, 59]。

网络吞吐量是数据收集需要考虑的另一个问题。传统的数据收集"多对一"的数据传输模式很容易产生"漏斗效应"，即在汇聚节点附近通信冲突和数据丢失现象严重。为解决网络负荷不平衡问题，文献[60]提出了一种阻塞控制和信道公平的传输方法。该方法基于数据收集树结构，通过定义节点及其子节点的数据成功发送率，按照子树规模分配信道资源，实现网络负载均衡。

2）数据清洗

考虑到实际获取的感知数据往往包含大量异常、错误和噪声数据，因此需要对获取的感知数据进行清洗和离群值判断，去除"脏数据"得到一致有效的感知信息。对于缺失的数据还要进行有效估计，以获得完整的感知数据。根据感知数据的变化规律和时空相关性，一般采用概率统计、近邻分析和分类识别等方法。

3）数据压缩

对于较大规模的感知网络，将感知数据全部汇集到汇聚节点会产生较大的数据传输量。由于数据的时空相关性，感知数据包含大量冗余信息，所以采用数据压缩方法能有效减少数据量。鉴于感知节点在运算、存储和能量方面的限制，传统的数据压缩方法往往不能直接应用。目前，已有研究者提出一些简单有效的数据压缩方法，例如，基于排序的方法利用数据编码规则实现数据压缩[61]；基于管道的方法采用数据组合方法实现数据压缩[62]。

4) 数据聚集

数据聚集是通过聚集函数对感知数据进行处理，减少传输数据和信息流量。数据聚集的关键是针对不同的应用需求和数据特点设计适合的聚集函数。常见的聚集函数包括 COUNT（计数）、SUM（求和）、AVG（平均）、MAX（最大值）、MIN（最小值）、MEDIAN（中位数）、CONSENSUS（多数值）以及数据分布直方图等。

数据聚集能够大幅减少数据传输量，节省网络能耗与存储开销，从而延长网络生存期。但数据聚集操作丢失了感知数据大量的结构信息，尤其是一些有重要价值的局部细节信息。对于要求保持数据完整性和连续性的物联网感知应用，数据聚集并不适用。例如，突发和异常事件的监测，数据聚集损失的局部细节信息可能造成事件检测的失败。

5) 数据融合

数据融合是对多源异构数据进行综合处理获取确定信息的过程。在物联网感知网络中，对感知数据进行融合处理，只将有意义的信息传输到汇聚节点，可以有效地减少数据传输量。传统的数据融合方法包括概率统计方法、回归分析方法和卡尔曼滤波等，可消除冗余信息，并去除噪声和异常值。除了传统的数据融合方法，物联网数据融合还考虑网络的结构和路由，因为网络结构和路由直接影响数据融合的实现。目前在无线感知网络中经常采用树或分簇网络结构及路由策略。基于树的数据融合一般是对近源汇集树、最短路径树、贪婪增量树等经典算法的改进。例如，文献[63]提出的动态生成树构造算法，通过目标附近的节点构建动态生成树，节点将观测数据沿生成树向根节点传输，并在传输过程中对其子生成树节点的数据进行融合。

数据融合能有效减少数据传输量，降低数据传输冲突，减轻网络拥塞，提高通信效率。但目前数据融合在理论和应用方面仍存在以下几个方面的研究难点：①能量均衡的数据融合；②异质网络节点的信息融合；③数据融合的安全问题。

3.6.4　物联网信息交互

物联网信息交互是一个基于网络系统，有众多异质网络节点参与的信息传输、信息共享和信息交换过程。通过信息交互，物联网各个节点智能自主地获取环境和其他节点的信息。

1)用户与网络的信息交互

用户与网络系统的信息交互是指用户通过网络提供的接口、命令和功能执行一系列网络任务,例如,时钟同步、拓扑控制、系统配置、路由构建、状态监测、代码分发和程序执行等,以实现感知信息的获取、网络状态监测和网络运行维护。

2)网络与内容的信息交互

网络与内容的信息交互主要指以网络基础设施为载体的内容生成和呈现,具体包括感知数据的组织和存储以及面向高层语义信息的数据聚集与数据融合等网内数据处理。

3)用户与内容的信息交互

用户与内容的信息交互是指用户根据数据在网络中的存储组织和分布特性,通过信息查询、模式匹配及数据挖掘等方法,从网络获取用户感兴趣的信息。通常用户感兴趣的信息或者是节点的感知数据,或者是网络状态及特定事件等高层语义信息。感知数据的获取主要涉及针对网络数据的查询技术,而高层信息的获取往往涉及事件检测和模式匹配等技术。

3.7　智能交互终端技术

3.7.1　智能交互用电技术架构

灵活互动的智能交互用电技术架构可分为用户层、高级量测系统层、智能终端层、通信信息支撑层和智能用电互动化的综合性支撑平台 5 个层次[64]。

1)用户层

对用户层进行需求响应与用能管理是实现智能交互用电服务业务的重要手段。

需求响应是指通过一定的价格信号或激励机制,鼓励电力用户主动改变自身消费行为、优化用电方式,减少或者推移某时段的用电负荷,以优化供需关系,同时用户获取一定补偿的运作机制。在智能用电技术架构中,需求响应支持系统通过互动支撑平台,获取高级量测系统提供的需求侧信息,获取电网运行监控系统提供的电网运行信息,在整合供需两方面信息的基础上生成需求响应的执行计划、范围和策略并下达到用户,用户通过交互终端或其他控制设备自动或手动完成响应行为,并将响应信息进行反馈,由支持系统完成响应效果评价,并借助营销业务系统实现需求响应结算。

与需求响应通过改变用户用电行为来实现供需双方优化的动态平衡不同,用能管理以用户内部用能的精细化管理为目标,以此来优化用户用能行为、提高自身用能效率。其主要功能包括:用户用能信息的采集,为用户提供用能状况分析、用能优化方案等多种用能管理服务功能;提供内部各类智能用电设备的控制手段;

可以对用户各类用能系统的能耗情况进行监测,找出低效率运转及能耗异常设备,对能源消耗高的设备进行一定的节能调节;实现分层、分类的能耗指标统计分析功能;为能效测评和需求侧管理提供辅助手段。

2)高级量测系统层

高级量测系统层包括为用电信息采集和高级计量管理,可以实现用户用电信息的采集与监控,并为其他业务提供基础用电信息数据。

用电信息采集是智能交互用电技术的基础架构,其主要实现对电力用户信息的采集、处理和监控,采集不同类型用户的电能量数据、电能质量数据、负荷数据等信息,实现用电信息自动采集、计量异常和电能质量监测、用电分析管理。

用电信息采集通过各类量测设备实现用户用电信息的采集,而高级计量管理则是对这些量测设备进行智能化管理以实现各类量测设备及其数据的智能化管理与应用,主要包括量测设备远程自动鉴定检测、设备运行数据管理、设备质量分析、设备可靠性分析、设备远程升级控制、设备检修管理等专业应用功能。

3)智能终端层

智能交互系统的终端主要包括智能电表、智能用电交互终端等设备。智能电表在智能用电技术体系中承担着电能数据采集、计量、传输以及信息交互等任务。除了提供传统计量、计费功能,智能电表在不同场景中还具备以下功能:提供有功电能和无功电能双向计量功能,支持分布式电源接入;具备电能质量、异常用电状况在线监测、诊断、报警及智能化处理功能;适应阶梯电价、分时电价、实时电价等多种电价机制的计量计费功能,支持需求响应;具备预付费及远程通断电功能;具备计量装置故障处理和在线监测功能;可以进行远程编程设定和软件升级。

智能用电交互终端在整个智能用电技术体系中承担着用户终端信息交互窗口、业务操作平台以及用能管理平台的重要作用。信息交互窗口是交互终端的基础作用,例如,可以接收供电公司发布的电价信息、停电信息等或主动查询相关信息,还可以展现本地数据的分析结果。业务操作平台是交互终端的基本作用,借助于交互终端可以完成多种智能用电互动业务的操作执行,例如,可以实现需求响应控制、远程缴费、电器控制等;用能管理平台是交互终端的高级应用,可以对用户用能情况和用电设备进行统一监测、分析与管理,可以实现客户侧分布式电源接入、电动汽车充放电等电能量交互业务的管理等。

4)通信信息支撑层

智能用电环节的通信网络为多级分布式,分类有远程通信网、本地通信网。远程通信网是指由各类智能终端设备至各类支持系统(如用电信息采集系统、智能用电双向互动支撑平台等)的远距离数据通信网络。远程通信网具备较高的带宽和传输速率，能保障大量数据通信的双向、及时、安全、可靠传输。远程通信网一般以光纤为主，无线和电力线载波方式作为补充。

本地通信网是指配变集中器、智能电表、交互终端、智能用电设备等之间信息交互的短距离通信网络。本地通信网应具备一定的带宽和传输速率保障数据通信的双向、低时延、稳定、可靠传输。

5) 智能用电互动化的综合性支撑平台

智能用电的互动业务种类、交互渠道众多，各业务系统间业务交互、信息共享的需求迫切，以往各自为政的建设思路已经不能适应需要，因此需要搭建智能用电互动化的综合性支撑平台[65]，主要包括业务支撑和信息共享支撑两个方面。

（1）业务支撑。智能用电互动业务复杂，需要统一的支撑环境来实现各项业务的操作和管理。互动支撑平台就是基于统一的业务模型，将需求响应、用能管理等各类互动业务支持系统进行业务集成，将网站门户、智能交互终端、智能营业厅、手机、自助终端等多种互动渠道进行统一接入管理，从而形成直接面向供电公司和用户的统一业务支撑平台，支持信息互动、营销业务互动、电能量交互、用能互动等各类业务。

（2）信息共享支撑。智能用电互动业务的实现需要大量信息支撑，包括用户用电信息、设备用能信息、营销管理信息、电网运行信息、分布式电源信息等，因此有必要为各类智能用电业务决策提供统一的数据源和信息支撑环境。

互动支撑平台基于统一、规范的信息模型，合理抽取并有机整合高级量测系统、智能用电交互终端、电网运行监控系统等所提供的基础信息，同时为智能用电互动业务提供基础的信息交换和接口服务，供各系统实现统一便捷的存取访问、标准化交互和共享，提高信息资源的准确性和利用效率。

3.7.2　智能交互终端功能

1) 数据采集与处理功能

该功能主要完成电气量的采集和信息处理，这些信息包括各种电气量信息、设备运行信息、故障情况下的故障测量信息和故障特征量计算信息等，所有信息既可供智能配电终端（smart distribution terminal unit, SDTU）内的各种功能使用，也可被其他 SDTU 和高级配电自动化（advanced distribution automation, ADA）系统按一定的协议和格式调用，以满足 SDTU 分布式保护控制功能以及 ADA 系统高级应用功能的要求。

2) 故障检测和自愈功能

SDTU 从两个层面完成上述功能。第一，故障自愈与控制由 ADA 系统的高级应用功能完成，SDTU 负责采集并提供测点的信息，执行来自 ADA 系统的保护和控制指令，SDTU 只是信息的提供者和命令的执行者，不参与决策。第二，基于 SDTU 完成分布式的故障检测和自愈控制功能。SDTU 基于本地信息和相邻 SDTU 的信息，独立作出故障检测和自愈控制决策并执行。此时 SDTU 既进行决策，又执行决策[66]。

3) 事件顺序记录功能

SDTU 收集事件的时间顺序，当系统层需要时，向其传送。系统层将收集到各个 SDTU 的事件顺序记录的信息按时间顺序逐站排列，在屏幕上显示或由打印机记录。

3.8 小 结

本节重点探讨了应用于虚拟电厂的数据驱动关键技术，包括大数据分析、态势感知、云计算、区块链、多代理技术等。数据清洗和数据存储是进行大数据分析的基础，异常数据辨识和重复数据检测是其中的关键技术。大数据分析技术在虚拟电厂领域的应用方面，本章介绍了基于关联规则挖掘的配网可靠性分析和基于随机矩阵的配网异常事件快速发现的典型场景。态势感知技术在电力系统领域的研究还处于初级阶段，基于态势感知的基本定义——态势觉察、态势理解和态势预测，结合三个典型场景介绍了态势感知技术在配电网量测配置、状态估计和风险评估方面的应用。云计算和区块链技术是当前研究的热点与难点，本章从基本概念、基础模型和运行场景三个方面介绍了相关技术。以多代理技术、物联网和智能交互终端为代表的数据交互技术是数据驱动方法的基础，有利于数据分析技术在虚拟电厂的落地与实践。

参 考 文 献

[1] 王德文，杨力平. 智能电网大数据流式处理方法与状态监测异常检测[J]. 电力系统自动化, 2016, 40(14): 122-128.

[2] Lee S C, Nevatia R. Hierarchical abnormal event detection by real time and semi-real time multi-tasking video surveillance system[J]. Machine Vision & Applications, 2014, 25(1): 133-143.

[3] Karami A, Guerrero-Zapata M. A fuzzy anomaly detection system based on hybrid PSO-K means algorithm in content-centric networks[J]. Neurocomputing, 2015, 149: 1253-1269.

[4] Hu W, Gao J, Wang Y, et al. Online adaboost-based parameterized methods for dynamic distributed network intrusion detection[J]. IEEE Transactions Cybern, 2013, 44(1): 66-82.

[5] 严英杰，盛戈皞，陈玉峰，等. 基于时间序列分析的输变电设备状态大数据清洗方法[J]. 电力系统自动化, 2015(7): 138-144.

[6] 程超，张汉敏，景志敏，等. 基于离群点算法和用电信息采集系统的反窃电研究[J]. 电力系统保护与控制, 2015(17): 69-74.

[7] 庄池杰, 张斌, 胡军, 等. 基于无监督学习的电力用户异常用电模式检测[J]. 中国电机工程学报, 2016, 36(2): 379-387.

[8] 田力, 向敏. 基于密度聚类技术的电力系统用电量异常分析算法[J]. 电力系统自动化, 2017(5): 64-70.

[9] 莫文雄, 许中, 肖斐, 等. 基于随机矩阵理论的电力扰动事件时空关联[J]. 高电压技术, 2017, 43(7): 2386-2393.

[10] 胡丽娟, 刁赢龙, 刘科研, 等. 基于大数据技术的配电网运行可靠性分析[J]. 电网技术, 2017, 41(1): 265-271.

[11] 刘威, 张东霞, 王新迎, 等. 基于随机矩阵理论的电力系统暂态稳定性分析[J]. 中国电机工程学报, 2016, 36(18): 4854-4863.

[12] 王红, 张文, 刘玉田. 考虑分布式电源出力不确定性的主动配电网量测配置[J]. 电力系统自动化, 2016, 40(12): 9-15.

[13] 黄蔓云, 卫志农, 孙国强, 等. 基于历史数据挖掘的配电网态势感知方法[J]. 电网技术, 2017, 41(4): 1139-1145.

[14] 周湶, 廖婧舒, 廖瑞金, 等. 含分布式电源的配电网停电风险快速评估[J]. 电网技术, 2014, 38(4): 882-887.

[15] 肖峻, 贺琪博, 苏步芸. 基于安全域的智能配电网安全高效运行模式[J]. 电力系统自动化, 2014, 38(19): 52-60.

[16] 李乔, 郑啸. 云计算研究现状综述[J]. 计算机科学, 2011, 38(4): 32-37.

[17] 王昌辉. 云计算设备中的大数据特征高效分类挖掘方法研究[J]. 现代电子技术, 2015, 38(22): 55-61.

[18] 高岚岚. 云计算与网格计算的深入比较研究[J]. 海峡科学, 2009, 2: 56-57.

[19] 武凯, 勾学荣, 朱永刚. 云计算资源管理浅析[J]. 软件, 2015, 2: 97-101.

[20] 王后明. 云计算平台中的任务管理机制研究[D]. 北京: 北京邮电大学, 2012: 8-9.

[21] 蔡键, 王树梅. 基于 Google 的云计算实例分析[J]. 电能知识与技术, 2009, 5(25): 7093-7095.

[22] 魏先民, 王晟, 赵壁芳. 新型计算模型——云计算及其进展[J]. 自动化与仪表, 2012, 3: 6-9.

[23] 黄天恩, 孙宏斌, 郭庆来, 等. 基于电网运行大数据的在线分布式安全特征选择[J]. 电力系统自动化, 2016, 40(4): 32-40.

[24] 严英杰, 盛戈皞, 陈玉峰, 等. 基于大数据分析的输变电设备状态数据异常检测方法[J]. 中国电机工程学报, 2015, 35(1): 52-59.

[25] 王德文, 孙志伟. 电力用户侧大数据分析与并行负荷预测[J]. 中国电机工程学报, 2015, 35(3): 527-537.

[26] 张素香, 赵丙镇, 王风雨, 等. 海量数据下的电力负荷短期预测[J]. 中国电机工程学报, 2015, 35(1): 37-42.

[27] 张宁, 王毅, 康重庆, 等. 能源互联网中的区块链技术:研究框架与典型应用初探[J]. 中国电机工程学报, 2016, 36(15): 4011-4022.

[28] 李经纬, 贾春福, 刘哲理, 等. 可搜索加密技术研究综述[J]. 软件学报, 2015, 26(1): 109-128.

[29] 袁勇, 王飞跃. 区块链技术发展现状与展望[J]. 自动化学报, 2016, 42(4): 481-494.

[30] Larimer D. Transactions as proof-of-stake [EB/OL]. [2013-02-01]. http://7fvhfe.com1.z0.glb.clouddn.com/@/wpcontent/ uploads/ 2014/01/TransactionsAsProofOfStake10.pdf.

[31] Ethereum White　Paper. A next-generation smart contract and decentralized application platform [EB/OL]. [2015-11-12]. https:// github.com/ethereum/wiki/wiki/WhitePaper.

[32] Swan M. Blockchain: Blueprint for a New Economy[M]. Sebastopol: O' Reilly Media Inc., 2015.

[33] 阎蕾, 朱永利. 基于多 Agent 的电网故障诊断系统的研究[D]. 北京: 华北电力大学, 2006.

[34] 王成山, 余旭阳. 基于 Multi-Agent 系统的分布式协调紧急控制[J]. 电网技术, 2004, 28(3): 1-5.

[35] Lassetter B. Microgrids[C]. Proceedings of 2001 IEEE Power Engineering Society Winter Meeting. IEEE, 2001: 146-149.

[36] Stvens J. Development of sources and a test bed for CERTS micro grid testing[C]. Proceeding of 2004 IEEE Power Engineering Society General Meeting. IEEE, 2004: 2032-2033.

[37] Goda T. Microgrid research at Mitsubishi [EB/OL]. [2006-10-17]. http://www.energy.ca .gov/pier/esi/ document/ 2005-06-17_symposium/GODA_2005-06-17.pdf.

[38] 安平. 多 Agent 技术在电网调度管理系统中的应用研究[D]. 北京: 华北电力大学. 2006

[39] Dimeas A, Hatziargyriou N D. Operation of a multiagent system for microgrid control power systems[J]. IEEE Transactions, 2005, 20(3): 1447-1455.

[40] Hatziargyriou N D, Dimeas A, Tsikalakis A. Centralised and decentralized control of microgrids[J]. International Journal of distributed Energy Resources, 2005, 1(3): 197-212.

[41] Dimeas A, Hatziargyriou N D. A multiagent system for microgrids[C]. IEEE PES General Meeting, 2004.

[42] Lasseter R, Akhil A, Marnay C, et al. White paper on integration of distributed energy resources[J]. The CERTS Microgrid Concept. Consortium for Electric Reliability Technology Solutions(CERTS), IEEE, 2002.

[43] Zhou M, Ren J W, Li G Y, et al. A multi-agent based dispatching operation instructing system in electric power systems[C].　Power Engineering Society General Meeting, IEEE, 2003:436-440.

[44] 丁银波. 基于多代理技术的分布式故障诊断系统的研究[D]. 北京: 华北电力大学, 2003.

[45] 王岚. 基于 Multi-Agent 的分布式应用系统研究[D]. 北京: 首都经济贸易大学, 2004.

[46] 陈策. 基于多 Agent 的地区电压无功控制[D]. 成都: 四川大学, 2006.

[47] 杨旭升, 盛万兴, 王孙安. 多 Agent 电网运行决策支持系统体系结构研究[J]. 电力系统自动化, 2002, 26(18): 45-49.

[48] 朱培红. 基于移动多 Agent 的分布式网络性能监测的研究[D]. 武汉: 武汉大学, 2004.

[49] 李欣然, 苏盛, 陈元新. AGENT 技术在电力综合负荷模型辨识系统中的应用[J]. 电力自动化设备, 2002, 22(9): 50-53.

[50] 兰少华. 多 Agent 技术及其应用研究[D]. 南京: 南京理工大学, 2002.

[51] 李四勤. 电力系统二次网络中 Multi-Agent 理论及安全防护研究[D]. 长沙: 湖南大学, 2005.

[52] Ygge F, Akkerman H. Decentralized markets versus central control: A comparative study[J]. Artificial Intelligence Research, 1999,11:301-333.

[53] Dimeas A L, Hatziargyriou N D. Agent based control for microgrids[C]. Power Engineering Society General Meeting, IEEE, 2007:1-5.

[54] 陈昌松, 段善旭, 殷进军, 等. 基于发电预测的分布式发电能量管理系统[J]. 电工技术学报, 2010, 25(3): 150-156.

[55] 杨永标, 丁孝华, 朱金大, 等. 物联网应用于电动汽车充电设施的设想[J]. 电力系统自动化, 2010, 34(21): 95-98.

[56] 胡兵利, 孙艳丰, 尹宝才. 物联网信息感知与交互技术[J]. 计算机学报, 2012, 35(6): 1147-1163.

[57] Pister K S J, Doherty L. Time synchronized mesh protocol[C]. Proceedings of the 2008 IASTED International Symposium on Distributed Sensor Networks, Orlando, 2008: 391-398.

[58] Lu G, Krishnamachari B, Raghavendra C S. An adaptive energy-efficient and low-latency MAC for data gathering in wireless sensor networks[C]. Proceedings of the 18th International Parallel and Distributed Processing Symposium (IPDPS' 04), Santa Fe, 2004: 224-232.

[59] Song W Z, Yuan F, LaHusen R. Time-optimum packet scheduling for many-to-one routing in wireless sensor networks[J]. International Journal of Parallel, Emergent and Distributed Systems, 2007, 22(5): 355-570.

[60] Ee C T, Bajcsy R. Congestion control and fairness for many-to-one routing in sensor networks[C]. Proceedings of the 2nd International Conference on Embedded Networked Sensor Systems (SenSys'04), Baltimore, 2004: 148-161.

[61] Petrovic D, Shah R C, Ramchandran K. Data funneling: Routing with aggregation and compression for wireless sensor networks[C]. Proceedings of the 1st IEEE International Workshop on Sensor Network Protocols and Applications (SNPA'03), Seattle, 2003: 156-162.

[62] Arici T, Gedik B, Altunbasak Y. PINCO: A pipelined in network compression scheme for data collection in wireless sensor networks[C]. Proceedings of the 12th International Conference on Computer Communications and Networks (ICCCN'03), Dallas, 2003: 539-544.

[63] Zhang W, Cao G. DCTC: Dynamic convoy tree based collaboration for target tracking in sensor networks[J]. IEEE Transactions on Wireless Communications, 2004, 3(5): 1689-1701.

[64] 史常凯, 张波, 盛万兴, 等. 灵活互动智能用电的技术架构探讨[J]. 电网技术, 2013, 37(10): 2868-2874.

[65] 李同智. 灵活互动智能用电的技术内涵及发展方向[J]. 电力系统自动化, 2012, 36(2): 11-17.

[66] 丛伟, 路庆东, 田崇稳, 等. 智能配电终端及其标准化建模[J]. 电力系统自动化, 2013, 37(10): 6-12.

第4章 虚拟电厂所依存的电力网络通信需求

4.1 信息和通信技术

4.1.1 通信的特点和要求

1. 电力通信的特点

中国电力通信网是国家专用通信网之一，是电力系统不可缺少的重要组成部分，是电网调度自动化、网络运营市场化和管理现代化的基础。中国电力通信网是以光纤、微波及卫星电路构成主干线，各支路充分利用电力线载波、特种光缆等电力系统特有的通信方式，并采用明线、电缆、无线等多种通信手段及程控交换机、调度总机等设备组成的多用户、多功能的综合通信网。电力系统通信有如下特点。

(1) 要求有较高的可靠性和灵活性。

(2) 传输信息量少但种类复杂、实时性强。

(3) 具有很大的耐"冲击"性。雪灾和地震带给人们的信息是，人类社会已经进入高风险社会，各种突发事件随时可能发生，应把非常态管理置于常态管理之中。在发生重大自然灾害时，各种应急、备用通信手段应能充分发挥作用。

(4) 电力系统通信网中有着种类繁多的通信手段和各种不同性质的设备、机型，它们通过不同的接口方式和不同的转接方式，如用户线延伸、中继线传输、电力线载波设备与光纤、微波等设备的转接及其他同类、不同类通信设备的转接等，构成了电力系统复杂的通信网络结构。

(5) 通信范围点多面广。除发电厂、供电局等通信集中的地方，供电区内所有的变电站、电管所也都是电力通信服务的对象。很多变电站地处偏远，通信设备的维护半径通常达上百公里。

(6) 无人值守机房居多。通信点的分散性、业务量少等特点决定了电力通信各站点不可能都设通信值班。事实上除中心枢纽通信站，大多数站点都无人值守。这一方面减少了费用开支，另一方面又给设备的维护维修带来了诸多不便。

2. 虚拟电厂中的通信要求

相比于传统电力通信，智能电网利用先进的通信、信息和控制技术，构建以信息化、自动化、互动化为特征的国际领先、自主创新、具有中国特色的智能电网，是我国电力行业未来的发展方向。而建立高速、双向、实时、集成的通信系统是实现智能电网的基础，没有先进的通信系统，任何智能电网的特征都无法实现。由于智能电网的数据获取、保护和控制都需要通信系统的坚强支持，所以建立先进的通信系统是迈向智能电网的关键一步。

遍布整个智能电网多种方式的通信设备将各类信息在测量装置、控制设备和执行元件之间进行相互传递，以保证电网安全、可靠、高效、经济地生产运行。总体来说，智能电网的通信系统必须满足以下的技术要求[1]。

(1)数据量要求。智能电网通信系统不仅要考虑目前数据传输的需要，还要考虑系统升级的要求。

(2)实时性要求。智能电网对信息通信通道的实时性要求是变电站内部小于1ms，其他小于 500ms；同步时间偏差小于 1ms。据 IBM(International Business Machines Corporation)对带宽需求的预测，每个先进的变电站需 0.2～1.0Mbit/s 的带宽，连续抄表每百万先进的电表需 1.85～2.0Mbit/s 的带宽，每万个智能传感器需 0.5～4.75Gbit/s 的带宽。

(3)环境适应性要求。智能电网的通信设备很多暴露在室外，环境恶劣，因此必须能够抵御高温、低温、日晒、雨淋、风雪、冰雹和雷电等自然环境的侵袭。同时，尽量避免各种电磁干扰，保证长期稳定可靠地工作。

(4)网络安全性要求。通信网络安全是指在利用网络提供的服务进行信息传递的过程中，通信网络自身的可靠性、生存性，网络服务的可用性、可控性，信息传递过程中信息的完整性、机密性和不可否认性。智能电网通信网络安全涉及攻击、防范、检测、控制、管理、评估等多方面的基础理论和实施技术。

虚拟电厂作为智能电网的一种有效的组织利用形式，其依托电力网络进行通信，采用双向通信技术，它不仅能够接收各个单元的当前状态信息，而且能够向控制目标发送控制信号。应用于虚拟电厂中的通信技术主要有基于互联网的技术，如基于互联网协议的服务、虚拟专用网络、电力线路载波技术和无线技术等，其中无线技术主要采用全球移动通信系统(global system for mobile communication, GSM)/通用分组无线服务技术(general packet radio service, GPRS)、第三/四代移动通信技术(3G/4G)等。在用户住宅内，WiFi、蓝牙、ZigBee 等通信技术构成了室内通信网络。根据不同的场合和要求，虚拟电厂可以应用不同的通信技术。对于大型机组而言，可以使用基于 IEC 60870-5-101 协议或 IEC 60870-5-104 协议的普通遥测系统。随着小型分散电力机组数量的不断增加，通信渠道和通信协议也将起到越来越重要的作用，昂贵的遥测技术很有可能被基于简单的 TCP/IP(transmission control protocol/internet protocol)适配器或电力线路载波的技术所取代[2,3]。在欧盟 VECPP项目中，设计者采用了互联网虚拟专用网络技术；荷兰功率匹配器虚拟电厂采用了通用移动通信技术(universal mobile telecommunications system，UMTS)、无线网通信技术；在欧盟 FENIX 项目中，虚拟电厂应用了 GPRS 技术和 IEC 104 协议通信技术；德国 ProViPP 的通信网络则由双向无线通信技术构成。

虚拟电厂的通信不同于一般通信系统，对通信系统的带宽、实时性、可靠性和安全性的要求浮动范围宽广，现行互联网物理设备和通信协议在虚拟电厂应用的很多方面尚不能满足要求。尽管 IEC 61850 等已有通信协议给电力信息通信提供了解决方案，但是仍然存在着许多虚拟电厂领域的信息通信需求得不到满足。除了满足智能电网的通信要求之外，虚拟电厂通信的特殊要求，主要表现在以下4 个方面。

(1)高综合性。虚拟电厂通信的高综合性要求表现在技术与业务的双综合；虚拟电厂通信融合了计算机网络技术、控制技术、传感与计量技术等，同时虚拟电厂可以与各种电力通信业务网(电话交换网、电力数据网、继电保护网、电视电话会议网、企业内联网、安防系统)相互连接，实现从发电到用电各个环节的无缝连接，容许不同类型的发电和储能系统自由接入，简化联网过程，满足虚拟电厂业务和应用的"即插即用"。

(2)高可靠性。相对于坚强的大电网，虚拟电厂相对脆弱，这就要求其具有快速恢复能力，这要取决于其通信系统的高可靠性。当虚拟电厂出现故障或发生问题时，能够迅速切除故障并且将负荷切换到可靠的电源上，及时提供来自故障部分的核心数据，减少虚拟电厂在出现较大故障时的恢复时间。

(3)公认的标准。为了满足双向、实时、高效通信的要求，虚拟电厂通信就必须基于公开、公认的通信技术标准；公认的标准将会为传感器、高级电子设备、应用软件之间高速、准确的通信提供必要的支持，目前缺少被用户和虚拟电厂运营商共同认可的通信标准，在未来的发展中需要尽快制定。

(4)高经济性。虚拟电厂的通信系统辅助其运营，通过预测、阻止对电网可靠性产生消极影响的事件发生，避免因电能质量问题造成的成本追加，同时基于虚拟电厂的通信自动监测功能也大大减少人员监控成本和设备维护成本。

总之，为了实现虚拟电厂内部分布式电源以及虚拟电厂之间的协调优化，先进的通信技术及标准化的通信协议至关重要。媒体技术和光纤通信可考虑作为新的通信技术。数据的交换也应基于同一标准，如采用可扩展标记语言(extensible markup language, XML)。此外，虚拟电厂应具有良好的开放性和可扩展性，如兼容微电网和需求侧技术等，这就对通信结构的设计提出了要求。

4.1.2　虚拟电厂通信的设计原则

虚拟电厂要求建设高速、双向通信、宽带、自治的信息通信系统，支持多业务的灵活接入，提供"即插即用"的虚拟电厂信息通信保障，因此规划设计虚拟电厂通信系统时，一般应遵循以下原则。

（1）规划设计的统一性。虚拟电厂的通信系统不仅是其自身控制与运行的基础，更是其商业运营的保证，因此虚拟电厂通信的规划设计需要与其业务配合进行统一，满足公认的通信标准、可扩展的网络架构以及安全可靠的开放性原则。

（2）安全可靠的开放性。虚拟电厂的用户类型较多，互动程度高，通信系统的设计既要满足开放性的原则，同时又要保证虚拟电厂关键设备以及用户隐私数据的安全性。

（3）充分考虑的扩展性。随着接入分布式电源和用电设备的增加，以及快速增加的采集数据量的不断汇聚，对传输网络带宽和网络传输可靠性都会提出更高的要求，因此虚拟电厂通信系统的设计就应充分考虑到这个因素，为网络扩展和维护更新做好冗余配置。

4.1.3　通信体系结构

和智能电网类似，虚拟电厂的通信系统应用于电力生产、运行的各个环节，按适用范围可分为电力生产过程监控的通信网络（虚拟电厂生产监控通信网）和面向虚拟电厂用户服务的通信网络（虚拟电厂配用电通信网）以及虚拟电厂与常规配电网调控中心的通信网络三部分。

（1）虚拟电厂生产监控通信网。虚拟电厂生产监控通信网架构如图 4-1 所示。利用先进的通信技术，虚拟电厂生产调控网能够解决的主要问题有电力调度、电力设备在线实时监测、现场作业视频管理、户外设施防盗等。采用的主要的电力

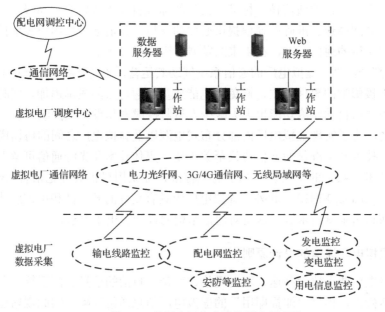

图 4-1　虚拟电厂生产监控通信网架构

通信方式有电力线载波、无线扩频、微波通信、光纤通信、GPRS 移动通信、新一代 3G/4G 移动通信等。

(2) 虚拟电厂配用电通信网。虚拟电厂用户服务的通信网络架构如图4-2所示。针对虚拟电厂用户的需求，主要用于用户电能信息采集、智能家居、无线传感安防、社区服务管理等。其利用先进的通信技术，对家庭用电设备进行统一监控与管理，对电能质量、家庭用电信息等数据进行采集和分析，指导用户进行合理用电，实现虚拟电厂与用户之间智能供、用电。此外，通过智能交互终端，可为用户提供家庭安防、社区服务、互联网等增值服务。用户服务通信主要通过低压电力线载波通信、光纤复合低压电缆 (optical fiber composite low-voltage cable, OPLC)、无线宽带通信等通信方式相结合的通信平台来实现。

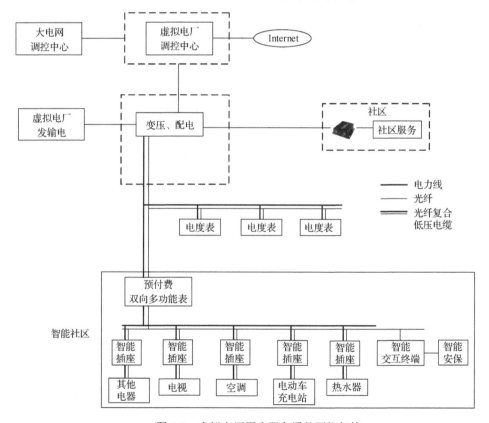

图 4-2　虚拟电厂用户服务通信网络架构

(3) 虚拟电厂与常规配电网调控中心的通信网络。一般参照智能电网配电网的通信网络架构进行构建，将虚拟电厂作为一个有源可控客户端来处理。

4.1.4 通信系统的设计

1. 虚拟电厂通信系统的设计

在进行虚拟电厂通信方案设计时，要根据不同通信技术的优势和应用场合，综合考虑成本、应用环境等诸多因素，合理选取通信技术，进行适当的搭配，以期最大限度地发挥不同通信技术的优势。虚拟电厂通信技术的选取，主要根据所传输数据的类型、通信节点的地理位置分布和虚拟电厂的规模等因素综合考虑来决定。

虚拟电厂通信系统要负责监控、用户等多类型数据信息的双向、及时、可靠传输，是一个集通信、信息、控制等技术为一体的综合系统平台，图 4-3 是虚拟电厂通信流程结构图（注：SDH 即 synchronous digital hierarchy，同步数字体系；MSTP 即 multiservice transport platform，多业务传送平台）。

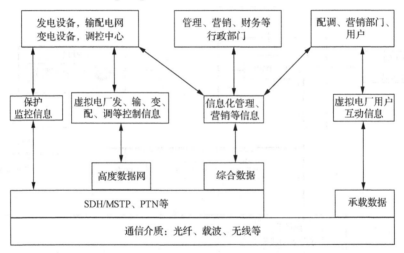

图 4-3 虚拟电厂通信流程结构图

虚拟电厂的发、输、变、配、调过程的控制信息由调度数据网承载，保护、安全等对时延要求严格的控制信息采用专用线承载。虚拟电厂的用户信息采用先进的、适用于电力系统用户网接入特点的、满足互动要求的通信承载技术。管理、运行维护、营销等行政部门信息化业务由综合数据网承载，根据虚拟电厂发展建设的进程，话音等专线业务也逐步转移到综合数据网上。

2. 设计实例

以 WEB2ENERCY 项目为例，其是在欧盟第 7 框架计划下，于 2010～2015 年完成的虚拟电厂研究与试点项目[4,5]，其目的在于实施和验证智能配电的三大支柱技术：智能计量、智能能量管理和智能配电自动化。在此项目中，先进的智能计量技术提供了很多创新的功能，主要包括短期内远程读取测量值、接收市场价格信号并使其可视化、管理干扰信号和故障、估计操作和被盗能量、永久存储仪表数据、监控负荷曲线、监控分布式能源。图 4-4 展示了该虚拟电厂项目的通信设计结构。

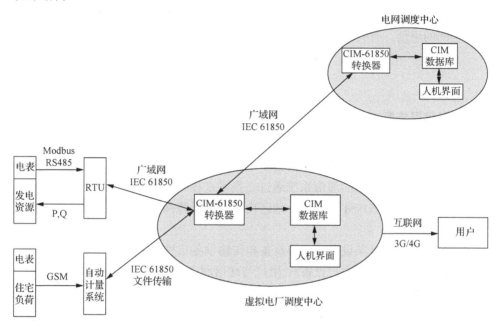

图 4-4　虚拟电厂项目的通信结构

住宅负荷处安装的智能电表通过全球移动通信无线通信技术将用户消费信息传送给自动计量系统，而发电资源侧安装的智能电表则通过 RS485 串行接口和 Modbus 协议将测量信息传送给远程终端单元(remote terminal unit, RTU)。电表传送信息的周期为 15min，每小时进行一次时间同步。虚拟电厂控制中心和电网调度中心的核心部分是基于 IEC 61850 的公共信息模型(common information model, CIM)数据库，该数据库包含监控调度系统运行所需要的全部信息。虚拟电厂控制中心与 RTU、自动计量系统和电网调度中心的通信则是基于 IEC 61850 协议。两种不同通信协议之间的信息转换通过 CIM-61850 转换器模块实现。

其中，通信技术是实现虚拟电厂功能的核心物理技术，包括虚拟电厂与电网的双向数据通信技术，以及虚拟电厂与内部设备之间的通信技术两个部分。虚拟电厂控制中心主要达到监控和调度内部各分布式能源的目的，需要建立控制中心与区域内各对象之间的双向数据链接，从物理层、数据链路层等各个层面保证数据通信的快捷和畅通。由于虚拟电厂控制中心是分布式电力管理系统，其与内部分布式能源、大电网调度中心之间的通信距离与地理位置密切相关，通信方式的选择需要根据通信距离而定。通信协议的选择既要考虑通信距离，又要考虑数据传输量与实时性要求。

从该实例可以看出，在虚拟电厂中，Modbus 协议一般用于分布式发电资源与采集终端 RTU 之间的通信；3G/4G 一般用于控制中心与用户之间的通信；IEC 61850协议一般用于虚拟电厂控制中心与电网调度中心或者与采集终端 RTU、自动计量系统之间的通信。有关具体的通信方式以及通信协议的介绍请参见后续章节。

4.2　通 信 网 络

4.2.1　通信网络概述

通信网是指使用交换设备、传输设备将地理上分散的用户终端设备互连起来，实现通信和信息交换的系统。通信最基本的形式是在点与点之间建立通信系统，而通信网则要求将许多的通信系统通过交换系统按一定拓扑结构组合在一起。也就是说，有了交换系统才能使某一地区内任意两个终端用户相互接续，才能组成通信网。

通信网由用户终端设备、交换设备和传输设备三种要素组成。

（1）终端设备（又称用户设备）：用户与通信网之间的接口设备，用于实现用户消息与收发电信号之间的相互转换。

（2）传输系统：传输电信号的信道，包括有线、无线、光缆等线路。

（3）交换设备：在终端之间和局间进行路由选择、接续控制的设备。为使全网能合理协调工作，还要有各种规定，如质量标准、网络结构、编号方案、信令（也称信号）方案、路由方案、资费制度等。

按照不同的标准可将通信网分为不同种类：按业务内容可分为电报网、电话网、图像网、数据网等；按地区规模可分为农村网、市内网、长途网、国际网等；按服务对象可分为公用网、军用网、专用网等；按信号形式可分为模拟网、数字网等。虚拟电厂中的通信网络，按业务内容属于数据网，按地区规模属于市内网，按服务对象属于专用网，按信号形式属于数字网。

4.2.2　宽带 IP 网络技术

1. 城域网概念与宽带 IP 技术

城域网分为核心层、接入层以及汇聚层三个层次，不同层次的网络功能及面对的网络安全问题各不相同。核心层的主要工作内容是对数据流进行快速交换，从而确保核心设备正常稳定的运行；接入层的主要功能在于防止基于二层协议的网络使用者的攻击行为以及对广播风暴进行压制，其主要的目的在于为用户提供业务类型接入；汇聚层作为城域网网络的重要组成部分，其主要工作内容是利用相关的策略控制流量以及管理用户，主要目的是保证网络业务的安全及稳定。在实际应用过程中，城域网主要包括宽带上网、接入及虚拟专用网络(Virtual private network, VPN)业务等。其中宽带上网的接入方式为 PPPOE(point-to-point protocol over Ethernet)；接入业务的接入方式主要是指企业的专线接入；VPN 业务则主要是提供 VPLAN(virtual private local area network)透传。

在我国的电力通信信息网中，主要包含广域网、用户网以及 VPN 等网络服务终端。电力通信城域网作为广域网的分支，主要由中国网通公司进行管理，并且还得到了中国信息网络平台的支持，因此其具有非常广阔的发展前景。宽带 IP(internet protocol)技术是电力通信城域网的平台基础，其发展与进步均与网络终端的进步相关。而随着宽带 IP 技术的进一步发展，无线局域网(wireless local area network, WLAN)的出现使得宽带 IP 技术网络平台更加广阔。

虚拟电厂的通信网络属于城域网的一种，而随着宽带 IP 技术的发展，可将其应用于虚拟电厂用户侧的信息采集、调度中心的通信等。宽带 IP 技术以以太网为基础。以太网具有灵活方便、操作简单等多种特点，是我国在网络建设中应用最为广泛的一种，其组网可以采用多种网络拓扑结构，并利用不同的物理介质来达成。就宽带城域网组网技术来说，一般选用的是 1000Mbit/s 的以太网技术，通过连接以太网与城域网建立一个 IP 城域网平台，并且在此基础上利用核心路由器、交换机等设备将 IP 城域网平台组建为宽带 IP 城域网。这种宽带城域网成本较低，技术成熟，且具有较好的扩容性。但其安全性及管理性较差，因而难以实现对网络流量的精准控制，需要进一步对这些问题加以改进，以更好地提高其安全性和管理性，准确地控制网络流量。

2. IP 数据网络在电网调度中的应用

电网调度具有一定的特殊性，其网络中传输的数据是与电力生产紧密相连的电网调度数据，因此电网调度数据的传输，对网络计划提出了更高的要求，同时也对网络的可靠性与实时性提出了更高的要求。另外，由于在电网调度自动化中，IP 数据网络的应用十分复杂，且对网络的实时性与安全性具有要求，所以在设计中应考虑不同网络间的资源。由于电网调度业务的特殊性，在具体应用时应采取 VPN 形式，区分实时数据、准实时数据以及非实时数据，并根据数据中不同的实时性与安全性要求，分配对应的网络资源[6]。

我国电网调度具有交互多、网络广、技术新、用户多等特点，在其自动化发展中，必然面临信息安全风险。在 IP 数据网络系统中，通信网络较复杂，信息在传输过程中常出现被篡改、破坏或者非法窃听等问题。此外，IP 数据网络作为电网调度自动化的重要平台，承载了电力生产运行的指令调度、电量、应急等各种重要信息，如果出现非法入侵等行为，必将严重影响电力的安全稳定运行。因此，需在 IP 数据网络中添加信息安全防护手段，提高信息安全防护意识，避免关键业务的数据信息被篡改、窃取等，防止网络恶意行为，确保电网调度自动化的稳定性与数据安全性。

随着近年来光纤价格有所降低，光纤以太网已成为配电自动化中较为常见的通信方法。通过多年实践来看，工业以太网以及以太网无源光纤网络(Ethernet passive optical network, EPON)已成为当前分支结构的重要组成方式。在不适合应用光纤网络的区域，可采取 GPRS/CDMA 无线公网形式。EPON 作为可以支持若干业务接口、拓扑较为灵活的光介质技术，当前已在配电自动化领域得以广泛应用，并受到国家电网的广泛认可。与工业以太网模式相比，EPON 技术更适合应用于电网调度自动化。如果环网柜等一次设备出现失电现象，那么工业以太网的交换机可能由于失电而造成通信中断，而应用 EPON 技术，仅是该单元的通信受到干扰，而整个光纤环路的通信仍处于正常状态。

4.2.3　4G 通信网

1. 4G 网络概述

4G 通信是移动通信技术发展到第四代时的一种叫法，它是由移动通信系统以及其他系统和国际电信联盟共同结合而制定的一种系统标准，具有比 3G 通信更高的数据率和频谱利用率，其下行峰值的网络速率能够达到 100Mbit/s。目前在中国电网中运用 4G 通信技术还属于在实践这一阶段，虽然与之前的传统电网通信技术及 3G 通信技术相比，其网络速率提高的程度很大，但是其应用范畴还停在传统电力通信技术上，4G 通信技术具有的优越性尚没有完全体现。

开放式高速移动传输是 4G 通信技术最主要的特征，在各个领域中都发挥了很大的作用。特别是对于图片和视频的传输效果尤为凸显，其能够在保障传输的视频及图片不失真的基础上，快速地将音频信息进行处理；在信息传输之中，4G 通信技术能够实现定位查找功能，在实际监测和远程监控中提供良好的网络条件。4G 通信技术的另一个基本特征是无缝互联，其核心网功能的实现采用了 IP 作为基础，经过 4G 通信技术服务供端与到端的 IP 的所有过程，进而实现核心网互联需求。如果仅看无缝互联具有的基本特征，4G 通信技术具有的通信架构比较开放，在智能电网中可以创造即插即用的良好环境，实现不同元件之间的通信；另外，通信标准统一，可以实现电网的系统与设备间的无缝通信，快速分离信息，让业务处理、传输过程、控制管理同时进行。

2. 智能电网中 4G 的应用

(1)4G 在配网自动化领域中通信的应用[7]。配电网的自动化是通过综合自动化、通信以及计算机等相关的技术，对其采取智能化监控管理，进而确保配电网的环境与运行处于安全可靠的状态。配网自动化的主要特点有网络扩展、变动频繁以及点多面广等。当前通信方式主要有两种：一是使用光纤通信，有光纤复合相线 (optical fiber phase conductor, OPPC) 光缆与全介质自承式 (all dielectric self-supporting, ADSS) 光缆两种，其传输质量较好，但建设和维护比较难，运行受网络频繁调整影响很大；二是使用电力线载波通信，其建设方便、成本低，但信号易受环境干扰、不稳定、翻越变压器困难。相比上述通信方式，4G 通信不受网络调整影响，易安装和维护，成本低，质量好而速度快，在配网自动化领域中非常适用。

(2)4G 在风电场通信中的应用。风能作为清洁能源之一，具有广阔的发展前景。但对于高山的风电场，通信难题始终难以解决。传统载波通信受通信质量和速度的限制，难以有效应用；而光纤通信难以克服重覆冰融冰的问题，会因为环境难以施工和维护，并且建设成本非常大。而 4G 通信不受带宽束缚，所以在风电场通信方面的应用前景广阔。

(3)智能变电站站内通信领域中 4G 通信的应用。网络通信是智能变电站的站内通信的主要方式，为了避免相互干扰，确保传输的质量，通常都是使用光纤通信，这需要在站内地下敷设大量短距离光纤。据统计，仅一个 220kV 变电站的光缆就达 1000 芯以上，其施工和维护使相关的运维人员十分辛苦。4G 通信能够解决传输带宽和加密传输的问题，在该领域可以发挥良好的作用。

(4)电网实时监控中 4G 通信的应用。远程视频信息的传送可以用 4G 无线移动专网来实现，管理人员可以直接在移动设备上监控电网运行情况。对于宽带不能覆盖的安装地点要设有移动监测的设备，调控时可经过移动终端来实现。并且在监控人员跟现场距离很远时，对电网运行状况的了解可通过移动终端完成。一旦发生问题，工作人员可通过调度电话联系并远程指挥工作，形成更便利、更安全的电网调度工作。经过 4G 无线移动专网通道与传统的数据传输通道共同搭配协调，更加能够保证正常电网的调度运行，实现更加便利、快捷的数据共享。

同样地，作为智能电网的一种资源有效的组织形式，4G 通信网同样可以应用在虚拟电厂实时监控中。

4.3　通信设施与系统

4.3.1　电力线载波

1. 载波通信基本原理

电力线载波通信[8](power line carrier communication, PLCC)是以输电线路为载波信号的传输媒介的电力系统通信。由于输电线路具备十分牢固的支撑结构，并架设 3 条以上的导体(一般有三相良导体及一或两根架空地线)，所以输电线输送工频电流的同时，用之传送载波信号，既经济又可靠。也就是说，电力载波通信是指利用现有电力线，通过载波方式将模拟或数字信号进行高速传输的技术。其最大特点是不需要重新架设网络，只要有电线，就能进行数据传递。这种综合利用早已成为世界上所有电力部门优先采用的特有通信手段。

2. 电力线载波通信系统的组成

电力线载波通信系统的组成结构如图 4-5 所示。载波机的收发信端用高频电缆经滤波器(起阻抗匹配及工频电流接地作用)连接耦合电容器(起隔离工频高压的作用)，将载波电流传送到输电线上，阻波器用以防止载波电流流向变电所母线侧，减小分流损失。

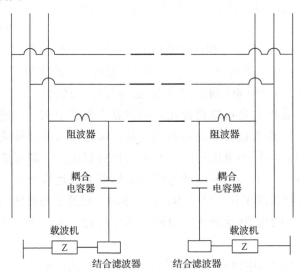

图 4-5　电力线载波通信系统组成结构

载波电流与输电线的耦合方式分为相相耦合及相地耦合两类。相相耦合传输衰耗较小，但耦合设置投资较大。相地耦合传输衰耗较大，但耦合设置投资较小。在采用对地绝缘的架空避雷线的输电线上(雷击时通过绝缘子的放电间隙对地放电)，也可以将载波电流耦合到架空地线上，称为地线载波。如果高压输电线的相导线是分裂导线，则耦合在两条子导线之间开通的载波称为相分裂载波(此时分裂导线间必须彼此绝缘)。

4.3.2 电力线宽带

1. 电力线宽带概述

宽带电力线通信(broadband over power line communication, BPLC)，兴起于 20 世纪 90 年代初，是指带宽限定在 2~30MHz、通信速率在 1Mbit/s 以上的电力线载波通信。宽带电力线通信技术无须重新布线，只要利用现有的配电网，再加上一些电力线载波(power line carrier, PLC)局端、中继、终端设备以及附属装置，即可将原有的电力线网络变成电力线通信网络，原有的电源插座变为信息插座。该技术通过电力线路构建高速 Internet，可完成数据、语音和视频等多业务的承载，最终实现"四网合一"。终端用户只需要插上电源插头，就可以接入 Internet，接收电视频道节目、打电话或可视电话。近年来随着数字通信技术的发展，宽带电力线通信已成为当前通信研究领域的一个热点。

国外目前对宽带电力线通信应用的研究，主要有欧洲和美国两大阵营。欧洲主要研究其在 Internet 高速接入网上的应用；而美国则主要研究其在智能小区以及智能电网上的应用，2009 年美国决定投资 34 亿美元建设国家智能电网。我国研究宽带电力线通信技术起步较晚，但发展速度较快。中国电力科学研究院于 1999 年 5 月开始进行相关技术的开发研究，2000 年同韩国 KEYIN 公司在华北电力大学和中国电力科学研究院宿舍测试，速率为 1Mbit/s。福建省电力试验研究院则在全国首先推出用于电力线上网的电力调制解调器，传输速率达到 10Mbit/s。2002 年中电飞华在北京建立了 3 个利用电力线方式接入的 Internet 试验点，它们具有良好的速度和稳定性。2003 年国家电网公司研发了国家电力调度通信中心电网调度自动化系统，为国家智能电网的开展打下了理论基础，同年进行了低压配电网电力线高速通信技术研究。2005 年完善了电力线通信宽带接入系统。2009 年 5 月国网公司提出了坚强智能电网的发展规划，标明 2009~2010 年为坚强智能电网的规划试点阶段；2011~2015 年为全面建设阶段，加快特高压电网和城乡配电网建设；2016~2020 年将建成统一的"坚强智能电网"。

2. 电力线宽带通信系统结构组成与网络结构

1) 电力线宽带通信系统结构组成

宽带电力线通信系统[9]在发送端采用正交频分复用(orthogonal frequency-division multiplexing, OFDM)调制技术将用户数据进行调制后在电力线上进行传输，在接收端先通过滤波器将调制信号滤出，再经过解调，就可得到原始信号。其主要由PLC局端设备(包括PLC局侧设备和PLC头端设备)、PLC中继设备(可选)和PLC用户端设备及PLC耦合装置组成。针对不同建筑的配电结构，PLC设备的安装位置依具体情况而定。

PLC耦合装置耦合了高频载波信号，实现了通信设备与电网工频高压的安全隔离与阻抗匹配。目前在低压电力线载波通信系统中，主要的载波信号耦合方式有电容、电感及天线耦合3种方式。PLC局端设备根据功能的不同，分为电力网桥、电力交换机和电力路由器。目前应用较多的是电力网桥。通常它被安装于低压配电间或楼层电表箱处，一侧通过电容或电感耦合器连接至电力电缆，注入和提取PLC高速信号，另一侧通过传统通信方式，如光纤、不对称数字用户线(asymmetric digital subscriber line, ADSL)等连接至Internet。PLC用户端设备通常称为电力调制解调器，又称为电力猫。PLC调制解调器主要由接口、调制解调和耦合三部分组成。它一般位于用户室内，一侧或通过以太网接口/USB接口与用户的计算机相连实现高速上网，或通过RJ-11接口与普通话机相连实现通话；另一侧则直接插入墙上插座。

PLC中继设备仅在PLC信号衰减较大或干扰较大时加装在适当地点，用以放大信号。当以电力线作为传输媒介接入互联网时，只需要在楼宇中配备一台PLC局端设备(电力路由器)进行信号覆盖，通过将传统的以太网信号转化成在220V的民用电力线上传输的高频信号，再采用耦合器将PLC信号耦合到三相四线电线中，实现信号加载和传输。此时传统意义上的电力线就成为用户上网的传输媒介。需要上网的用户只需要有一台PLC用户端设备(电力调制解调器)即可连入互联网。随着用户数的增加，因特网服务提供者(internet service provider, ISP)只要适时地增加PLC局端设备的数量，就能保证用户的连接速度不小于512Kbit/s。

2) 网络结构

BPLC组网方案主要有以下4种，如图4-6～图4-9所示。图中圆圈内为该方案中投入成本最大的部分。

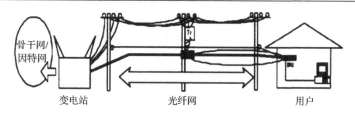

图 4-6　光纤到户组网方案

光纤到户(fiber to the home, FTTH)接入方式是未来虚拟电厂宽带通信的发展趋势。其最大优势在于能够提供任何其他宽带接入技术所无法比拟的带宽及通信质量，但成本昂贵制约了它在目前宽带通信市场中的应用。

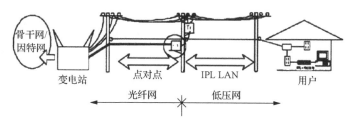

图 4-7　光纤+低压网组网方案

光纤+低压网(FitoLV)组网方案能够充分利用电网中现有的光纤,较全程光纤的组网方案相对经济,且相对于全程采用电力线传输信号的方案,电磁波辐射明显减小。在这种方案中,光纤与低压线之间通过光电转换器连接,用户带宽受到低压线的限制。此外,单位配电变压器下所带的用户数目直接影响这种组网方案的经济性。

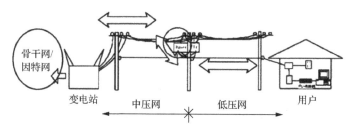

图 4-8　中压+低压网组网方案

中压+低压网组网方案下,信号由用户端,经过低压电力线、变压器旁路装置、中压电力线到达变电站,随后信号从电力线中分离出来,通过电力公司的光纤主干网接入因特网。采用这样的组网方式,可以充分利用配电线路,对于光纤网络建设尚不成熟的电力公司,可以通过这种方式提供 BPLC 服务。但是方案中涉及的变压器旁路装置使得组网成本大幅上升,此外,电力线产生的电磁波辐射也是4 种方案中最大的。

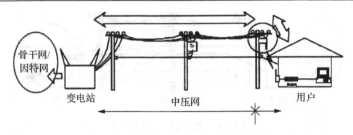

骨干网/
因特网

变电站　　　　　　　中压网　　　　　　　用户

图 4-9　中压+无线通信组网方案

中压+无线通信网组网方案中利用天线取代了图 4-8 中的低压电力线。与图 4-8 相比，信号在电网中仅通过中压线传输，信道干扰较小。但需要投入一定的成本用于天线装置。此外，由于中压网中单位节点下用户数目远大于低压网，因而单个用户所能得到的带宽将受到限制。目前 BPLC 市场中，应用最普遍的是光纤+低压网组网方案，中压+低压网组网方案和中压+无线通信组网方案分列第二、第三位。光纤到户方案在 BPLC 市场中目前应用较少。

4.3.3　无线传感器网络

1. 无线传感器网络介绍

无线传感器网络(wireless sensor networks, WSNs)是由部署在监测区域内大量传感器节点相互通信形成的多跳自组织网络系统，是物联网底层网络的重要技术形式。随着无线通信、传感器技术、嵌入式应用和微电子技术的日趋成熟，WSNs 可以在任何时间、任何地点、任何环境条件下获取人们所需的信息，为物联网的发展奠定基础。由于 WSNs 具有自组织、部署迅捷、高容错性和强隐蔽性等技术优势，所以其非常适用于战场目标定位、生理数据收集、智能交通系统、海洋探测和智能电网等众多领域。相应地，无线传感器网络通信技术同样可以应用在虚拟电厂的发展中，例如，在某个区域的用户侧，或者发输电侧，存在众多的采集节点，这些采集节点可以通过自组织形成无线传感器网络，将相应信息通过互联网发送到用户管理系统或者虚拟电厂控制中心。WSNs 体系结构如图 4-10 所示。数量巨大的传感器节点以随机散播或者人工放置的方式部署在监测区域中，通过自组织方式构建网络。由传感器节点监测到的区域内数据经过网络内节点的多跳路由传输最终到达汇聚节点，数据有可能在传输过程中被多个节点执行融合和压缩，最后通过卫星、互联网或者无线接入服务器达到终端的管理节点。用户可以通过管理节点对 WSNs 进行配置管理、任务发布以及安全控制等反馈式操作。

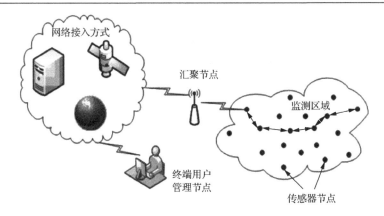

图 4-10　WSNs 体系结构

2. WSNs 在智能计量与智能家居中的应用

传统的电能计量主要目的是完成电费计算，对客户计量数据的采集精细度不够，数据没有得到充分的深度利用。智能计量管理系统通过为居民用户和工业、商业用户安装智能电表，采集更为全面和详细的计量信息，与分时电价措施配合，抑制峰值负荷，从而减少用电高峰负荷需要的增长；并能根据对负荷情况更细致、实时的掌握指导电网建设，减少电网扩容和建设费用。同时，智能计量管理还可以帮助电网企业有效定位和防止窃电。此外，通过引入智能计量技术，可以加强需求侧管理，通过让客户随时看到其所消耗能源的实际成本，使他们能够相应地作出调整，关闭一些设备，将能耗从高价格时段转换至低价格时段。这一错峰用电和限电机制能够降低消费者成本[10]。

另外，激励设备制造厂商开发能够更高效地监控和管理用电的家居商品。例如，一台电冰箱和空调压缩机能相互通信，以确保它们不会同时启动，以便降低高峰电量需求。还可以通过研制远程监控系统，对家电设备进行远程遥控，例如，可以在离家之前关闭空调，回家之前 0.5h 打开空调，这样不仅可以营造一个舒适、方便的智能家居环境，还可以更加高效地利用电能。

智能计量与智能家居系统具有数量多、通信距离短的特点，完全可以将 WSNs 应用到智能计量与智能家居系统，通过 WSNs 收集一个区域内的电能计量情况，再利用电力通信网络传送给计量管理系统，并将实时电价返回给用户。同时在智能家电中嵌入传感器节点，利用 WSNs 接收智能电表发送过来的电价信息，各智能家电之间利用 WSNs 进行协商，决定智能家电的开启与关闭。此外，传感器网络与 Internet 或其他无线网络(GSM、GPRS 等)连接在一起构成智能家居远程监控系统。图 4-11 给出了利用 WSNs 构建的典型智能计量与智能家居系统。

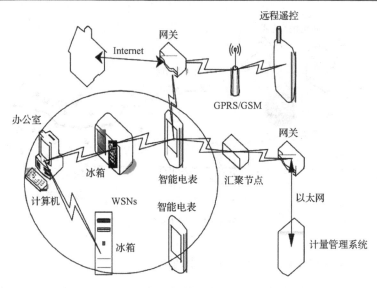

图 4-11　传感器网络在智能计量与智能家居系统中的应用

4.4　高级量测系统

4.4.1　AMI 的基本概念

高级量测系统(advanced metering infrastructure, AMI)是一个用来测量、收集、储存、分析和运用用户用电信息的完整的网络处理系统，由安装在用户端的智能电表，位于电力公司内的量测数据管理系统和连接它们的通信系统组成。近来，该体系又延伸到了用户住宅之内的室内网络，这使得用户可以分析和利用其详细的用电信息。AMI 中的智能电表能按照预先设定的时间间隔(分钟、小时等)记录用户的多种用电信息，把这些信息通过通信网络传到数据中心，并在根据不同的要求和目的，如用户计费、故障响应和需求侧管理等进行处理和分析，还能向电表发送信息，如要求更多的数据或对电表进行软件在线升级等。

4.4.2　AMI 的组成部分

图 4-12 给出了 AMI 的体系结构示意图[11]。AMI 是许多技术和应用集成的解决方案。它的 4 个主要组成分别是：智能电表、通信网络、量测数据管理系统(meter data management system, MDMS)和用户户内网络(home area network, HAN)。除此之外，为了充分利用 AMI 取得的数据，需要为许多现有的应用系统建立应用接口，如负荷预测、故障响应、客户支持和系统运行等。

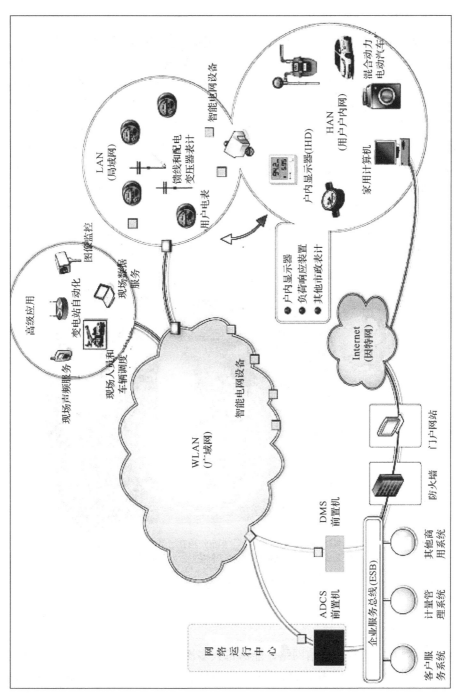

图4-12 AMI体系结构示意图

1. 智能电表

智能电表是可编程的电表,除了用于电能量记录,还可以实现很多功能(图4-13)。它能根据预先设定的时间间隔(如 15min、30min 等)测量和储存多种计量值(如电能量、有功功率、无功功率、电压等)。它还具有内置通信模块,能够接入双向通信系统和数据中心进行信息交流。智能电表具有双向通信功能,支持电表的即时读取(可随时读取和验证用户的用电信息)、远程接通和开断、装置干扰和窃电检测、电压越界检测,也支持分时电价或实时电价和需求侧管理。智能电表还有一个十分有效的功能,当检测到失去供电,时电表能发回断电报警信息(许多是利用内置电容器的蓄电来实现的),这给故障检测和响应提供了很大的便利。

智能电表能够作为电力公司与 HAN 进行通信的网关,使得用户可以近于实时地查看其用电信息和从电力公司接收电价信号。当系统处于紧急状态或需求侧响应并得到用户许可时,电表可以中继电力公司对用户户内电器的负荷控制命令。

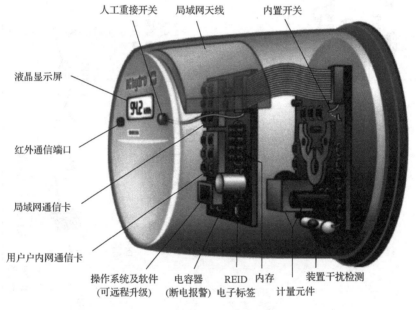

图 4-13 智能电表功能示意图

2. 通信网络

AMI 采用固定的双向通信网络,能够每天多次读取智能电表,并能把表计信息(包括故障报警和装置干扰报警)近于实时地从电表传到数据中心。常见的通信系统的结构包括分层系统、星状和网状网及电力线载波,可以采用不同的媒介向数据中心实施广域通信,如 PLC、BPL、铜或光纤、无线射频、因特网等。

在分层系统网络中，局域网(local area network, LAN)连接电表和数据集中器，而数据集中器则通过广域网(wide area network, WAN)和数据中心相连。数据集中器通常在杆塔上、在变电站里或在其他的一些设施上，它们是局域网和广域网的交汇点。

在局域网中，数据集中器即时或按照预先设定的时间收集或接收附近电表的计量值或信息，再利用广域网把数据传到数据中心。数据集中器可以中继数据中心发给下游电表和用户的命令与信息。局域网对通信的速率要求不高，因此对它最主要的考量是以最低的成本连接用户。常见的通信方式为 PLC、BPL、塔式或网格状无线射频网络。目前，局域网大多采用不开放的私网协议，但正慢慢地向开放式网络标准(如 TCP/IP 和 ANSI C12.22 等)发展。

3. 量测数据管理系统

处于数据中心的信息系统和应用是 AMI 的一个重要组成部分,而其中最重要的是 MDMS。MDMS 是一个带有分析工具的数据库，通过与 AMI 自动数据收集系统(automation data collection system, ADCS)的配合使用，处理和储存电表的计量值。ADCS 按照预先设定的时间或由事件触发的任何时间把智能电表的计量或报警信息取回数据中心。通过企业服务总线(enterprise service bus, ESB)将数据与其他系统分享。一些实时运行需要的信息会直接转发到相关的系统(如停电管理系统(outage management system, OMS)；行动工作者管理系统(mobile worher management system, MWM)；调度管理系统(dispatoh management system, DMS)；能量管理系统(energy management system, EMS)；配电自动化和其他运行方面的应用系统)。MDMS 从 ESB 取得数据后，对其进行处理和分析，然后按要求和需要传给其他对实时性要求不高的系统，如用户信息系统(customer information system, CIS)、计费系统、企业资源计划(enterprise resource plan, ERP)、电能质量管理、负荷预测系统、变压器负荷管理(transformer load management, TLM)。

MDMS 的一个基本功能是对 AMI 数据进行确认、编辑、估算，以确保即使通信网络中断和用户侧故障时，流向上述信息系统或软件的数据流也是完整和准确的。取决于计费系统的功能设计和类型，可以利用 MDMS 提供的数据实施分时计费、峰期电价和其他一些复杂的计费方法。通常做法是，MDMS 一般在每天的午夜到凌晨 3 时的时间段里把前一天的电表的计量值全部收集回来。经过分析和处理后，把有关数据分享于其他相关的应用和系统。电力公司会在早晨 6 时把用户前一天的详细间隔用电和电费信息放在电力公司的门户网站上，以方便用户随时读取。

除了支持对多种市政计量仪表(气、电、水)的管理功能，MDMS 数据也可控制电表(例如，按需即时读取、接通或断开)，能够维持系统读表操作的实施时间，支持需求侧响应和停电修复。相对于存储系统控制和运行实时数据的历史数据库

（PI），MDMS 将存储终端用户的每日更新的连续的间隔测量值（通常的计量间隔是：居民用户 1h，商业和工业用户 5min，变压器表计 15min，中压馈线表 5min），因此，可以取得前所未有的大量的详细系统信息（电表计量和报警信息）。结合地理信息系统（geographic information system, GIS），可以取得系统上每一点的精确的负荷曲线甚至电压特性，为系统管理、运行和资产管理提供可靠的依据，从而使得越来越多的高级应用，如能量平衡、窃电监测和根据电表报警信息进行故障预测等，可以通过 AMI 系统得到实现。

充分利用已收集的大量信息，是取得 AMI 效益的关键。许多电力公司计划整合现存信息系统的功能，并建立与 MDMS 的接口，以提高其功能水平。

4. 用户户内网络

HAN 的概念只是最近两年才出现的，因此很多公司还没有把它包括在 AMI 项目计划之中。HAN 通过网关或用户入口把智能电表和用户户内可控的电器或装置（如可编程的温控器）连接起来，使得用户能根据电力公司的需要，积极参与需求侧响应或电力市场。

HAN 中一个重要的设备是处于用户室内的户内显示器（indoor home display, IHD）。它接受电表的计量值和电力公司的价格信息并把这些信息连续地、近于实时地显示给用户，使得用户及时和准确地了解用电情况、费用和市场信息。鼓励用户节约用电，根据市场或系统的要求调整他们的用电习惯，如把一些用电调整至系统需求低谷时段。根据不同的项目实验，这些措施可降低峰荷 5%以上。HAN 也可根据用户的选择来设定，根据不同的电价信号便可进行负荷控制，而无须用户不停地参与用电调整。同时，它还可以限定来自电力公司和局部的控制的动作权限。

HAN 的用户入口可以处在的不同的设备上，如电表、相邻的集中器、由电力公司提供的独立的网关或用户的设备（如用户自己的因特网网关）。

迄今为止，HAN 的技术规范还在争论和发展之中。但其从网关到户内显示器之间的通信技术，主要是无线或电力线载波两种。主要的标准是 ZigBee（无线）、HomePlug（载波）和 IPv6。目前 ZigBee 在市场上的接受度最高，也有厂家把通信技术这一部分放在 AMI 的局域网中。

4.4.3 AMI 和虚拟电厂

智能电表能实现连续的带有时标的多种间隔的用电计量，远远超过传统电能表的单一电能计量功能，它实际上成为分布于网络上的系统传感器和测量点。利用其完整的通信设施和信息系统，AMI 将为虚拟电厂提供系统范围的测量和可观性。AMI 系统的通信网络，也可以进一步支持配电自动化、变电站自动化等高级应用。同时，也为系统的运行和资产管理提供可靠的依据和支持。

通过双向通信，AMI 将虚拟电厂控制中心和用户紧密相连，它既可以使用户直接参与到实时电力市场中，又促进电力公司与用户的配合互动。辅以灵活的定价策略，可以激励用户主动地根据电力市场情况参与需求侧响应。智能电表的双向计量功能也能够使用户拥有的分布式电源比较容易地与电网相连。

在北美，配电自动化的实施相对落后，因此电力公司把 AMI 视为建立虚拟电厂的第一步。各公司期望通过 AMI 的实施来建立一个可实现未来虚拟电厂的通用通信网络和信息系统体系。在 AMI 实施之后，虚拟电厂可以逐步实现高级配电运行、高级输电运行，并进一步实施高级资产管理。

4.5　数据建模和网络协议

4.5.1　IEC 61850 数据建模

1. IEC 61850 的基本概念

IEC 61850 标准是电力系统自动化领域唯一的全球通用标准。该标准实现了智能变电站的工程运作标准化。它使得智能变电站的工程实施变得规范、统一和透明。无论是哪个系统集成商建立的智能变电站工程都可以通过 SCD（system configura-tion data）文件了解整个变电站的结构和布局，对于智能化变电站发展具有不可替代的作用[12]。

变电站通信体系 IEC 61850 将变电站通信体系分为 3 层：站控层、间隔层、过程层。在站控层和间隔层之间的网络采用抽象通信服务接口映射到制造报文规范（manufacturing message specification, MMS）、TCP/IP 以太网或光纤网。在间隔层和过程层之间的网络采用单点向多点的单向传输以太网。变电站内的智能电子设备（intelligent electronic device, IED，即测控单元和继电保护）均采用统一的协议，通过网络进行信息交换。IEC 61850 建模了大多数公共实际设备和设备组件。这些模型定义了公共数据格式、标识符、行为和控制，例如，变电站和馈线设备（如断路器、电压调节器和继电保护等）。自我描述能显著降低数据管理费用、简化数据维护、减少由于配置错误而引起的系统停机时间。IEC 61850 作为制定电力系统远动无缝通信系统的基础，能大幅度改善信息技术和自动化技术的设备数据集成，减少工程量、现场验收、运行、监视、诊断和维护等费用，节约了大量时间，增加了自动化系统使用期间的灵活性。它解决了变电站自动化系统产品的互操作性和协议转换问题。采用该标准还可使变电站自动化设备具有自描述、自诊断和即插即用的特性，极大地方便了系统的集成，降低了变电站自动化系统的工程费用。在我国采用该标准系列将大大提高变电站自动化系统的技术水平、提高变电站自动化系统安全稳定运行的水平、节约开发验收维护的人力和物力、实现完全的互操作性。

2. IEC 61850 在浙江南麂岛微电网工程中的应用

通过深入分析智能变电站及智能配电网、并网型微电网的通信架构方案特点及相关技术，结合浙江南麂岛微电网的保护控制及管理系统的业务需求，该工程提出浙江南麂岛微电网对"上"至上级远方调度主站、微网主站内两层信息网络，"下"至配用电环节的三级通信网络架构体系，如图 4-14 所示。从图 4-14 可以看出，浙江南麂岛微电网管控系统与负荷预测及其他辅助系统之间通过防火墙进行网络访问防护，配置硬件防火墙。构成了两个安全分区，分别是安全Ⅰ区和安全Ⅱ区，Ⅰ区远动服务器通过直采、直送的方式实现与调度(调控)中心的实时数据传输，并提供运行数据浏览服务。微电网主站与远方调度直接的通信方式可以采用光纤专网或无线专网方式。南麂岛微电网选用海底专用光纤的方式与远方调度端进行通信。

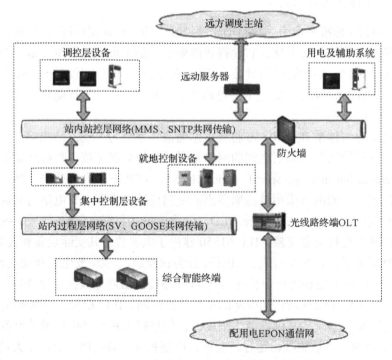

图 4-14　浙江南麂岛微电网工程通信网络架构

微电网主站内设置两层信息网络，分别为站内调控层网络和过程层网络，站内具有通信接口的设备按照 DL/T860 标准统一建模、统一组网、信息共享，通信标准符合 DL/T860 标准。站控层网络采用 100Mbit/s 速度的工业以太网，采用星形网络结构。集中控制层设备和就地控制设备的保护与控制信息、四遥信息及所有需要监控的信息通过站控层网络与主站内调控层通信。过程层网络采用 GOOSE(generic object oriented substation event)、SV(sample value)共网的方式，集中控制层设备通过过程层网络获取间隔的采样信息及间隔开关的相关状态量信息。南麂岛微电网系统中的集中控制层的集中式保护与控制设备采用"网采网跳"的方式。微电网配用电部分的配电室、开关柜、柱上开关等的智能终端设备通过 EPON 光纤网络连接，主站内配置网络侧的光线路终端(optical line terminal, OLT)，OLT 将配用电系统的三遥(遥信、遥测、遥控)信息汇集后上送主站内调控层网络。南麂岛微电网系统根据光网络单元(optical network unit, ONU)安放的地理位置及数量，规划出两条光纤通道，采用 1∶2(10%∶90%)非均分分光器多级分光的方式形成跨 OLT 保护，分光器与 ONU 一起放置在保护节点箱体内，每个 ONU 对应两个分光器，形成跨 OLT 保护。

从上述通信图可以看出，站控层网络与主站内调控层的通信方式可以选用光纤专网或者无线专网的方式进行数据传输，通信协议可以选用 MMS、SNTP(simple network time protocal)共网的方式。将其类比到虚拟电厂控制中心和电网调度中心之间的通信，便可以采用相同的实现方式。站控层网络与集中控制层设备以及就地控制层设备之间的通信方式采用 100Mbit/s 速度的工业以太网进行数据传输，通信协议可以选用 MMS、SNTP 共网的方式，而集中控制层设备与综合智能终端则采用 SV、GOOSE 共网方式。将其类比到虚拟电厂控制中心和内部分布式能源之间的通信，便可以采用相同的实现方式。

4.5.2　IEC 62325 标准

1. 产生背景

IEC 62325 系列标准的主要目标是建立电力市场运营系统的通用信息模型及交换机制，涉及发电模型、电网物理模型和用户模型，从标准范围来看，IEC 61970 定义了 EMS 的接口规范，其中覆盖发电模型和电网模型。IEC 61968 定义了 DMS 的接口规范，包含用户模型。基于以上原因，IEC 62325 继承了 IEC 61970 和 IEC 61968，其中 IEC 62325 的第 301 部分对应于 IEC 61970 的第 301 部分和 IEC 61968 的第 11 部分。它描述了电力市场运营系统与 EMS 和 DMS 接口模型相关的 CIM。针对 CIM 不同部分对应的多个 IEC 标准，建立了唯一的统一信息模型。

由于完整的电力市场模型覆盖范围太广，且不同的市场模式有不同的市场运营方式，所以 IEC 62325 系列标准描述了电力市场主体在市场运营建模中涉及的主要对象，包括公共类、对象属性以及他们的关系。此外标准还定义了消息交换机制，使得不同的应用程序或系统拥有公共数据和交换信息的访问权，而不依赖于这些信息的内部描述。

2. IEC 62325 标准架构

IEC 62325 系列标准分为 6 个部分[13]，共 22 个标准。各部分分别介绍如下。

IEC 62325 第 301 部分是 IEC 62325 的核心模型。它定义了欧洲、美国等不同市场模式所用到的公共信息模型；IEC 62325 第 351~399 部分定义了针对不同模式市场的子集，目前包括美国式市场子集(基于节点边际电价)和欧洲式市场子集(基于分区电价)；IEC 62325-451 第 1~6 部分分别定义了欧洲式市场的主要业务子集，包括信息交互确认子集、计划编制子集、结算子集、输电容量分配子集、备用资源安排子集、信息发布子集；IEC 62325-452 第 1~4 部分则定义了美国式电力市场的主要业务子集，包括日前市场子集、实时市场子集、金融输电权市场子集、容量市场子集。IEC 62325-551 第 1~5 部分定义了欧洲式市场主要业务中的信息交互文件，包括信息交互确认子集应用、计划子集应用、结算子集应用、输电容量分配子集应用、备用资源安排子集应用。将来还会发布信息发布子集应用；IEC 62325-552 第 1~4 部分定义了美国式市场主要业务中的信息交互文件，包括日前市场子集应用、实时市场子集应用、金融输电权市场子集应用，以及容量市场子集应用；IEC 62325 第 450 部分定义了 IEC 62325-301~IEC 62325-351和 IEC 62325-352 市场子集，以及 IEC 62325-351~IEC 62325-451 第 1~5 部分、IEC 62325-352~IEC 62325-452 第 1~4 部分业务场景子集的建模与转换规则；IEC 62325 第 550-1 部分定义了 IEC 62325-451 第 1~5 部分到 IEC 62325-551 第 1~5部分的转换规则；IEC 62325-550 第 2 部分定义了从 IEC 62325-452 第 1~4 部分到 IEC 62325-552 第 1~4 部分的转换规则。

3. 核心标准 IEC 62325-301

IEC 62325-301 是 IEC 62325 系列标准中的核心标准，是欧洲和美国等电力市场的 CIM，由于完整的 IEC 62325-301 的规模较大，所以将包含在 IEC 62325-301中的对象类分成了几个逻辑包，每个逻辑包对整个电力系统模型的某个部分进行建模。IEC 62325-301 中规定了包的基本集合，提供了电力企业内部各应用共享的市场管理功能方面的逻辑视图。IEC 62325-301 中的对象类分为 3 个逻辑包，分别是市场公共包、市场管理包，以及市场运营包。市场管理包、市场运营包共同依赖于市场公共包，其结构如图 4-15 所示。

市场公共包描述了一个类集，涵盖了美国式市场和欧洲式市场共用的信息模型，包括市场中的市场成员、市场成员的角色、市场角色类型，以及市场中的全部注册资源(发电资源、输电资源、负荷资源等)。

图 4-15　IEC 62325-301 逻辑包结构

市场管理包描述了一个类集，由市场协议、市场文档、市场流程、时间序列、时段、点、价格、区域控制偏差费用类型等类组成。通过市场管理包中类的组合，实现欧洲式市场主要业务模型的定义，与市场公共包结合，可用于生成支持欧洲式市场运营的子集。

市场运营包由一系列包组成，其中，阻塞收益权包定义了节点电价模式电力市场中，用于电力市场阻塞管理的金融输电权市场的相关信息；市场运行公共包定义了继承自 IEC 61970 的电力系统资源物理模型信息；市场计划包定义了市场运营中市场类别、市场品种、市场轮次等信息；市场品质系统包定义了可反映市场运行品质的主要信息；市场系统包定义了市场运营所需的外部输入以及输出信息；市场域包定义了市场运营中涉及的可枚举属性的全部枚举值；市场成员接口包定义了市场运营中市场成员申报和交易的接口信息；引用数据包定义了市场运营的经济模型及静态引用数据。这些包的集合与市场公共包，以及在 IEC 61970 与 IEC 61968 中定义的 CIM 其他部分结合，可用于生成支持美国式市场运营的子集。

由于欧洲式市场业务建模更偏重于对中长期主要业务环节的定义，而美国式市场建模更偏重于对不同市场品种的市场运行过程建模，所以系列标准在 IEC 62325-301 基础上，分为两个分支，即欧洲式市场标准和美国式市场标准，分别支撑以双边交易为主的中长期市场运营业务环节的建模，以及日前市场、实时市场、金融输电权市场、容量市场联合运营的市场模式的建模。

4. 示例说明

在基于节点边际电价的美国式市场中[13]，买卖双方申报的内容包括量价组合以及与市场成员的申报产品供应能力相关的技术数据，电价和电量由市场运营方在满足网络与资源约束的条件下出清。在 IEC 62325-301 中，定义了市场成员接口包，基于市场成员在申报中的主要业务关联关系，建立相关的类，并通过类间的关联关系描述业务对象间的关联。图 4-16 显示了竞价模型的类和关联。

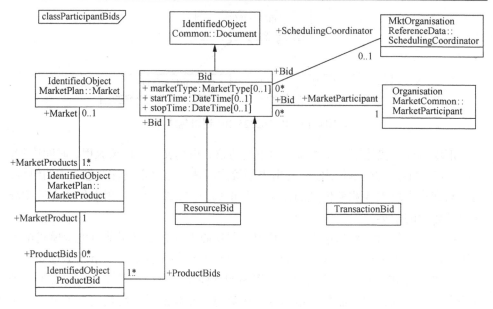

图 4-16　基于节点边际电价的美国式市场申报类定义

　　申报类是一个继承自 IEC 61968 包的文档类的子类。申报可进一步分为资源申报与交易申报。资源申报(ResourceBid)类基于物理的(或虚拟的)资源,这些资源是在市场运营机构(running transaction organization, RTO)覆盖范围内,并由 RTO直接运行控制。交易申报(TransactionBid)类是在市场成员间达成的双边协议,这些协议报送给 RTO,并在市场出清中作为约束予以考虑。RTO 在保证系统可靠性标准的情况下,决定双边协议是否能够完成。

　　计划协调者(SchedulingCoordinator)对象和 Bids 对象有关联,Scheduling-Coordinator 对象为市场成员提交 Bids 对象,正如 Bids 类与 SchedulingCoordinator类间的关联关系所示。Bids 与 SchedulingCoordinator 类之间的关联关系是非强制性的、可选的,而 Bids 类与市场成员(Market Participant)类间的关联关系则是必选的。也就是说,在本模型中,尽管与 Bids 类的 2 个关联关系是可选的,但当其中 1 个或者 2 个被包含在子集中时,至少有 1 个关联关系是必需的。

　　Bids 类与产品申报(ProductBid)类以及市场申报(MarketProduct)类有关联。这些关联被用于电能与辅助服务申报建模。Bids 类与市场(Market)类间的关联则表示申报将参与哪一个市场(日前、实时等)。

　　图 4-17 显示了 Bids 类的更详细的信息,主要建立申报计划建模所需的类和关联关系,SchedulingCoordinator 对象可以一次提交在市场时间区间内多个时段合格的申报信息。

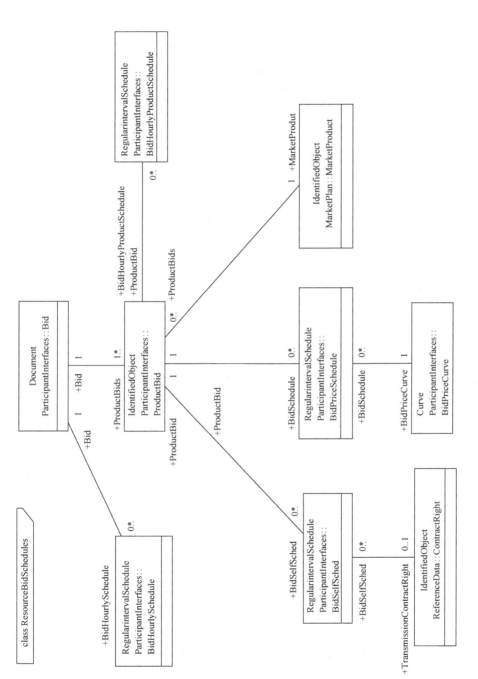

图4-17　基于节点边际电价的美国式电力市场资源申报计划定义

Bids 类与 ProductBid 类之间有关联，ProductBid 类进而与价格计划申报（BidPriceSchedule）类关联。BidPriceSchedule 类定义了申报计划，使得产品申报在不同的时间间隔使用指定的申报价格曲线，这使得变时间尺度（多时间跨度）申报的建模得到简化。价格曲线申报（BidPriceCurve）类用于描述申报价格曲线，即机组出力和价格关系。小时计划申报（Bid HourlySchedule）类用于描述小时级申报相关的参数与市场产品无关。小时产品计划申报类用于描述某个市场产品小时级申报相关的参数。

申报也可以用于自计划，这意味着市场成员按照一个特定的（如最小方式）计划运营资源。在满足系统可靠性要求情况下，市场运营方决定这个资源是否能以提出的自计划方式运行。这些自计划以市场出清形成的节点边际电价结算。为支持自计划的建模，Bids 类与 ProductBid 类有关联，ProductBid 类与自计划申报（BidSelSched）类有关联，BidSelSched 类与合同（ContractRight）类有关联，其中，ContractRight 类可被用于 BidSelSched 类的合同建模。

4.5.3　IPv6 网络层协议

1. IPv6 网络层协议

IPv6（Internet protocol version 6）是 Internet 协议的第 6 版。IPv6 是由因特网工程任务组（Internet engineering task force, IETF）设计的下一代 Internet 协议，目的是取代现有的第 4 版 Internet 协议 IPv4。可扩展性、移动性、安全性等重大的技术挑战在 IPv4 上已经寸步难行，IPv6 是为解决现在 Internet 技术挑战搭建的一个新的平台。IPv4 自身的一些局限性使它不能满足智能电网的长远要求，因此实施 IPv6 是完全必要的。IPv6 巨大的地址空间、高度的灵活性和安全性、可动态地进行地址分配的特性以及完全的分布式结构有着巨大的价值和潜力。

2. 智能电网（含虚拟电厂）IP 地址需求

在大数据时代，智能电网以及目前正大力发展的虚拟电厂要求实现发电、输电、变电、配电、用电和调度六大环节更广泛、更细化的数据采集和更深化的数据处理。数据采集将广泛采用物联网技术，大量的 RFID 标签、传感器等装置的使用对 IP 地址的需求快速增加；云计算在对海量数据的存储和处理中也将发挥重要的支撑作用。由于我国拥有并在建的输电线路距离长、分布广泛，输电线路的智能化建设将带来大量的 IP 地址需求。随着电力云在电网生产、营销等系统中的广泛应用，对 IP 地址的需求也呈现几何级数增长。IPv6 在智能电网中的应用，可以很好地解决 IP 地址资源紧张的问题，且保证传输速度更快、更安全，满足物联网"物物互联"和云计算虚拟化对 IP 地址的需求[14]。

在输电环节，通过沿输电线路部署各类传感器、视频设备等装置，实现输电线路在线监测、故障定位和自动诊断，为线路生产管理及运行维护提供信息化、数字化的共享数据。在智能变电站建设中，以太网技术将得到广泛应用。随着变电站智能化水平的不断提高，各类设备对 IP 地址的需求也将大幅增加。如变电站内，符合 IEC 61850 的设备都将带有 IP 地址，以便于维护和运行管理；同时，为支撑变电站信息化运检，需要为各种传感器和监测设备配置 IP 地址，实现对变电站环境、动力、设备热点等的实时智能监测、报警智能联动及综合可视化展示。

在配电环节，智能配电自动化建设中，基于 IP 地址的业务流量比重越来越大，视频、语音和数据等多种业务混合传送已经成为发展趋势。目前，基于 IP 地址的配网通信接入网基本上都是采用 IPv4 技术，而且，IP 地址仅在本网段是唯一的，不是全局地址，无法跨网段访问，这制约了配电自动化新业务的发展。

在用电环节，物联网和云计算技术在用电信息采集、智能用电服务、电力需求侧管理和节能服务、电动汽车充换电服务等领域得到了广泛应用。基于智能电网用电侧的新业务、新应用开展，同样会产生大量的 IP 地址需求。目前公司开展的用电信息采集建设，需要大量 IP 地址支持；基于用电信息采集建设开展的智能用电服务，不仅需要与智能电表通信，还需要深入客户家中，与客户的家电实现通信，终端数量的增加将大幅增加对 IP 地址的需求。为落实国家节能减排战略，公司开展的电力需求侧管理公共服务平台建设，需确保居民、小区/楼宇、工商业等客户用能信息的采集与监测，实现对客户侧各种小型太阳能、风能、可再生能源发电等分布式电源及储能设备的有效管理，部署大量的采集设备和网络设备。只有依托大量的 IP 地址支持，才能推动电力需求侧管理公共服务平台项目的实施。

3. IPv6 网络层协议在电力自动化系统中的应用

IPv6 的应用解决不了电力自动化系统的所有网络问题，同时其本身也有一个逐步发展和完善的过程。另外，目前的 IPv4 设备、技术、应用系统也不可能马上升级，这必然是一个长期的过程[15]。

电力系统用户侧已经从基本的确保可靠、优质供电发展到了各级用户负荷主动与电网柔性互动、参与电网调频调峰的阶段。这意味着对各类自动化设备的广泛需求，对支撑各类信息流和业务流的通信协议的高度依赖，从而为 IPv6 的推广应用留下了广阔空间。突出表现在：①需要大量公网和路由的 IP 地址。配电和用户侧通信环境复杂，并不能完全由电力通信专网覆盖，而设备数量、通信节点却日渐增加。例如，早在 2014 年 7 月，国家电网公司就已累计安装智能电表 2.2 亿只，用电信息采集系统覆盖 2.3 亿户；随着中国配电自动化工程的推广，各种配电终端数量也呈几何级数增长，各类用户侧管理、需求响应应用还将进一步增加用户侧互动设备的数量。目前，只有 IPv6 超大的地址容量才能从根本上解决问题。②对端对端通信方式的迫切需求。以高级量测体系中智能电表的应用为例，采用 IPv4 加上 NAT(networked address translation)映射的机制虽然也能暂时支撑，但配置和管理复杂，效率也低，无法满足以亿计且增长迅速而功能又日渐丰富的智能电表应用需求，而 IPv6 仅基于容量优势提供端到端通信方式这一点，就可以起到简化网络、减少参数设置、节省通信流量、提高实时性和安全性的作用。③安全性问题更加复杂。针对配用电侧设备众多、厂家众多、系统实现方式多样、跨越多种网络、用户行为各异的应用场景，在 IEC 62351 的总体指导下，目前不同网络层次的安全手段已得到广泛采用，而 IPv6 强制性的统一网络层安全机制为底层的安全问题提供了新的保障。④IPv6 为异构网络通信提供了可能的统一基础协议。中低压配电网和用户侧的通信环境多样，包括 PLC、ZigBee、无线 Mesh、蜂窝网、以太网等各种应用使异构网络通信成为必然，各类私有通信协议有一定的存在空间，IPv6 有希望为此类互联需求提供统一的基础协议。⑤随着中国售电侧放开的逐步实施，预期各类信息流和业务流的交互过程将更加复杂，IPv6 有非常重要的应用价值。

4.5.4　TCP/IP

1. TCP/IP 概述

TCP/IP，中文译为传输控制协议/互联网络协议。TCP/IP 规定了网络从连入因特网，及数据在设备间的传输的尺度。TCP/IP 分为应用层、传输层、网络层和网络接口层等 4 个层次。每层间相互利用，根据对方提供的服务来完成自身的传输。多个端口的网络层上互相联通，传输层上互相交叉汇聚，应用层上使用统一的 TCP/IP。通过 TCP/IP 将管理网络互联技术，使其将局域网和局域网、局域网和广域网、广域网和广域网、广域网和城域网以及城域网和城域网互联起来，构成更大范围的网络。

TCP/IP 分为 4 个层次：接口层，协助 IP 数据在已有的网络介质上传输；网络层，保证 IP 数据报传输的可靠性；传输层，为应用层提供会话和数据报通信服务，只含有 TCP 和用户数据报协议(user datagram protocol, UDP)协议；应用层，给用户提供大众化的应用程序，如文件传输协议(file transfer protocol, FTP)、简单邮件传输协议(simple mail transfer protocol, SMTP)和超文本传输协议(hypertext transfer protocol, HTTP)等。

2. TCP/IP 在微电网中的应用

国网智能电网研究院光储联合微电网系统采用开放式分层分布结构，包含就地控制层、集中控制层、配电网调度层。就地控制层设备通过通信管理机转为以太网 TCP/IP 通信方式后接入交换机，再通过交换机与集中控制层以太网 TCP/IP 连接，采用统一的 DLT 860-61850 通信规约实现与上位机的通信，使整个微电网系统可以基于 IEC 61850 规范实现数据交互。而各个就地控制层设备与微电网通信管理机之间的通信方式则采用以太网 TCP/IP 通信方式或 RS485 总线，通信协议可采用 IEC 103、IEC 104 或者 Modbus 协议。对于直接与集中控制器连接的终端设备，如电能质量分析仪、并离网控制器或者负荷控制器等，则直接采用以太网 TCP/IP 方式接入光纤交换机，通信协议选用 IEC 61850-SNTP/MMS 协议，如图 4-18 所示。

由于虚拟电厂和微电网在通信方式上的相似性，可以将其类比到虚拟电厂，那么集中控制器相当于虚拟电厂控制中心，就地控制层设备相当于虚拟电厂内部的各分布式能源以及其他监测设备。其中，内部采用以太网通信的均采用了 TCP/IP，由此可见 TCP/IP 在虚拟电厂应用的普遍性。

4.5.5　IEC 61970 CIM/CIS 标准

1. IEC 61970 标准概述

IEC 61970 是国际电工委员会制定的《能量管理系统应用程序接口 (EMS-API)》系列国际标准。其目的在于便于集成来自不同厂家的 EMS 内部的各种应用，便于将 EMS 与调度中心内部其他系统互联，以及便于实现不同调度中心 EMS 之间的模型交换。IEC 61970 标准主要由接口参考模型、CIM 和 CIS 三部分组成。接口参考模型说明了系统集成的方式，CIM 定义了信息交换的语义，CIS 明确了信息交换的语法。

IEC 61970 的核心部分是 CIM，它采用面向对象的方法，结合统一建模语言，抽象描述了电力系统的各实体对象类、属性及相互关系，规定了应用程序接口的语义，为电力企业进行系统应用集成提供了工具。严格基于最新版本 IEC 61970 国际规范，依据 CIM 研究构建电网物理模型，并借助地理信息系统平台展现，对我国电网数字化建设乃至智能化发展十分有利。

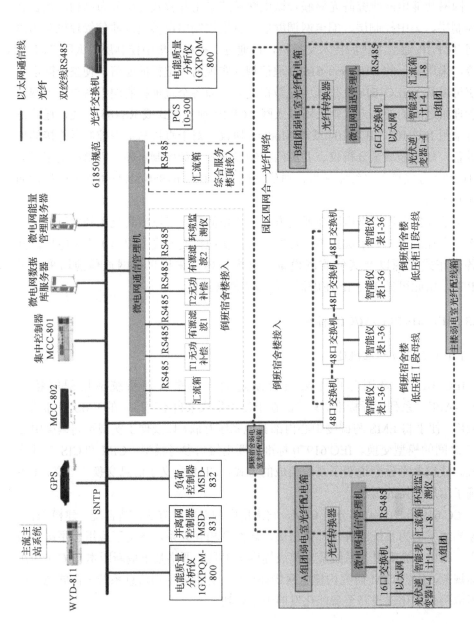

图4-18 光储联合微电网系统网络结构图

IEC 61970 导则和基本要求部分主要提出了一个用来描绘控制中心能量管理系统的应用程序接口 EMS API 问题的参考模型，其中应用的组件化有两种方法：一是应用内部按组件构造，二是对已有的应用加封套；术语部分列出标准中用到的术语和定义；IEC 61970 CIM 301 是 CIM 的基本部分，IEC 61970 CIM 302 是 CIM 用于能量计划、检修和财务的部分，IEC 61970 CIM 303 是 CIM 用于数据采集与监控(SCADA)的部分；IEC 61970 CIS 部分共分两个级别，第四部分是对 CIS 接口的详细描述，第五部分是 CIS 接口映射到 CORBA、分布式构件对象模型(distributed component object model, DCOM)、Java、C++、C 和 XML 等具体的计算机技术的描述[16]。IEC61970 CIS 401-449 是数据访问、事件处理等通用接口的描述；IEC 61970 CIS 450-499 是针对 SCADA 等具体应用的接口描述。

IEC 61970 CIM 部分由若干包组成，包是将相关模型元件人为分组的方法。IEC 61970 CIM301 包括核心包(core)、拓扑包(topology)、电线包(wires)、停运包(outage)、保护包(protection)、量测包(meas)、负荷模型包(loadmodel)、发电包(generation)和域包(domain)共 9 个包。核心包定义了火电厂和变电站类(substation)、电压等级类(voltage level)等许多应用公用的模型；拓扑包定义连接节点(connectivity node)和拓扑岛(topological island)等拓扑关系模型；电线包定义断路器(breaker)、隔离开关(disconnector)等网络分析应用需要的模型；停运包建立了当前及计划网络结构的信息模型；保护包建立了用于培训仿真的保护设备的模型；量测包定义了各应用之间交换变化测量数据，如测点(measurement)和限值(limitset)等描述；负荷模型包定义了负荷预测用的负荷模型；发电包分成生产包(production)和发电动态(generation dynamics)特性两个子包，前者定义了用于自动发电控制(automatic generation control, AGC)等应用的发电机模型，后者定义了用于电网调度员培训系统(dispatcher training system, DTS)的原发电机和锅炉等模型[17]；域包是量纲的数据字典，定义了可能被其他包中类使用的属性(特性)的数据类型。

2. 风光储建模

随着我国分布式发电技术大规模应用以及虚拟电厂的兴起，IEC 61970 已经不能满足当下的需求，需要针对分布式发电系统进行 CIM 扩展建模[18]。分布式发电技术的建模可参考 CIM16 中已有火力发电系统和水力发电系统的建模方法，Generation-Production 包中增加 Wind Generation, Photovoltaic Generation, Energy Storage 这 3 个类图，分别用于描述风力发电系统、光伏发电系统和储能系统模型。类图中扩展的新类，从功能上分为物理结构类和运行控制类两种。物理结构类是用于描述发电系统物理结构的类集，例如，风力机类、光伏发电系统类、储能电站类等；运行控制类是用于描述计划、曲线的类集，例如，风力发电单元运行计划类、太阳辐射预测类、储能充电成本曲线类等。类图考虑物理结构和运行控制两个范畴，力求完整描述风光储模型，为调控中心的分布式能源调度和控制业务提供模型支撑，以满足各种应用需求。

1）风力发电系统建模[16]

现有 CIM16v22 版本中的 Wind Dynamics 包在 IEC 62400-27-1 标准基础上定义 Wind Gen Type1-4IEC 四类风机模型以及一系列的风机控制器模型。本节在 Wind Dynamics 包现有风机模型基础上进行扩展建模，对风力发电系统的物理特性、电气特性、运行特性、控制特性进行详细描述，以满足风力发电系统的完整建模、高级应用等需求。风力机作为将风能转化为机械能的装置，类似于水轮机、蒸汽轮机、燃气轮机，属于原动机的一种。增加继承于原动机类（prime mover）的风力机类（wind turbine）用于描述风力机模型。齿轮箱是将风力机产生的机械能传递给发电机并使其达到相应转速的机械装置。设计齿轮箱类 Gear Box 用于描述齿轮箱模型。Gear Box 类与 Prime Mover 类关联，一个 Prime Mover 对象可以有 0 或 1 个 Gear Box，分别用于描述无齿轮箱直驱和变速齿轮箱机械传动系统。风力发电机是将机械能转化为电能的装置。原有 CIM 已经定义了同步电机类（synchronous machine）和异步电机类（asynchronous machine），但是由于 CIM 采用了等效电路建模，以上两类没有定义定子绕组和转子绕组，不能描述所有风力发电机类型，例如，转子绕组外接交流励磁的双馈异步风力发电机，因此需要对其进行修改和扩展。定子、转子绕组与发电机的关系可以类比变压器线圈与变压器的关系，参考变压器类（Power Transformer）和变压器线圈类（power transformer end），设计绕组类（winding）、定子绕组类（stator winding）、转子绕组类（rotor winding）。Stator Winding 类和 Rotor Winding 类从 Winding 类继承，并聚集于旋转电机类 Rotating Machine。Winding 类与 Terminal 类关联，为定子绕组外接电路和转子绕组外接励磁系统提供可行性，使定子绕组和转子绕组的应用更加完整和灵活。引用位于 Generation-Production 类图包中的 Wind Generating Unit 类，用于描述风力发电机组。使 Wind Generating Unit 与机组内部的发电机、定子绕组、转子绕组、齿轮箱、风力机等形成关联，将机组中各个部件从物理结构上组合起来。大规模的风力发电系统通常以风电场的形式并网。设计风电场类 Wind Plant 继承于电厂类 Plant，用于描述风电场模型及其运行状态。风电场通常需要记录风力历史信息和数值天气预报，用于风力发电预测，便于 EMS 对风电场进行管理和调度。设计历史曲线类（history curve）用于记录风电场风力资源的历史数据。增加天气预报类（weather forecast）用于存放天气预报信息。能量管理高级应用中的短期或超短期风速预测模块可利用 History Curve 类模型提供的历史数据和 Weather Forecast 类模型提供的数值天气预报信息对风电场风速进行预测，风速预测类 Weather Forecast 存放风速预测信息。风力发电预测类 Weather Generation Forecast 与 Weather Forecast 类关联，用于风力发电单元的发电量预测。为了描述风力发电单元的运行计划设计

(wind generation op schedule) 类，通常借助高级应用中的机组组合模块获得 Weather Generation Efficiency Curve 类描述风力发电机组的运行效率曲线。由于尾流效应，处于风电场不同位置的风电机组具有不同的风速模型，设计 Wake Loss Curve 类记录风电机组的尾流效应损失曲线。设计 Wind Turbine Efficiency Curve 类描述风力机运行效率曲线。设计 Pitch Angle Control Curve 类描述风力机桨距角控制曲线作为桨距角调节的参考依据，优化风电机组在不同风速下的运行状态。

扩展建立的风力机类、齿轮箱类、绕组类、风电场类等通过相互间的逻辑关系进行组合，满足不同类型风力发电系统物理模型的描述需求。扩展建立的曲线类和计划类提供了风力发电系统的运行状态和运行计划的描述。为实际工程应用中的风电系统建模、风电系统监控以及包括风电短期/超短期预测、风电并网协调控制、风电优化调度在内的高级应用提供数据架构支持。

2）光伏发电系统建模

光伏组件作为光伏发电系统中的最小发电单体，作用是将太阳能转化为电能。设计光伏组件类 Photovoltaic Module 从导电设备类 Conducting Equipment 继承，用于描述光伏组件模型。光伏阵列由两个或两个以上的光伏组件串/并联组成，以达到所需电压和电流。设计 Photovoltaic Array 类，与 Photovoltaic Module 类为聚集关系，用于描述光伏阵列模型。Photovoltaic Array 类与 CIM16 Production 包中的 Solar Generating Unit 类成聚集关系。Photovoltaic 类从电厂类 Plant 继承，由一个或多个光伏发电单元聚集而成，用于描述光伏电站模型。汇流箱作为将多路光伏阵列同时接入的装置，在大型光伏电站中是不可或缺的设备。除了将多路光伏接入的功能，通常还可以选配传感器、断路器等装置，对光伏阵列进行量测和控制。设计 Junction Box 类用于描述汇流箱模型。光伏发电单元通过电力电子变换器并网，设计 Grid Connected PV Inverter 类和 StandAlone PV Inverter 类，从逆变器类 Rectifier Inverter 继承，分别用于描述光伏并网逆变器模型和光伏离网逆变器模型，适用于并网型光伏系统和离网型光伏系统。光伏电站通常需要记录太阳辐射历史信息和数值天气预报，用于光伏发电预测，便于 EMS 对光伏电站进行管理。历史曲线类（History Curve）用于记录光伏电站光照情况的历史数据。天气预报类（weather forecast）存放天气预报信息。能量管理高级应用中的短期或超短期光伏预测模块利用 history curve 类提供的历史数据和 Weather Forecast 类提供的数值天气预报信息对太阳辐射强度进行预测，太阳辐射预测类 Solar Radiation Forecast 记录太阳辐射度预测信息。设计 PV Generation Forecast 类和 Solar Radiation Forecast 类关联，用于光伏系统的发电量预测。光伏组件曲线类（photovoltaic module curve）描述太阳能电池的伏安特性曲线。Photovoltaic Op Schedule 类描述光伏发电单元的运行计划。

扩展建立的光伏硬件相关类满足光伏发电系统物理模型的描述需求。扩展建立的曲线类和计划类提供光伏发电系统的运行状态和运行计划的描述。为实际工程应用中的光伏系统建模，光伏系统监控以及包括光伏发电短期/超短期预测、光伏并网协调控制、光储系统削峰填谷在内的高级应用提供数据架构支持。

3) 储能系统建模

现有的CIM16只设计了抽水蓄能和压缩空气储能，这已经无法满足虚拟电厂实际工程中多类型储能的应用，如电池储能、超级电容器、飞轮储能、超导磁储能等。本节扩展建立多类型储能模型，用于完整描述储能系统，满足其在实际工程和EMS高级模块中的应用需求。设计储能单元类(energy storage unit)描述多类型储能单元，与电池储能系统类(battery ES)、超级电容器储能系统类(super capacitor ES)、飞轮储能系统类(fly wheel ES)、水库类(reservoir)、超导磁储能系统类(superconducting magnetic ES)、压缩空气储能电厂类(CAES plant)成聚集关系，涵盖现有的大部分储能类型。储能管理系统为储能单元提供电源监测、管理、保护等功能，是储能系统中重要的设备。设计ES Management System类描述储能管理系统，包含电池管理系统(battery management system, BMS)，超级电容器管理系统(capacitor management system, CMS)等，对各类型储能系统进行状态监控、荷电状态(state of charge, SOC)估计、储能管理和保护。Energy Storage Unit类聚集成储能充电单元类(ES Charging Unit)或储能放电单元类(ES generating Unit)，每个充电或放电单元可以包含一个或多个储能单体。储能充电单元类与放电单元类和Regulating Cond Eq类成聚集关系，使储能单元成为一种调节设备，能够对电网的电压、频率和功率进行调节，以提高系统的稳定性。ES Charging Unit类和ES generation Unit类在储能系统中的作用类似于Generating类在传统火电、水电系统中的作用。设计以上两类的目的是将充电和放电区分，而不是将充电行为视为反向放电，这能够更准确地描述储能系统在不同工况下的运行状态。储能电站类(energy storage plant)从Plant类继承，一个储能电站可以由一个或多个储能充电单元和储能放电单元构成，因此与ES Charging Unit类和ES generating Unit类为聚集关系。为了优化储能运行方式，满足机组组合和经济调度的应用需求，设计ES Charge Op Cost Curve类和ES Discharging Op Cost Curve类描述储能系统充放电的成本。设计ES Charging Op Schedule类和ES Generating Op Schedule类描述储能系统充放电的运行计划，用于满足储能在不同情景下的应用，如平抑间歇性电源功率波动、削峰填谷、提高系统暂态稳定性、微电网黑启动等。

扩展建立的物理类满足储能系统物理模型的描述需求。扩展建立的曲线类和计划类提供储能系统的运行状态和运行计划的描述。为实际工程应用中的储能建模，储能管理以及包括多类型储能协调控制、储能平抑间歇性电源功率波动、储能提高电力系统暂态稳定性在内的高级应用模块提供数据架构支持。

4.6 小 结

作为一种有效的资源组织形式，虚拟电厂所依托的通信网络技术是其优化控制等诸多功能实现的前提。虚拟电厂应采用双向通信技术，不仅能够接收各个单元的当前状态信息，而且能够向控制目标发送控制信号。本章首先对电力通信的特点和要求展开了分析，给出了虚拟电厂通信的设计原则，接着对智能电网中应用广泛的宽带 IP 网络技术和 4G 通信网介绍了基础概念和当前应用现状。针对电力线载波、电力线宽带和无线传感器网络等通信设施与系统在电力系统中的应用展开分析，并展望了其在虚拟电厂中的应用前景。进一步地，介绍了高级量测系统的基础概念、组成结构及其在虚拟电厂中的应用。最后，系统介绍了电力通信网络中广泛使用的网络协议，如 IEC 61850 数据建模、IEC 62325 标准、IPv6 网络层协议、TCP/IP 和 IEC 61970 标准，及网络协议在智能电网中的应用实例。

参 考 文 献

[1] 苗新, 张恺, 田世明, 等. 支撑智能电网的信息通信体系[J]. 电网技术, 2009, 33(17): 8-13.

[2] 季阳. 基于多代理系统的虚拟发电厂技术及其在智能电网中的应用研究[D]. 上海: 上海交通大学, 2011.

[3] Sučić S, Dragičević T, Capuder T, et al. Economic dispatch of virtual power plants in an event-driven service-oriented framework using standards-based communications[J]. Electric Power Systems Research, 2011, 81(12): 2108-2119.

[4] Project interim report[R/OL]. [2017-10-20].http://www.web2energy.com/.

[5] Fenn B, Hopp O, Ahner M.Advanced technologies of demand side integration by VPPs and through smart metering in households-experiences from a lighthouse project[C]. CIGRE 2012. Paris, France, 2012:9.

[6] 赵曼. 浅谈 IP 数据网络在电网调度自动化中的应用[J]. 现代制造, 2012(18): 14-15.

[7] 申小霜. 4G 通信技术在电力系统的应用研究[J]. 技术与市场, 2017(10): 86-89.

[8] 戚佳金, 陈雪萍, 刘晓胜. 低压电力线载波通信技术研究进展[J]. 电网技术, 2010(5): 161-172.

[9] 丁佳. 宽带电力线通信技术工程应用研究[D]. 上海: 上海交通大学, 2014.

[10] 王阳光, 尹项根, 游大海. 无线传感器网络应用于智能电网的探讨[J]. 电网技术, 2010, 34(5): 7-11.

[11] 栾文鹏. 高级量测体系[J]. 南方电网技术, 2009, 3(2): 6-10.

[12] 韩法玲, 黄润长, 张华,等. 基于 IEC61850 标准的 IED 建模分析[J]. 电力系统保护与控制, 2010, 38(19): 219-222.

[13] 郑亚先, 杨争林, 薛必克,等. 电力市场国际标准 IEC62325 体系最新进展[J]. 电力系统自动化, 2015(15): 9-14

[14] 苗新, 陈希. 智能电网 IPv6 地址资源应对策略[J]. 电力系统自动化, 2010, 34(16): 8-12.

[15] 高志远, 王伟, 孙芊, 等. IPv6 及其在电力自动化系统中的应用分析[J]. 中国电力, 2016, 49(12): 114-120.

[16] 夏天雷, 王林青, 江全元. 基于 IEC61970 标准的风光储建模方案[J]. 电力系统自动化, 2015(19): 9-14.

第 5 章 虚拟电厂的调控中心调度框架

5.1 新能源发电及负荷预测

5.1.1 新能源发电预测

由于风电、光伏等新能源出力具有不确定性，新能源发电的渗透率不断提高增加了电网功率的平衡压力，所以，合理预测新能源发电单元的出力是虚拟电厂优化决策出力申报的基础[1]。

风电机组出力与风速直接相关。目前针对风电机组出力模型一般采用 Weibull 分布对风速进行建模，基于 Weibull 分布的风速概率密度函数如下：

$$f_{\mathrm{W}}(v) = \left(\frac{\alpha}{\beta}\right)\left(\frac{v}{\beta}\right)^{\alpha-1} \mathrm{e}^{-\left(\frac{v}{\beta}\right)^{\alpha}} \tag{5-1}$$

其中，v 为风速；$f_{\mathrm{W}}(v)$ 为风速概率密度函数；α 和 β 分别为风速的形状参数和尺寸参数，由风速的历史数据进行统计分析可得，计算方法如下：

$$\alpha = \left(\frac{\sigma}{\mu}\right)^{-1.086} \tag{5-2}$$

$$\beta = \frac{\mu}{\Gamma(1+1/\alpha)} \tag{5-3}$$

其中，μ 和 σ 分别为风速历史数据的期望值和方差；Γ 为 Gamma 函数，其函数值可通过查阅 Gamma 函数表获得。

基于风速模型，建立风电机组的出力模型如下：

$$P_{\mathrm{W}} = \begin{cases} 0, & v \leqslant v_{\mathrm{i}}; v \geqslant v_{\mathrm{o}} \\ \dfrac{v-v_i}{v_{\mathrm{r}}-v_{\mathrm{i}}} P_{\mathrm{Wo}}, & v_{\mathrm{i}} \leqslant v \leqslant v_{\mathrm{r}} \\ P_{\mathrm{Wo}}, & v_{\mathrm{r}} \leqslant v \leqslant v_{\mathrm{o}} \end{cases} \tag{5-4}$$

其中，P_{W} 为风电机组出力；v 为风速；v_{i} 为切入风速；v_{r} 为额定风速；v_{o} 为切出风速；P_{Wo} 为风电机组额定功率。

光伏出力与光照强度直接相关。目前研究多采用概率分布函数来模拟光照强度的分布，一般采用 Beta 分布函数：

$$\Phi(E) = \frac{\Gamma(k+c)}{\Gamma(k)\Gamma(c)}\left(\frac{E}{E_{\max}}\right)^{k-1}\left(1-\frac{E}{E_{\max}}\right)^{c-1} \tag{5-5}$$

其中，E 为光照强度；$\Phi(E)$ 为概率密度函数；$E_{\max}$ 为一定时间间隔内的最大光照强度；k 和 c 分别为 Beta 分布的形状参数，由光照强度历史数据统计获得，计算方法如下：

$$k = \mu\left[\frac{\mu(1-\mu)}{\sigma^2} - 1\right] \tag{5-6}$$

$$c = (1-\mu)\left[\frac{\mu(1-\mu)}{\sigma^2} - 1\right] \tag{5-7}$$

其中，μ 和 σ 分别为光照强度历史数据的期望值和方差。

基于光照分布模型，光伏发电单元的出力模型为

$$P_V = EA\eta\eta_{\text{inv}} \tag{5-8}$$

其中，A 为光伏方阵的面积；η 为光伏电池板的转换效率；η_{inv} 为逆变器的效率。

5.1.2　负荷精细预测

1）主要用户用电行为分析

鉴于影响客户用电行为的因素很多，各类客户的日用电曲线存在一定的功率扰动。利用主成分方法可剔除源数据中的非典型用电情况，提取用户典型用电特征。并且主成分分析方法可实现源数据降维，适用于处理海量用户数据。通过分析各客户用电行为低维特征值指标相似程度，实现客户类型划分。具体步骤如下。

（1）数据预处理，构建客户负荷矩阵，若客户每天的用电情况可用 96 个点来描述，则对于一个客户就可以用 365×96 的矩阵来描述。

（2）计算样本相关系数矩阵。

（3）计算相关矩阵的特征值和特征向量。

（4）选择重要的主成分，描述客户的用电行为特征。

（5）制定分类规则，将对应主成分相近的用户划分至同一类。

由以上步骤可知，通过计算不同类型客户的主成分降维指标间的距离，实现客户类型划分，提高用户分类效率。基于海量用电数据的新客户类型划分流程如图 5-1 所示。

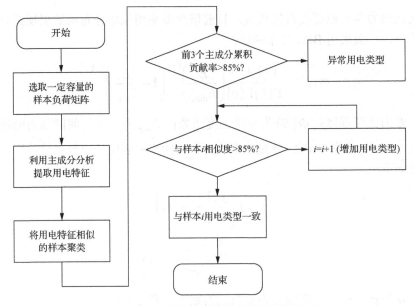

图 5-1　基于海量用电数据的新客户类型划分

基于各类用户的历史用电负荷数据,利用符号聚合近似(symbolic approximation, SAX)方法划分客户用电状态。通过建立客户用电行为的马尔可夫(Markov)链模型,实现客户用电状态动态预测,感知客户未来的用电行为变化趋势(图 5-2)。具体步骤如下。

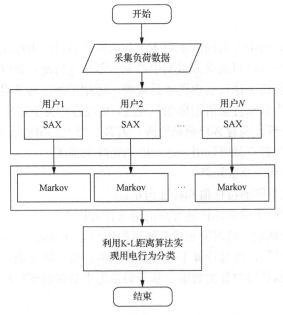

图 5-2　客户用电行为模式预测及分类流程图

(1)采集不同类型客户的用电行为曲线;

(2)利用符号聚合近似方法将不同用户的用电行为离散化;

(3)提出基于事件序列的马尔可夫模型,描述客户的用电行为模式,实现客户用电行为预测;

(4)利用 K-L 距离算法计算不同客户的用电行为模式相似度,并通过设定阈值实现客户分类。

2)基于用户分类的负荷精细预测

电力系统中负荷的变化既存在不确定性,也遵循一定的规律和趋势。虚拟电厂中的负荷也如此,负荷预测以历史负荷数据与气象、社会等因素的历史(和预测)数据为依据,探寻历史负荷变化的规律,从而得到未来负荷科学合理的预测结果。虚拟电厂进行日前调度时需要次日负荷数据,这就需要能够较为准确地预报未来一天的电力负荷,以日负荷曲线为预测对象,属于短期负荷预测。

周期性是短期负荷最突出的特点,包括日周期性与周周期性等,具体表现如下。

(1)负荷的日周期性。在不同日之间,以 24 小时为周期整体变化的负荷具有一定规律。同一天之内,负荷波动较大,有明显的高峰期和低谷期,可以分为峰、谷、平 3 个时段。

(2)负荷的周周期性。在不同周之间,以一周为周期整体变化的负荷也存在一定规律。一方面,不同周中同样周类型日的负荷存在相似性。另一方面,工作日与周末休息日的负荷有一定的差异,工作日存在大量的工厂企业负荷,休息日时,这些负荷会大幅下降,而居民与公共负荷等存在一定的上升。因此,休息日负荷水平一般比工作日低。

短期负荷不仅具备周期性,也存在随机不确定性,容易受外界环境因素影响。气象因素的变化、节假日和重大活动的举办、设备出现事故或进行检修等情况都会使负荷受到影响,呈现与正常日明显不同的负荷特性。常规的短期负荷预测手段不适用于特殊负荷变化情况。

传统的负荷预测仅以历史负荷数据与气象、社会等因素的历史(和预测)数据为依据,将所有负荷视为一个整体进行预测处理,没有考虑各独立用户个体的用电特性,预测结果精确度不足,无法满足经济调度的需求。不同类型的用户用电行为存在一定的规律,称为典型用电特征,通过对典型用电特征的分析可以实现用户的类型划分。将用户分类进行负荷预测,相对于对负荷整体预测可以大幅提升预测精度,见图 5-3。

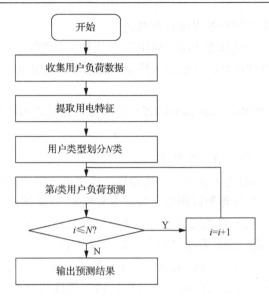

图 5-3　基于用户分类的负荷精细预测框架设计

5.1.3　多时间尺度预测系统设计

1. 系统总体结构设计

从时间尺度上讲，调度涉及年度、月度、日前发电计划、日内发电计划滚动修正、在线校正控制等多个时间尺度的协调优化及控制。而负荷预测和分布式电源出力预测可以减少调度优化方案的误差，提高调度精度，是虚拟电厂中获得优化方案并精确调控的基础。相应地，调控中心的预测系统也需要包含多时间尺度预测功能。对虚拟电厂来讲，重点关注的预测时间尺度主要为日前预测、滚动预测和实时预测。

调度中心根据日前 24 小时的预测数据，生成虚拟电厂日前调度计划；在日前预测数据的基础上，根据当日最新负荷及分布式电源出力，滚动优化修正日前预测的误差，以优化调度方案；在滚动预测结果的基础上，进行实时预测，预测下一时刻的数据。多时间尺度预测模型可以大大提高负荷及分布式电源的预测精度。

所设计的多时间尺度预测系统结构如图 5-4 所示。

2. 预测方法

1）灰色预测模型[2]

灰色预测模型的流程图如图 5-5 所示。

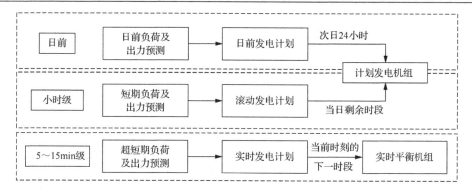

图 5-4　多时间尺度预测系统结构设计

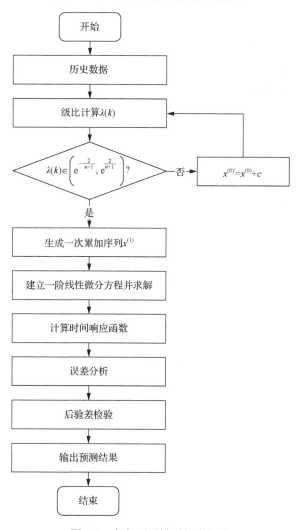

图 5-5　灰色预测模型的流程图

假设某一时间段内的历史数据可以用数据序列 $x^{(0)}=\left[x^{(0)}(1),\cdots,x^{(0)}(n)\right]$ 表示。首先对数据序列进行数据之间的级比计算：

$$\lambda(k)=\frac{x^{(0)}(k-1)}{x^{(0)}(k)}, \quad k=2,\cdots,n \tag{5-9}$$

然后进行灰色预测模型的适用性判断。如果 $\lambda(k)$ 在 $\left(e^{-\frac{2}{n+1}},e^{\frac{2}{n+1}}\right)$ 内，说明数据序列适合做灰色预测；否则需要对数据序列增加一个适当的常数，再进行级比计算和适用性判断，直至符合要求。

2) 线性回归预测模型[3]

根据历史出力获得 n 对数据 $(x_i,y_i)(i=1,\cdots,n)$，其中 x_i 表示时间，y_i 表示出力值。建立自变量 x 和因变量 y 的一元线性回归模型：

$$y=a+bx+\varepsilon \tag{5-10}$$

其中，ε 为随机误差，服从正态分布 $N(0,\sigma^2)$；a、b 和 σ^2 为不依赖于 x 的未知参数。线性回归预测模型的流程图如图 5-6 所示。

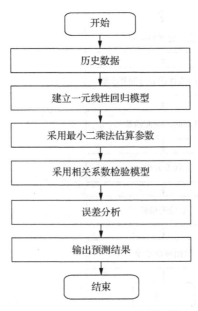

图 5-6　线性回归预测模型的流程图

3) 时间序列模型

时间序列分析方法是目前广泛应用于电力系统中的一类最为经典的短期负荷预测方法，事实证明这种方法可以取得较好的效果[3, 4]。其基本思想是将历史负荷数据看成一个时间序列，构造能够描述时间序列变化过程的模型，在已知时间序列历史值的情况下，通过该模型预测时间序列未来的值。这种方法计算较为简单，数据需求极少，可以较好地体现短期内负荷变化的连续性。平稳随机时间序列的预测模型主要存在三种基本形式：自回归(autoregressive，AR)模型、移动平均(moving average，MA)模型和自回归-移动平均(autoregressive moving average，ARMA)模型。

AR 模型认为负荷预测值可以根据有限项历史值与一项当前干扰值通过线性组合确定，具有 p 项历史值的自回归模型 AR(p) 表示为

$$y_t = \varphi_0 + \varphi_1 y_{t-1} + \varphi_2 y_{t-2} + \cdots + \varphi_p y_{t-p} + \varepsilon_t \qquad (5\text{-}11)$$

其中，y_t 为时间序列；p 为自回归模型的阶数；φ_0 为常数项，φ_1，φ_2，$\cdots$，φ_p 为自回归模型系数且 $\varphi_p \neq 0$；ε_t 为随机干扰项。自回归模型体现预测负荷与其过去时刻的负荷相关。

AR 模型中，任意时刻的干扰项理论上永远存在影响。若认为干扰只在有限时间内存在影响，则使用 MA 模型。此时负荷的预测值可以由有限项历史干扰值与当前干扰值的线性组合确定，具有 q 项历史干扰值的移动平均模型 MA(q) 可以表示为

$$y_t = \mu + \varepsilon_t - \theta_1 \varepsilon_{t-1} - \theta_2 \varepsilon_{t-2} - \cdots - \theta_q \varepsilon_{t-q} \qquad (5\text{-}12)$$

其中，y_t 为时间序列；q 为 MA 模型的阶数；μ 为常数项；θ_1，θ_2，$\cdots$，θ_q 为移动平均模型系数且 $\theta_q \neq 0$；ε_t 为随机干扰项。

ARMA 模型是 AR 模型和 MA 模型的组合，同时包含两个模型的特性，具有更好的灵活性，ARMA(p,q) 的数学表达式为

$$y_t = \varphi_0 + \varphi_1 y_{t-1} + \varphi_2 y_{t-2} + \cdots + \varphi_p y_{t-p} + \varepsilon_t - \theta_1 \varepsilon_{t-1} - \theta_2 \varepsilon_{t-2} - \cdots - \theta_q \varepsilon_{t-q} \qquad (5\text{-}13)$$

其中，模型参数与 AR 模型和 MA 模型相同，$\varphi_p \neq 0$，$\theta_q \neq 0$。

可以认为 AR 模型和 MA 模型都是 ARMA 模型的特例，分别对应 $q=0$ 和 $p=0$ 情况。对于存在一定周期特性的电力负荷变化，可以先通过差分运算预处理负荷数据为平稳随机时间序列。

5.2　考虑多需求侧资源的调度框架

5.2.1　功率自平衡调节措施

虚拟电厂包含分布式发电、储能设备及可控负荷，是一个很灵活宽泛的概念，其功率自平衡调节措施主要包括分布式发电出力调节、储能设备调节和需求响应。其中，分布式发电出力调节主要基于分布式发电和负荷预测结果。

通过分析源-荷之间的相关特性可以更好地发挥分布式电源的调节能力[5, 6]。相关性分析的方法众多，其中随机矩阵理论(random matrix theory，RMT)通过比较随机的多维时间序列统计特性，可以体现实际数据中对随机的偏离程度，并揭示实际数据中整体关联的行为特性。正是这种特定的视角，使得 RMT 被广泛应用于物理、金融数学、生物统计、网络科学等广阔的应用领域。

为研究客户群用电行为轨迹与风、光等新能源发电出力特性之间的相关特性，利用随机矩阵中的增广矩阵方法构建多维数据融合分析模式。

(1)选取一种非电气因素并与客户群用电负荷特性构成增广矩阵，如式(5-14)所示：

$$R_j = \begin{bmatrix} B \\ A_j \end{bmatrix}, \quad j = 1, 2, \cdots, n_L \tag{5-14}$$

其中，矩阵 B 为观测矩阵，由 n 个用户的用电负荷时间序列构成；矩阵 A_j 为扩展后的非电气因素，如式(5-15)所示：

$$A_j = E_j + m_j \times N, \quad j = 1, 2, \cdots, n_L \tag{5-15}$$

其中，E_j 为非电气因素观测序列；$N \in R^{n_V \times T}$ 为噪声矩阵，它的每一个元素都是服从标准正态分布的随机变量。

(2)为了排除矩阵中数据的统计特性对分析结果的干扰，利用数据矩阵构造一个参照增广矩阵，如下式所示：

$$R_N = \begin{bmatrix} B \\ N \end{bmatrix}$$

基于随机矩阵理论和增广矩阵法，相关性分析的算法流程如图 5-7 所示。

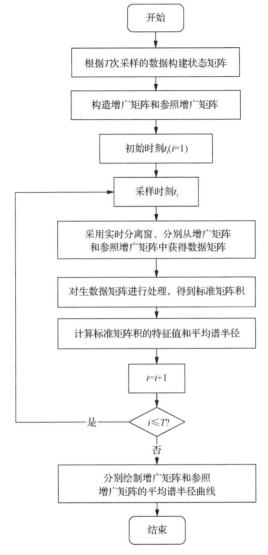

图 5-7　基于随机矩阵的相关性分析方法

5.2.2　计及储能的调度框架

1. 储能模型

储能设备的成本主要分为两个部分：投资成本和运行维护。在满足储能设备电量平衡约束的基础上，根据电价的实际情况，在低电价时段买电，在高电价时段卖电。

储能设备电量平衡约束：

$$E_n = E_{n-1} + T_S\left[\mu_n P_n \eta_c + \frac{(1-\mu_n)P_n}{\eta_d}\right] \tag{5-16}$$

$$E_{min} \leqslant E_n \leqslant E \tag{5-17}$$

其中，E_n 为储能设备在第 n 个采样存储的电量；T_S 为储能的采样周期；P_n 为在第 n 个采样周期的电池的功率；η_c、η_d 分别为储能的充电和放电效率；μ_n 为储能的状态变量，充电状态下其值取 1，放电状态下其值取 0；E_{min}、E 分别为储能存储电量的下限值和额定容量。

储能设备储能出力约束：

$$\max\left(-P_B, \frac{E_n-E}{T_S}\eta_d\right) \leqslant P_{B,n} \leqslant \min\left(P_B, \frac{E_n-E}{T_S\eta_c}\right) \tag{5-18}$$

其中，E_n、P_B 为电池储能的额定功率容量。

储能设备的成本包含两部分，投资成本和运行维护成本，其成本可表示为

$$C_{capital} = C_P P_B + C_e E \tag{5-19}$$

$$C_{OM} = C_M P_B + C_e E_n \tag{5-20}$$

$$C_{ES} = C_{capital} + C_{OM} = C_P P_B + C_e E + C_M P_B + C_e E_n \tag{5-21}$$

其中，$C_{capital}$ 为投资成本；C_{OM} 为运行维护成本。

2. 调度策略

对于预测系统来说，一般时间越近，新能源发电出力和负荷的预测精度越高，如果只考虑储能在实时调度层面发挥作用，某一时间断面静态的最优出力极易受储能充放电功率限制以及容量限制，同时，储能充放电是一个动态行为，静态最优并不能保证整个调度时段的最优，而且频繁调整储能出力对于储能系统的使用寿命会造成一定的不良影响，因此，储能的调度策略对应预测系统的多时间尺度特性[7, 8]。

基于以上考虑，通过不断更新可再生能源输出功率和负荷需求的预测值，对储能电站采用实时调度、准实时调度和滚动调度三者相结合的调度策略，以达到消纳配电网有功功率差额波动的目的。

调度策略的目标函数为虚拟电厂内有功功率差额偏差最小：

$$\min \Delta(t) = \Delta_1(t) + \Delta_2(t) + \Delta_3(t) \tag{5-22}$$

其中，t 为调度周期；$\varDelta_1(t)$、$\varDelta_2(t)$、$\varDelta_3(t)$ 分别为实时调度、准实时调度和滚动调度中虚拟电厂内的功率差值平方。

约束条件包括储能电站荷电状态约束、储能电站充放电功率的约束以及储能电站调度循环约束。

1）储能荷电状态约束

储能荷电状态反映其剩余容量百分比，为延长其使用寿命，避免储能电站深度放电，应设定 SOC 约束为

$$\mathrm{SOC_{min}} \leqslant \mathrm{SOC} \leqslant \mathrm{SOC_{max}} \tag{5-23}$$

其中，$\mathrm{SOC}(t) = S(t) / S_N$，$S(t)$ 为调度时段 t 内的储能剩余电量，S_N 为储能额定容量。

2）储能电站充放电功率的约束

当充放电状态确定时，储能电站在每个调度周期内可充放电电量受容量和充放电功率限制：

$$P_{\mathrm{ES\,min}} \leqslant P_{\mathrm{ES}} \leqslant P_{\mathrm{ES\,max}} \tag{5-24}$$

其中，$P_{\mathrm{ES\,min}}$ 和 $P_{\mathrm{ES\,max}}$ 为储能充放电功率的功率限制，当 $P_{\mathrm{ES}} < 0$ 表示充电，$P_{\mathrm{ES}} > 0$ 表示放电时，$P_{\mathrm{ES\,min}}$ 为储能的额定充电功率，$P_{\mathrm{ES\,max}}$ 为储能系统的额定放电功率。

3）储能电站调度循环约束

储能系统参与调度是一个动态过程，频繁充放电对于储能来说会造成不小的损耗，因此，在调度时段内，储能充放电循环次数存在一定的约束：

$$\sum_{t=1}^{T} \frac{P_{\mathrm{ES}}(t-1)P_{\mathrm{ES}}(t)}{|P_{\mathrm{ES}}(t-1)\|P_{\mathrm{ES}}(t)|} \geqslant -k \tag{5-25}$$

其中，t 为调度时段；T 为总的调度时段数量；k 为储能调度时段内最大充放电循环次数。

5.2.3　计及需求响应的调度框架

1. 需求响应模型

虚拟电厂作为一个虚拟的实体，利用虚拟电厂先进的信息通信技术和控制架构，能够实现需求侧资源与虚拟发电厂的互动，这使得需求响应资源能够自由地参与电力市场交易。此外，相比微电网，虚拟电厂的概念更为广泛，虚拟电厂中

的需求响应资源不受限于需求侧资源的地理位置，不考虑分布式电源、需求侧资源的所有权，只要用户愿意，在用户终端安装一定的软件控制设备后，就可以参与电力市场交易[9, 10]，如图 5-8 所示。

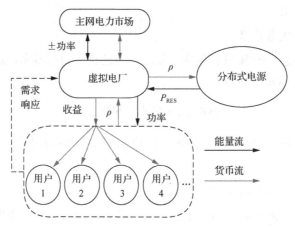

图 5-8　虚拟发电厂的需求侧响应模型

图 5-8 中，P_{RES} 为虚拟电厂中分布式电源总的出力；ρ 为虚拟电厂参与主网电力市场中所接受的电价；灰色箭头表示虚拟电厂的用户参与需求响应时所获得的收益。可以发现，虚拟电厂的用户参与需求响应后会获得额外的补偿收益，而虚拟电厂对这些需求侧资源进行聚集管理后，会在一定程度上减少虚拟电厂内部风电等可再生分布式电源出力的波动，提高虚拟电厂对主网的售电量，从而增加虚拟电厂的整体收益。按照响应机制的不同，虚拟电厂的负荷侧需求响应分为基于电价的需求响应和基于激励的需求响应。

基于电价的需求响应是指用户可以响应电价的变化，并相应地调整用电需求。负荷侧电力用户基于经济性考虑，在电价变化的情况下，会根据需求改变用电方式，改善用电结构，虚拟电厂可以通过电价主动引导电力用户参与负荷调节，从而进行负荷削峰填谷，缓解用电高峰期时电网供电压力。研究用户响应并以此预测负荷曲线是制定虚拟电厂发电计划的基础。基于电价的需求侧响应一般包括三种方式：分时电价、实时电价和尖峰电价。基于激励的需求侧响应一般包括三种方式，分别为直接负荷控制、可中断负荷以及需求侧竞价。

2. 调度策略

考虑需求侧响应的调度策略除了需要考虑需求相应的成本，还需要考虑用户的用电满意度[11]。

假设虚拟电厂内需求响应资源与电价成指数关系，有

$$D_t = a\mathrm{e}^{\beta p_t} \tag{5-26}$$

其中，D_t 为用户侧需求响应资源量；a 为系数；β 为弹性因子；p_t 为补偿电价。

因此，当用户侧需求响应量为 D_t 时，需求响应成本为

$$C(D_t) = D_t p_t - B(D_t) \tag{5-27}$$

其中，$D_t p_t$ 为需求响应补偿成本；$B(D_t)$ 为用户剩余负荷售电收益。

从用户角度考虑，用户满意度可以定义为用电设备达到正常工况的时间与其总用电时间的百分比。定义可削减负荷对用户满意度的影响为

$$S = 1 - \mu \sum_{m=1}^{M} \frac{T_{\mathrm{loss}}}{T} \tag{5-28}$$

其中，S 为用户满意度；μ 为影响因子；T_{loss} 为第 m 个需求响应资源削减负荷的时间；T 为第 m 个需求响应资源总的用电时间。

因此，定义考虑需求侧响应的调度策略目标函数为

$$\begin{cases} \min C(D_t) \\ \max S \end{cases} \tag{5-29}$$

5.2.4 考虑电动汽车充电行为的调度框架

1. 电动汽车集群响应模型

随着化石能源的日益消耗与环境的恶化，大力发展电动汽车(electric vehicle，EV)已是大势所趋。2015 年 11 月，国家发展和改革委员会出台了《电动汽车充电基础设施发展指南(2015～2020 年)》，旨在鼓励和推动我国电动汽车的发展。文件提出，到 2020 年，新增集中式充换电站超过 1.2 万座，分散式充电桩超过 480 万个，以满足全国 500 万辆电动汽车充电需求。预计未来几年，我国电动汽车的保有量将出现"井喷"式增长。大规模电动汽车的使用，必然会对电网的安全稳定与经济运行造成显著的影响[12-14]。因此，有必要对电动汽车的充电行为实行有效的引导或控制[15-20]，以提高电网接纳电动汽车的安全性与可靠性。

随着电动汽车规模的扩大，其充电需求和充电负荷分布将呈现出规律性。从群体的角度看待电动汽车，仅需要考虑电动汽车群体的总体特征，可以大大降低问题的维度，提高优化计算的效率。电动汽车集群响应的控制框架主要有电力批发市场、电动汽车代理商和电动汽车集群三个层次，如图 5-9 所示。电动汽车代

理商作为充电服务的直接提供商，以相应的价格从电力批发市场购电，根据充电量和电价向电动汽车集群收取充电费，以两者之间的差价作为盈利。实际运行时，电动汽车代理商以电价引导的方式对电动汽车集群的充电行为进行优化控制。

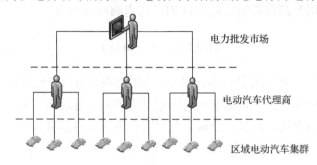

图 5-9　规模化电动汽车集群控制框架

单个电动汽车的充电灵活多变，但规模化电动汽车集群的充电负荷呈现一定的规律性。在充电电价等相关因素的影响下，电动汽车群体的充电负荷在时间上的分布也将呈现出规律性。本书提出电动汽车集群的最优充电概率模型来研究电动汽车集群对充电电价的响应模型。为了减少自身的充电费用，电动汽车会更倾向于在低电价的时间段进行充电，相应地，电动汽车群体在低电价时段的充电概率也会更大，电动汽车群体在一天内的充电概率矩阵 P_C 为

$$P_C = \begin{bmatrix} P_1 & P_2 & \cdots & P_{96} \end{bmatrix} \tag{5-30}$$

电动汽车个体进入充电站后，根据自身的充电容量需求以及停留时间段的充电概率自主响应，制定充电计划，约束条件如式(5-31)～式(5-34)所示：

$$\mathrm{SOC}_A = \mathrm{SOC}_s - \frac{ME_{100}}{100S_B} \tag{5-31}$$

$$T_{\mathrm{soc}} = \frac{4S_B(\mathrm{SOC}_E - \mathrm{SOC}_A)}{P_{\mathrm{EV}}} \tag{5-32}$$

$$\sum_{i=T_A}^{T_s} q_i = T_{\mathrm{soc}} \tag{5-33}$$

$$P(q_i = 1) = P_i, \quad T_A \leqslant i \leqslant T_s \tag{5-34}$$

其中，SOC_s、SOC_A 和 SOC_E 分别为电动汽车出行时、充电起始时和期望充电结束时的蓄电池荷电状态；M 为电动汽车的日行驶里程；E_{100} 为电动汽车行驶100km 的耗电量；S_B 为蓄电池容量；P_{EV} 为电动汽车充电功率；T_{soc} 为电动汽车

需要充电的时间段数；q_i 为电动汽车在 i 时间段的充电状态，$q_i=1$ 表示充电，$q_i=0$ 表示空闲；T_A 为电动汽车的返回时刻；T_s 为电动汽车的出行时刻。

2. 调度策略

大规模电动汽车的无序充电会使区域负荷峰谷差增大，导致变压器等电力设备的利用率下降，甚至有可能出现变压器容量越限的情况，进而要求区域电网进行改造扩容，成本巨大。因此，对接入电网的电动汽车充放电进行调度优化，有利于消除无序充电的负面影响，提升电网运行的可靠性和经济性。

由于电动汽车代理商能够通过适当的市场机制和激励措施，使电网获得电动汽车的调度权或电网能够充分引导车主的充电行为[21]，从而实现电动汽车充电的调度优化。在此，电动汽车集群调度策略以区域内的负荷峰谷差最小化为目标，对充电概率矩阵 P_C 的各个分量进行优化，以得到电动汽车集群的最优充电概率分布，优化模型为

$$\min L_{pv} = \max_{1 \leqslant i \leqslant 96} (P_{Li} + P_{Ei}) - \min_{1 \leqslant i \leqslant 96} (P_{Li} + P_{Ei}) \tag{5-35}$$
$$\text{s.t. } 0 \leqslant P_i \leqslant 1, \quad i = 1, 2, \cdots, 96$$

其中，P_{Li} 为 i 时间段的常规负荷；P_{Ei} 为电动汽车群体 i 时间段内的总充电功率；P_i 为矩阵 P_C 的第 i 个分量，为控制变量。

电动汽车集群的最优充电概率将决定控制目标下的充电负荷分布，以此为基础，可以通过实时充电电价引导电动汽车的充电行为。

以价格为导向的电力市场电价是引导电动汽车进行有序充电的重要手段。为了实现优化调度的目标，各时间段的实时充电电价应该依据最优充电概率制定。通常，电价越高，电动汽车的充电概率越低，因此，假设电动汽车在各个时间段的充电概率和充电电价的关系为

$$1 - P_i = k_1 (p_i - p_{\min}) \tag{5-36}$$

其中，p_i 为 i 时段的实时充电电价；$p_{\min}$ 为一天内的最低充电电价；k_1 为电动汽车群体充电概率对电价的灵敏度，$k_1 > 0$，P_i 随 p_i 的增大而减小。

电动汽车通过响应实时电价可以提高自身的收益，但是，如果各个时间段的电价区分度过小，电动汽车进行响应后获得的收益变化不明显，就会拒绝响应实时电价。因此电动汽车群体响应实时电价的比例，即有序充电的电动汽车数量占总数的百分比 P_{rec} 与各时间段的电价区分度相关，一般来说，电价区分度越大，电动汽车响应的比例越高，因此假设 P_{rec} 为

$$P_{rec} = \min\{k_2(p_{max} - p_{min}), 1\} \tag{5-37}$$

其中，k_2 为 P_{rec} 对于电价区分度的灵敏度，可以表征电动汽车群体响应实时电价的积极性，单位为 $(\text{元/kW} \cdot \text{h})^{-1}$，$k_2 > 0$，各个时间段的电价区分度越大，参与有序充电的电动汽车比例越高，P_{rec} 最高为 1；p_{max} 为一天内的最高充电电价。

为防止用户侧利益受损导致需求侧响应不灵敏，并平衡电动汽车用户和运营商的利益，实施实时电价前后的充电电价水平应该大致相当，因此设置如式(5-38)所示的电价水平约束条件，平均充电电价保持不变[22]：

$$\frac{\sum\limits_{i=1}^{96} p_i}{96} = C \quad (C为常数) \tag{5-38}$$

可得

$$p_{min} = C - \frac{96 - \sum\limits_{i=1}^{96} P_i}{96k_1} \tag{5-39}$$

$$P_{rec} = \min\left\{\frac{k_2}{k_1}, 1\right\} \tag{5-40}$$

以充电实时电价为引导，得到各个时间段内的最优充电概率，电动汽车代理商以此为依据实现调度策略，从而满足电网负荷需求。

3. 含电动汽车的虚拟电厂调度框架

虚拟电厂可以通过先进的协调控制技术、智能计量技术及信息通信技术聚合各类分布式电源、电动汽车、储能系统等不同类型的元件，并利用上层的软件算法实现不同元件的协调优化运行，从而促进资源的合理优化配置及利用[23]。含电动汽车的虚拟电厂通过模块化软件，对电动汽车集群控制参与电网运行，其作用与电动汽车代理商相似[24]。为了获取电动汽车的调度权，使用户在规定时间将其电动汽车接入相应的充放电设施，虚拟电厂通过优惠用电政策和其他补贴激励措施来积极引导电动汽车用户。

虚拟电厂控制协调中心通过协调分配内部各分布式电源的出力和集群控制器，实现终端用户功率需求和电动汽车集群调度控制，同时稳定对外输出，如图 5-10 所示。

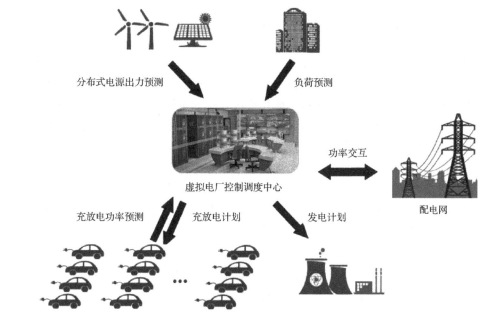

分布式电源出力预测　　　　负荷预测

功率交互

虚拟电厂控制调度中心

配电网

充放电功率预测　　　充放电计划　　　发电计划

电动汽车集群控制器1　电动汽车集群控制器2　…　电动汽车集群控制器*n*

图 5-10　含电动汽车的虚拟电厂调度框架

电动汽车集群控制器是虚拟电厂调度电动汽车的核心器件，其功能模块包括历史数据存储、行程预测、用户需求管理、充放电功率预测等。虚拟电厂控制调度中心整合负荷预测、分布式电源出力预测和电动汽车集群控制器的充放电功率预测等进行优化调度，制定发电机组的发电计划、电动汽车集群控制器充放电计划以及与配电网的功率交互计划。由于分布式电源出力的随机性和电动汽车充放电功率的不确定性，虚拟电厂控制调度中心在制定调度计划时，通过随机模型和鲁棒优化等方法削弱不确定性因素的影响。电动汽车集群控制器根据虚拟电厂控制调度中心下发的调度计划对获取调度权的电动汽车进行有序充放电。

5.3　可视化技术在智能调度中的应用

5.3.1　可视化智能调度系统的设计

1. 系统的总体设计思想

调度员的日常工作主要内容可以分为监视电网和控制电网，其中控制电网又分为处于调整目的控制电网和电网紧急情况下的故障恢复。要想提高电网调度的自动化水平，必须从调度员的日常主要工作入手。目前，传统的 EMS 在数据采集与监控、电网分析方面的功能比较完备，给电力用户带来了极大的便利。在长期的使用过程中，用户从电网安全、可靠、经济运行的角度，对系统提出了更高的要求。对系统大量的采集数据和分析结果进行挖掘提取，得到能够表征电网当前及未来一段时间的运行状况的特征并通过直观的可视化手段展现，这使得调度人员能够更为便捷地把握电网的运行状况。针对表征电网运行状况的特征量及其分析结果，借助人工智能技术，及时提出相应的调整策略，预防事故的发生，使得电网时刻运行在安全、可靠、经济的最佳状态。目前系统高层电网应用软件一般是针对某一领域的单一模块，在各自领域内已有较为精确的分析结果，但这些分析结果没有以更直接的手段发挥其效用，没有给用户提供整体的解决方案。智能调度提供了一个平台，对高层应用的分析结果加以整合挖掘得到更为直接的策略给用户使用。

针对以上考虑，我们通过可视化智能调度系统满足调度员如下需求：可视化展示、电网智能监视、电网状态评估、电网安全分析、辅助决策、操作安全校核。

电网智能监视通过可视化平台进行各种监视数据的展示，辅助调度员面对规模日益增大的采集数据，可以迅速获知重要的信息，准确判断电网的当前状态。电网安全分析则通过自动扫描并调用分析计算结果对电网当前和未来一段时间的安全状况作出评估，并能分析电网的薄弱环节，提醒调度员的注意。辅助决策功能则可以在电网受扰动或者发生故障时，提供安全可行的电网控制方案。操作安全校核则在调度员进行控制电网的操作时，主动根据当前电网的状态，通过电网分析和计算结果的比较，对调度员的操作进行校核，保证电网操作安全正确。

作为可视化智能调度系统的关键环节，电网数据可视化展示平台采用插件式体系结构，即基本的可视化展示环境、图形的现实、电网数据的获取、人机互动功能作为基础的可视化平台，在此平台之上，建立插件交互接口规范，开发可视化展示插件。每一个可视化展示插件通过与具体的数据提供者进行通信，按照自行定义的业务逻辑确定可视化展示手段，最后通过调用可视化平台提供的标准接口控制可视化的展示。可视化系统提出了面向主题的可视化展示方式，即通过分析，把海量的电网状态数据按照不同的侧面通过可视化平台展示，通过特定的可视化手段，把电网在该维度上的信息展现给调度员。

可视化智能调度系统结构图如图 5-11 所示。

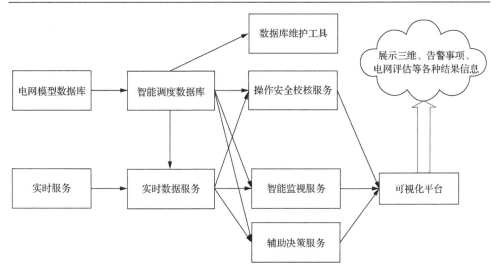

图 5-11　可视化智能调度系统结构图

2. 系统实施的关键技术介绍

可视化智能调度系统的设计开发完成，下列技术是整个系统的关键，这些技术涵盖了系统主要核心业务的实现、整体框架结构和部署应用方式等方面，是系统的技术核心。

1) 模型图形共享与实时数据访问

电网模型、图形和实时数据是智能调度各种功能的基础，本系统开发设计过程中，确定共享能量管理系统的模型图形和实时数据。与能量管理系统采用同构的数据库管理系统，使用数据库的数据库链接方法与能量管理系统的数据建立联系，在基本电网模型数据库模式和访问方式上共享能量管理系统已有的经验。通过数据库管理系统提供的数据快照方式与能量管理系统中基本的数据表建立对应关系，在后者数据发生改变时，通过数据库的快照更新功能进行模型数据的同步。

直接向能量管理系统的实时数据访问电网运行数据，为了不给原有系统实时数据库造成负担，在智能调度系统中建立电网实时数据本地缓存，通过数据更新模块从能量管理系统实时数据库中访问实时数据并送到实时数据本地缓存。数据刷新的范围和频率可以通过配置来确定。

可视化智能调度系统共享能量管理系统中已有的图形，通过扩充原有图形显示机制实现。原有图形系统中，图元的显示通过面向对象方式构建了图元代码类集成体系，负责完成图元内容的管理和绘制操作。通过修改原有图元类派生体系中的基类，增加环境下专用的绘制虚函数，并在具体子类中重载该虚函数，实现了在 OpenGL 环境中的绘制。

2) 电网状态监视与安全评估

电网状态监视采用快速扫描算法，定时扫描电网监视对象的关键数值，确定当前电网部件所处的状态，发现并报告异常状况。扫描的内容包括母线电压、线路潮流(有功、无功)和电流、变压器负载率、线路负载率、关口功率因数、用户定义的其他监视量等。从电网模型数据库得到设备监视量的告警限值，并根据用户定义的比例设定预警限值，当监视量达到预警限值时，发出预警通知，附带限值信息和监视量当前的数值。根据季节、天气信息和用户输入的特定社会事件，动态调整预警限值的大小，从而智能控制监视的严格程度。

周期进行静态安全分析，对系统进行扫描计算，识别在当前电网运行方式下电网发生故障的危害程度，汇总全局扫描的信息，确定电网中易受故障影响的设备，即确定电网中的薄弱环节。

电网安全评估收集电网状态监视、静态安全扫描等各种扫描信息，根据事项和故障的类型加权后，计算得到衡量电网安全特性的量化指标，并根据该指标的范围确定电网的安全状况。粗略地分，可以把电网安全状况划分为安全、预警、紧急三个状态，电网状态安全表示各项指标都在预警范围之内，没有需要特别注意的情况；预警表示电网的运行状态处于非正常状态，越过了系统确定的预警限值，需要引起足够的重视；紧急则表示电网发生了严重的情况，必须立刻注意并采取相应的行动，保证电网的安全。

3) 电网数据可视化方案与应用

电网数据可视化技术把电网监视分析计算的结果通过形象直观的方式展现在界面上，供调度员获得电网运行状况和计算分析结论。采用 OpenGL 实现图形的绘制，支持能量管理系统原有的图形，并且以潮流图、地理图等作为可视化展示的基础。使用二维和三维可视化图元进行可视化展示，二维图元包括流动潮流线、饼图、标尺等，三维可视化图元包括圆柱、圆锥、立体墙等。支持图形背景的渲染，即按照图上数据点采用分割插值的方法得到整个图形的数据分布，并按照颜色影射的方式把数值映射到颜色，在图形背景上进行颜色绘制，表示数值在二维平面的分布状况。

确定各种信息的可视化显示手段。线路负载率可以采用两种方式显示：一种采用在线路中间位置布置饼图的方式，使饼图的填充比例与线路的负载率对应；另一种是采用背景渲染的方式在线路周围通过颜色块的方式表示线路负载率的大小。母线电压用标尺的方式显示，同时显示母线电压的上下预警限值和告警限值。采用圆柱高度显示变压器的负载率和变压器的力率(功率因数)，也可以使用背景渲染的方式在地理图上按照变电站位置绘制主变的负载率和功率因数。使用多场景变换方式展示电网静态安全分析结果，即把整体扫描结果作为一个场景，在场景中使用圆柱表示每个故障扫描，使用圆柱高度表示故障扫描得到的危害指标；用户可以点击进入某个故障的细节场景，细节场景中显示故障和该故障发生时所影响的设备，使用圆锥表示受影响的母线、变压器等设备，使用立体墙表示受影响的线路，使用圆锥和墙的高度表示受影响的程度。

4) 面向主题的电网智能监视框架

电网智能调度主界面提供主体切换机制，并提供主题配置界面，用户可以在系统运行过程中添加、修改、删除主题。每一个主题的内容包括主题的标题、说明信息，包括所使用的基础图形，进入该主题时默认背景渲染方案，可视化业务支持插件，进入主题的默认视角等信息。

5) 电网操作安全校核与知识库

电网操作安全校核需要解决操作输入、拓扑分析、潮流计算、结果汇总整理和显示等几个环节。操作输入采用图形界面上直接在设备右键菜单操作的方式，支持的操作类型有开断设备合转分、分转合，变压器升降挡、投退操作等；结果的汇总包括总体校验结果的判断和详细步骤。这两部分功能同时还包括了与校核服务器数据通信，又需要与人机界面密切配合，作为一个独立的动态链接库开发，与人机界面程序实行耦合，除了必要的菜单，人机界面程序不需要做其他修改。这也为其他程序嵌入操作安全校核提供了接口支持。

拓扑分析完成对操作符合调度业务规程的复合程度。首先把复杂的电网模型根据电网的物理结构和带电状态抽象成点和连线，连线代表双端开断元件并根据开断特性分析得到电气岛。操作检验过程中，根据操作的类型采用不同的判断逻辑，部分操作需要预先对分析模型施加变化，根据变化后的模型状态判断是否满足。

依据调度员的运行经验，建立安全校核知识库，其形式为一些具体的设备和设备所处的状态，以及在该状态下是否可以进行某种操作。在整个校核过程中，当基础校核完成后，搜索知识库，判断是否能与知识库中的规则匹配，如果匹配则应用规则中的判断。

6) 电网辅助决策匹配与验证

电网预警监视作为辅助决策的触发条件，辅助决策把所有的电网告警、预警事项按照类型和程度排序，优先处理其中具有较高优先级的内容。辅助决策的方案来自专家经验库，其形式为匹配条件和操作序列。当触发条件满足时，选择满足条件的方案，并使用当前最新的电网状态作为初始条件，应用所有操作序列，验证所有操作是否安全，并能解决当前预警、告警事件的问题，若验证通过，则所有辅助决策客户端发送方案以及验证的结果。用户根据方案的内容和验证结果确定是否采用相应的方案。

5.3.2　可视化智能调度系统技术路线

1) 算法及体系结构设计

本系统选择算法以先进和实用为衡量标准, 选择经过多年使用验证的算法或者符合本系统适用环境的算法和模型。

系统软件的可扩展性、可维护性是系统在整个生命周期内一个重要的评价指标, 由于智能调度系统是一个具有探索和尝试性质的开发项目, 其内容又涵盖多种不同的业务逻辑, 为了开发和后续升级改造的方便, 也为了提高系统整体的可扩展性、可维护性, 本系统研发过程中充分采用了模块化的体系结构, 具体表现在系统架构、模块组织、模块内设计几个层次。

在系统架构层次, 系统与能量管理系统采用数据转发模块进行电网数据的获取, 通过数据库链接方式建立对原有模型数据的访问; 在模块组织方面, 采用面向服务的架构(service-oriented architecture, SOA)方式构造整个系统结构, 主要的业务逻辑采用服务方式提供, 部分业务服务充分共享, 界面数据分离; 在模块内部设计中, 注意业务谬辑的包装, 利用动态链接库技术提高每个业务功能内部的内聚, 降低功能单元的稠合度; 部分模块采用插件化设计思想, 使程序代码具有较高的可维护性, 为现场灵活配置提供了组织基础。

2) 软件设计与开发

面向对象的分析与设计(在许多领域中得到了广泛的应用, 应用面向对象的方法, 用贴近人的自然思维方式去分析、抽象、表达系统开发过程中的各种信息, 能有效地控制系统开发的复杂性。面向对象方法提供了对象、类、继承、封装、多态等一系列机制, 用于分析、抽象、简化、模拟实际的问题和系统, 因而使这种方法成为软件开发技术的主流。

系统广泛采用面向对象的方法分析设计和实现, 包括可视化图元体系设计、可视化窗口体系设计、插件化模块组织等。利用面向对象技术提供的各种概念和技术组织实现系统的重要功能, 组织代码, 控制开发的复杂性。

3) 人机交互界面及三维可视化平台设计

智能调度系统的主要目的是向调度员反映电网的运行状况和各种分析计算指标, 因此系统在界面设计中充分考虑人机工程学的因素。在可视化界面设计中, 应充分利用人眼比较敏感的颜色编码, 另外利用动画, 但应保证动画效果不能过多, 以免造成界面紊乱, 湮没有效信息。在二维场景中, 可以充分利用图元尺寸进行信息编码; 在三维场景中, 由于透视效果, 处于场景不同位置的图元在尺寸上会有视差, 所以不用尺寸作精确编码, 更多使用颜色、透明度、动画等明显区分的特性。

可视化场景中背景颜色的渲染应能根据用户的使用习惯配置不同的颜色映射方案，使背景渲染的颜色能正确反映所表达的分析结果，同时又能让用户产生准确的反映。在界面设计中，充分考虑颜色、动画的效果。电网告警事项窗口应能按照不同的告警级别使用不同的颜色显示，新近变化的事项应能闪烁或者变换颜色，以引起用户的注意。使用滚动信息字幕来表示新近到来的电网告警事项。

5.3.3 系统各功能模块设计

1）EMS 模型同步模块

研究商用数据库数据同步功能，利用外部程序控制数据库的功能，实现数据库同步，通过使用数据库链接和数据表快照可以达到数据单向同步的目的。具体过程如下：首先在数据库同步程序所在节点机安装数据库客户端，并正确设置命名服务，分别指向源数据库和目标数据库。然后在初始化过程中，初始化目标数据库，包括建立表空间、创建用户、创建智能调度专用数据表并初始化。在目标数据库上建立到源数据库的链接，然后所有需要单向同步的数据表建立快照，如图 5-12 所示。

对于需要进行记录级修改的表，则采用快照+本地表=视图的方法，具体来说，如果表（The Table）需要 EMS 和智能调度两部分记录，则首先建立到源数据库的该表的快照，然后以该快照为原型，创建本地表：

Creat table TheTable_IDA as（select *from TheTable_Snapshot where 1=2）

该表内容为空，作为本地专用维护工具维护的对象。然后利用快照和本地表建立与表名称相同的视图，供程序访问使用：

Creat view TheTable as（select *from TheTable_Snapshot union select*from The Table_IDA）

利用这个方法可以有效实现数据的整合。当源数据库中的相应表与本地数据库表结构不同时，需要修改本地表格，创建相应的视图。

初始化完成后，通过结构化查询语言（structured query language, SQL）来执行快照刷新过程：

Exec dbms_snapshot.refresh('****','C')

其中，****用来指定快照的名称，'C'表示全部刷新。通过方为 USER_SNAP-SHOTS 可以访问所有快照的最后更新时间，与启动更新的时间对比可以确定哪些快照更新失败。如果 EMS 数据库不可用而导致刷新失败，不会影响原有的数据内容。

如果可以对 EMS 数据库进行操作，对所有需要建立快照的表格建立刷新日志，则可以对快照进行增量刷新，提高数据刷新的效率。

数据库静态模型同步工作流程如图 5-12 所示。

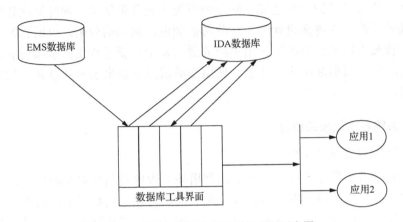

图 5-12　电网智能调度模增同步流程示意图

2) EMS 实时数据刷新模块

实时数据刷新模块是 EMS 实时数据库和分布式自动化接口(interface for distributed automation, IDA)实时数据库之间同步的工具。数据刷新程序启动后,连接 IDA 实时数据库,通知 IDA 实时数据库把建立好的数据对象列表(数据对象类型可以通过配置文件进行设置)发送给数据刷新服务。后者根据要求,连接数据刷新程序的通信服务,把数据项清单传送过来。然后数据刷新程序将这些数据对象组织成软总线订单发送给 EMS 实时数据库,订单返回时重新组织后再转发给 IDA 实时数据库,从而实现 EMS 和 IDA 实时数据库的同步,如图 5-13 所示。

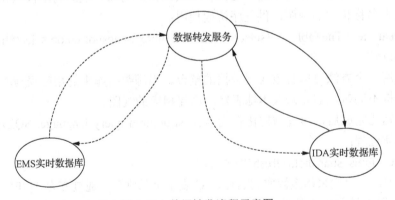

图 5-13　数据转发流程示意图

3) 智能监视服务器模块

(1) 关于母线电压的监视。母线电压限值的设置是分时段的。关于"电压安全限值"和"电压考核限值",为了渲染方便,各电压等级的电压及限值归结为标幺值。标称电压值为 500～525kV、220～230kV、110～115kV、35～37kV、10～10.5kV、6～6.5kV、0.38～0.38kV。

（2）潮流输送断面的监视。潮流输送断面是电网中的一个支路集，一般用于监视区间联络线功率。这里的断面是指空间的而非时间的。通过暂态稳定计算，一般可以确定断面的传输功率极限。有时如果网络很强，这个功率极限也可能受线路热稳定极限的瓶颈限制。潮流输送断面的传输功率由其各支路总加得到，将其与预先设定的传输功率极限相比较判断状态。

潮流输送断面的模型描述通过两个表实现：潮流输送断面表和潮流输送断面支路表。每个潮流输送断面支路数最大为 16，潮流输送断面支路由线路形成。

（3）关于关口的监视。通过关口设备的有功总加和无功总加，计算该关口的功率因数，并预先设定功率因数的预警上下限和考核上下限。

4）操作安全校核模块

操作安全校核程序分为客户端和服务器。客户端为人机交互界面的插件，将遥控指令发送到服务器后，接收并展示服务器的校验信息。服务器基于系统和潮流计算模块，收到客户端请求后获取状态估计的数据，进行拓扑计算和潮流分析，得到操作前后的运行状态，根据预定义的条件给出操作校核结果。主要校核功能分为基于拓扑的操作规则校核、自定义规则操作校核和潮流操作校核。

（1）基于拓扑的操作规则校核。倒闸操作目的是改变运行方式，在这些改变中有些是期望得到的结果，有些是不期望得到的结果，有些是不允许的结果。通过基于拓扑的操作规则校核，对操作进行分析，对不允许的操作，拒绝进行；对其他有影响的操作，给出提示，由操作人员判定是否期望的操作。规则的基本编程思路如图 5-14 所示。

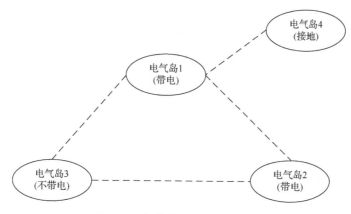

图 5-14　拓扑岛带电分析示意图

①合环、解环、并列、解列、送电、停电的判定原则。如图 5-14 所示，通过

拓扑分析形成四个电气岛，由断开的开关或刀闸相连。闭合电气岛和电气岛之间的开断元件，将形成带地刀合闸的误操作；闭合电气岛和电气岛之间的开断元件，将形成并列操作，需要检查同期条件；闭合电气岛和电气岛之间的开断元件，将形成对电气岛充电或送电操作。合环、解环、并列、解列、送电、停电等情况都可由开关或刀闸所连电气岛及其带电属性来判定。

②接地刀闸或临时地线的编程原则。当接地点未带电时，才可以合接地刀闸或挂接临时地线。在任何情况下都可以分或拆临时地线。

③刀闸的编程原则。

刀闸合：本回路开关必须断开，才可以合刀闸。

刀闸分：本回路开关必须断开，才可以分刀闸。

送电的顺序是：先合母线侧刀闸，再合线路侧刀闸，最后合开关。

停电的顺序是：先分开关，再分线路侧刀闸，最后分母线侧刀闸。

④开关的编程原则。

开关合：在热备用状态时可以合开关。

开关分：在任何情况下都可以分开关，无条件。

(2)自定义规则操作校核。可以根据特定的用户要求或特定的电网结构设定执行某项操作时的约束条件，约束的内容可以是开关的状态或电压潮流等数值大小及其逻辑关系的组合等。

(3)潮流操作校核。潮流操作校核是对操作前后的潮流数据进行比较，给出操作后的潮流变化较大以及越限的情况，不再需要人工切换到潮流服务进行操作。

5)电网智能调度人机界面模块

电网智能调度人机界面是可视化智能调度系统中人机交互最为重要的界面程序，主要完成以下功能：电网状态指示、电网告警事项显示、智能辅助决策方案展示、主题配置与切换、电网数据可视化展示。

电网智能调度人机界面主题采用 QW 的 QMainWidget 框架，主要布局如图 5-15 所示。

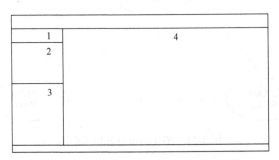

图 5-15　电网智能调度人机界面布局图

图 5-15 中 1 为电网安全状态指示，2 为电网告警事项显示，3 为监视主题图例显示，4 为可视化场景区域。上下空白区域为主程序的菜单、工具栏和状态栏区域，在状态栏区域，布置滚动字幕显示区。

6) 电网状态指示与告警事项显示

电网状态指示与告警事项显示的信息来自电网智能监视服务器，通信采用软总线永久管道方式，为了提高通信效率和时间响应速度，该数据通信采用推拉结合的互动机制，全量数据/增量数据分别发送，如图 5-16 所示。

图 5-16　电网告警事项通信机制示意图

界面程序在启动后主动与服务器建立连接，发送命令请求索要全部告警数据，服务器接到命令后向该客户端发送电网告警事项的全部内容。界面把收到的全部数据显示到电网告警事项列表中，并根据一同发送的电网安全状态指标数值设置界面上的电网安全状况。当服务端通过周期扫描，需要对当前电网告警事项内容进行修改时，则给所有客户端发送增量数据，具体的类型包括：①事项增加，发现新的电网安全告警项目；②事项删除，原来的安全告警项目已经不存在；③事项修改，原来的安全告警项目详细内容需要修改。

客户端在接收到服务器主动发送的增量数据后，修改当前显示的状态列表，并根据一同发送的电网安全指标改变界面上的电网安全状况显示。

7) 主体配置与显示

主题是在可视化平台中表征电网一个侧面特征的图形、插件、渲染方式等信息的综合，主题的内容可以由用户自行设定，因此人机界面提供对主题的配置界面。

在主体配置界面上可视设置全局信息，包括图形目录和插件目录，这些信息使得在每个主题中不需要选择图形文件和插件文件的全路径，只需要给出文件名即可。主题可以增加、删除、调整在列表中的次序等，主体列表中所有主题的显示顺序与人机界面中主题类表的顺序一致。

每个主题的信息包括标题，图形，是否使用动态插件和插件的文件名称、图例配置名、默认颜色渲染、默认视角信息以及详细描述等。标题标明主题的主要目的，在可视化界面上显示在画面的最上端，不会被任何图像覆盖。图形指主题的基础图形文件，通常使用潮流图或者地理潮流图。如果主题需要使用业务插件，则需要选择是否使用插件，并设置插件的名称。图例是在可视化界面一角显示的图形说明，采用配置文件的方式，每个图例配置文件包括一系列文字图标对。默认渲染效果则描述切换至该主题时可视化界面的背景渲染效果，可以选择系统提供的渲染效果方案的名称。默认视角则描述切换至该主题时，可视化界面默认的俯仰角度和旋转角度，当采用地理潮流图作为背景并进行三维图元展示时，提供一个默认的俯仰角能得到比较好的视觉效果。"说明"是对该主题的描述，说明主题的一些构建目的、编码参数等。

8）人机互动

传统的调度自动化系统中，调度员作为最终的用户，对系统功能很难做定制，通常是由自动化人员对系统进行维护和定制。电网智能调度人机界面提供丰富的人机互动手段，包括可视化系统的业务互动和界面的视角控制，给调度员提供极大的自由度。可视化系统业务互动包括可视化图元的点选互动、切割互动等。在三维可视化图元中，当用户使用鼠标点击时，可以在图元上方显示该图元的具体信息，同时该图元用方框包围，表示处于被选中状态。如果动态插件支持互动，则双击被选中的图元可以进入其相关场景。

5.3.4　可视化智能调度系统的实现

1. 系统运行环境

1）硬件环境

网络：调度专网，调度部门内部 100/1000MB 局域网（H3C 网络交换机）。

数据库服务器：DELLR710 机架式服务器；CPU XE0N 四核 E5506×2；内存：4GB；硬盘：146GB×2；集成双网卡，附加两块 10/100/1000MB 自适应以太网卡；16×DVD-ROM。

工作站：DELL T3500 微塔式专业工作站；CPU:INTEL（R）Xeon（R）W3503处理器。

主频：2.4GHz/4MB L3 高速缓存；内存：4GB 硬盘：SATA 320GB×2；光驱：DVD-ROM。

网卡：100/1000Mbit/s 网口×3；显卡：256MB PCIe×16 ATI FirePro V3750支持双屏幕显示器；键盘鼠标、电源、风扇、机架安装。

2）软件环境

数据库服务器：操作系统为 HP UNIX，数据库系统为 ORACLE 10.2.0。

工作站：操作系统为 Windows 2003。

3）开发环境

操作系统：Windows 2003、HP UNIX。

开发工具：Microsoft Visual Studio 2005、PL/SQL Developer 7.0、gcc4.2.3。

测试工具：Microsoft Visual Studio 集成的代码分析、LoadRunner 等。

2. 智能调度系统功能

智能调度系统功能包括电网智能监视、电网状态评估、电网安全分析、电网调度辅助决策等功能。

1) 电网智能监视

电网智能监视功能是对系统监视功能的深化，针对地区调度员关注的能够表征电网安全状态的变量，一方面采取直观展示方式向调度员展示上述变量的运行情况，另一方面根据监视量的状态决定是否启动辅助决策分析。电网智能监视结果展示方式主要通过三维手段以及告警事项的方式向调度员进行反馈，使调度员对电网的运行状况有准确的把握。

2) 电网状态评估

建立适用于地区电网的电网状态健康模型，根据取得的指标综合进行分析预警，得到电网在线安全状态。

电网的健康度指标主要考虑的因素如下：

(1) 母线电压的一、二级报警限。

(2) 重要线路潮流。

(3) N-1 分析。

(4) 网损。

(5) 主变力率和负载率。

电网健康指标以一个分值显示当前电网的健康度，同时提供该分值下各相关电网安全量的具体安全值，在一个单独的窗口显示，使调度员对当前的电网安全度一目了然。

3) 电网安全分析

(1) N-1 分析。电网安全分析对当前电网进行分析，将分析得到的电网运行薄弱环节展示给调度员。电网安全分析的结果与电网智能监视采用相同的反馈渠道传递给调度员，即电网安全状态和告警事项显示，以及电网数据可视化展示平台。

(2) 提供有条件的 N-2 分析。人工指定故障，设置故障后再进行一次计算，即实现有条件的 N-2 分析，帮助运行方式人员准确把握电网的安全状况[25-38]。

在潮流计算的服务中，提供对该操作的支持。提供操作的向导，提示调度或运方人员如何操作。

4) 电网调度辅助决策

电网调度辅助决策功能是在电网出现一些特殊情况时进行辅助决策分析。电网的特殊状况包括监视量达到或超过预警限值和电网故障。辅助决策分析针对处理的情况提供合理的解决方案。电网调度辅助决策功能接收电网安全分析的结果，当电网分析结果构成触发电网辅助决策的条件时，即启动分析过程。支持人工输入预案和自动推方案[39, 40]。

(1)基于专家库的人工输入预案。人工方式将事先指定的预案输入专家库系统，在电网出现变压器过载、母线电压告警等越限报警事项时，自动弹出相应预案并根据当前电网方式进行校核。

(2)针对过载预警的辅助决策。电网出现变压器过载及线路过载时，辅助决策系统接收系统预警的该类事项，根据电网的实时运行方式和数据，以线路投退为基本操作手段，给出负荷转移或切负荷的方案，以消除越限和预警事项。

切负荷时提供高危客户及拉路序列的判断，提示哪些站需要拉掉多少负荷。

(3)故障分析与辅助决策。电网出现故障时，辅助决策系统结合故障定位的结果，延迟一段时间等待备自投动作完成后，对事故前后运行方式和数据进行对比，自动分析失电范围，精确到厂站。对失电的厂站在可视化平台上着重显示，以供调度员准确判断。依据电网结构生成以线路投退为基本操作手段的失电恢复策略，以列表的方式提供给调度员，供调度员参考。

5)电网操作安全校核

操作安全校核，实现对预想操作的在线安全校核，考虑电网安全操作规则约束、自定义约束、潮流约束等，提供校核报告。系统根据当前电网运行状况对调度员的操作进行合理性检查和相关计算，并分析汇总检查和计算的结果，反馈给调度员。调度员不用做任何环境的变换即可得到综合考虑各种情形的操作校核结果，这极大地提高了操作的安全性。

6)电网经济运行

(1)无功分布统计与可视化展示。自动分析当前电网的无功传输与无功补偿的状态，确定当前电网的无功分布，调度和运行人员可以以表格的方式得到直观的计算数据。

采用可视化的展示手段，通过系统提供的三维圆柱与飘带功能，使调度员和运行人员得到当前电网的无功状态和分布更全面直观的统计结果。

(2)无功经济运行自动分析与辅助决策。自动分析当前电网运行方式，在电压和关口力率考核标准的约束下，按照预定原则组合筛选运行方式，给出电网无功运行的最经济运行点，并与当前系统状态进行比较，给出运行建议。

(3)主变经济运行。根据电网实际运行数据，系统对主变所允许的各种运行方式进行计算，与实际运行方式进行比较，提出降低电网有功损耗的建议。在可靠性与经济性不同主导的情况下给出主变的运行方案(两台或是三台)。主要从负荷与可靠性的角度考虑实现。可靠性主导时，要求以可靠性为主要标准，以经济性为辅,对主变的负载进行计算,给出合理的方案。经济性主导时,在保证安全可靠的前提下,给出两台变压器运行的方案(是否可以两台运行),并在可视化平台给出醒目的提示,以提高经济性。

7) 电网数据可视化展示平台

作为上述功能的一个集中展现平台,根据配置的主题提供智能监视的界面,提供三维展示平台。该平台采用 OpenGL 基础开发,可以显示系统中已有的潮流图、站内接线图等图形,并能在这些图形上进行可视化展示。展示由智能监视服务提供的各种结果信息,实现重要事项告警、信息分主题展示、主题配置、三维展示与操作、自动推图、普通告警信息展示等功能,用来监视电网的运行状态。

8) 高性能计算平台

目前电网的一些计算如电网安全分析是非常耗时的工作,在一定程度上影响了调度员的使用方便性。并行平台高性能计算支持实现分析在线分析与结果汇总。研究算法的可分性,使用并行计算中间件在多核或者多机集群中自动分配并行化计算任务,同步完成解耦后的操作,使传统上费时在分钟级的计算可以在秒级完成,保证在线操作校核的时效性。

9) 系统维护

智能调度系统与现有的 EMS 无缝结合,大大降低了系统的维护工作量,系统的主要维护工作包括数据库维护、图形维护及日常软件维护。

(1) 数据库维护。系统数据库的维护工作主要有模型同步、操作校核自定义约束条件维护、预警监视、辅助决策等模块提供参数维护。

(2) 图形维护。为监视主题,维护监视图元,绘制监视主题图。

(3) 日常软件维护。提供高级应用软件的专用维护程序,便于运行维护人员对相关参数进行修改。

5.4　云计算在智能调度中的应用

5.4.1　云计算及 Hadoop 技术

1. 云计算

云计算是 2006 年前后由商业界率先提出来的一种新型的计算模式,随后,其便在企业界、学术界掀起了一股云浪潮。不仅世界一流的 IT 公司在逐步跟进,国内 IT 行业的许多领导企业也在步步跟上。许多外国公司还与国内一流的大学建立良好的合作关系,开展了许多论坛以及研讨会;其中 IBM 公司还帮助北京工业大学建立了首个云计算数据中心以便开展更多的应用与研究。相关单位积极配合,相继又建立了无锡、深圳、天津等地的云计算中心并对外提供公有云服务。国内的高校以及研究机构也积极开展了相关的研究，共同推动云计算这股计算浪潮。

根据相关权威机构的调查显示，未来 10 年的计算业务增长有 80%来自云计算行业。随着 VMware 与 Citrix 等云计算/虚拟化公司相关云计算产品，如 Vmware View、Citrix Xen Desk Top 的相关发布，众多中国的企事业也体会到云计算带来的革命性变化，并一试身手建立了自己的企事业私有云。这推动了中国云计算事业的蓬勃发展[41-44]。

2010 年，在中科曙光公司的帮助下，成都云计算中心建立并对外开放，同年12 月也是在该公司的帮助下，无锡云计算中心也建成运营并对外提供云计算业务，在政府的大力支持下，中国的云计算事业正在蓬勃发展，各行各业都积极推行着自己的云计算改造方案，公安、税务、军工、航天、地税、卫生医疗、教育等多个行业已经部分或全部进行了云计算项目试点的相关工作，并取得了相当的成就，同时，国内的 IT 公司如百度、联想、华为、中科曙光、浪潮等公司也在努力研发自己的云计算产品，帮助国内的企业单位建立自己的私有云数据中心，同时与国外同行业的公司进行交流合作共同研究云计算的新产品，共同推动着中国以及世界的云计算事业。

云计算是一种新的计算模式，它将改变以前人们使用计算机的方式，从数据中心的定义到软件服务的定义都将发性根本性的变化。因此，软件公司势必也要跟上云计算的步伐，积极探索自己的云计算之路。按照云计算的分类，作为云计算最上层的 SAAS 是软件厂商的努力发展的方向，同时，以前开发中间件的公司也可以转向 PAAS 层的研发。为上层软件的开发提供统一的平台环境。例如，CA 公司开发的中间件平台，可以为其他软件厂商软件的开发测试提供弹性的开发和测试环境，相比传统的软件测试，它有助于降低成本，减少软件研发的复杂性，同时提高效率。而其他公司开发的软件则可以直接放在云计算平台上运行，对用户而言，他们看不见软件的安装过程也感觉不到软件的升级过程，这一切对用户都是透明的。从用户一侧来讲，以前需要花钱购买软件的方式已经不需要了，用户所使用的所有软件都放到云平台上，用户只需要对自己使用的计算能力和软件产品时间付费就可以了，另外一个更重要的特点是，用户可以随时随地使用所需要的软件，只要可以接入网络，自己所使用的设备都不是关键问题，如 PDA、智能手机、iPad、Mac 笔记本、Windows 8 都不是关键。这种变化所带来的优势足以催生一个崭新的时代。

2. Hadoop 开源云计算框架

Hadoop 是一个开源的云计算平台，它是 Google 现在使用的谷歌文件系统（Google file system, GFS）、MapReduce、Big Table 的大数据处理系统的开源化版本，它的特点是适合大数据处理，是目前业界使用最广泛的云计算平台，其良好的平台易搭建性、可维护性以及对成本的低要求性都使其获得了足够强大的生存能力。在中国，百度、中国移动等大公司都相继利用 Hadoop 搭建了自己的海量数据处理平台，并成功地将自己的大数据处理应用进行了 Hadoop 改造，获得了巨大的成功；还有其他 IT 公司如阿里巴巴，其业务数据已经达到惊人的量，每天产生的交易数据达到几百 TB 甚至上 PB 的数量级。处理这样规模的数据靠以前的增加设备、增加存储等原始的方法显然是不可取的，因为其资源利用率、数据处理能力、存储 I/O 都受到原始的计算系统架构的影响，其扩展性、存储能力和计算能力均会受到影响[14-16]。急需一种新的计算模式。因此，Hadoop 便成为该公司的首选，阿里巴巴利用 Hadoop 进行了满足自己特有需要的改进并测试应用，建立了阿里云。除以上提到的 Hadoop 应用之外，许多其他国内外知名的公司都在做相关的研究，如 Amazon、Facebook、Google、IBM 等国外 IT 巨头，国内的中科曙光、华为、浪潮等服务器提供商，中国移动、中国联通也通过 Hadoop 建立了自己的云计算平台，如中国移动的"大云"、中国联通的"沃云"等云计算平台。另外，国内的高校、研究机构也积极开展关于 Hadoop 的相关研究，并与国内 IT 公司联合搭建实验平台，改进 Hadoop 平台的文件系统和资源及任务调度策略。而且在中国每年都会定期举办 Hadoop 的相关国际会议、论坛，与国际 IT 厂商、云计算厂商如 VMware、Citrix、C&A 等跨国公司进行更广泛的合作。VMware 中国研发团队还开发出了基于虚拟化平台的 Hadoop 平台，使 Hadoop 平台的搭建时间从几天缩短为短短几小时。

5.4.2 智能调度云体系结构

当今，我国的电网发展异常迅猛，体系调度不断完善的情况建立了稳定的调度机制，从宏观上大致可以分为五级，这五级分别为国家级、区域级、省级、地区级、县级。国家级建设有国家电力调度综合指挥中心，每个省有自己的电力调度中心，地区也有自己的调度机构，县级调度中心规模小一些。调度体系大致如图 5-17 所示。

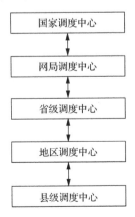

图 5-17 电力系统五级调度体系

智能电网调度的业务比较复杂,包括的业务种类非常多。其中主要的功能有:对电网状态的实时监测、对电网状态的分析,评估电网安全形势运行状况等关键参数;电网静态、动态的分析计算;电网安全预警,电网调度计划的制订,电网调度计划又包括日调度、周调度、月调度、年调度等不同的调度层次,分析计算的类型也有不同,有的应用需要大数据处理,如数据挖掘等;负载预测也是一个比较重要的业务类型,负载预测的类型类似于调度也包括不同周期的负载预测,如年负荷预测、月负荷预测等;最后还有发电计划的安排、电力调度的检修计划的安排等,随着智能电网的建设,新的业务也在不断出现,如电力市场信息的发布,智能电表信息的收集、同步、处理等,可再生能源的管理也是其业务的主要功能[45-47]。

5.4.3　智能调度云数据中心体系结构

目前,电网调度自动化系统的核心功能主要包括以下几个方面:①智能监测设备的数据采集信息的收集与处理,以及其他系统产生的数据;②数据的存储以及管理信息系统的运行与维护;③各种应用数据的访问等几个方面。

电网调度系统的数据来源有许多方面,包括日常生产运行、电力市场的交易数据,办公自动化系统等众多业务系统的业务数据,这些数据的产生到最后都会被统一提交到调度中心,调度中心的相关软件程序会进行数据集成,除去重复的数据把进行数据清洗后的数据存储到数据仓库中,以便以后为相关信息的数据挖掘或者联机分析处理以及各种各样的智能决策系统的运行提供原始数据。数据的存储和管理信息系统的运行与维护主要是对数据进行安全的存储,防止地震、火灾等外来因素造成数据的丢失,电力调度系统也是一个正常的企事业单位,它们有自己的办公自动化系统、人力资源管理平台、财务管理、仓库管理、安全工器具管理等日常的信息管理系统,对这些信息系统的维护也是电力调度中心目前进行的重要工作。目前的电力系统建设标准不统一,数据集成度非常低,这造成了很多系统的重复建设、资源浪费,包括软件系统也包括硬件资源如服务器、路由器、交换机等基础设施;执行的标准也不统一,有的是按照国家电网的统一标准进行的建设,有的则是按照地方的标准,整个系统缺乏资源的整合与有效利用。最后,电力系统的数据量在未来的智能电网建设过程中会迅猛增加,现有的计算能力与存储能力即将面临巨大的压力,海量数据的处理摆到议事日程,智能电网要求新型的智能电网调度中心具有更强大的数据处理能力和存储能力,可以运行大规模的数据挖掘、决策分析等计算任务[6, 11, 12]。

根据智能电网调度的业务特点及其面临的挑战,智能调度云计算数据中心的建设应该满足以下几个重要目标。

(1)整合现有电力系统的 IT 资源。考虑资源的有效利用可以整合现有的 IT 资源，也可以新建新的数据中心，数据中心的资源满足云计算最基本的点，按需分配；形成计算能力、存储能力以服务形式统一调用的运行机制。

(2)数据中心基础设施的高可靠性。为提高数据中心基础设施的高可靠性，对重要的资源要进行高可用性群集(high auailable, HA)设计，例如，核心网络要双机热备冗余配置，重要的数据库也要做 HA 配置[46-48]。

(3)网络结构的可扩展性。云数据中心的网络结构必须要满足可扩展性的要求，数据中心的规模可以弹性地调整，满足当下以及未来业务增长所带来的基础设施扩展压力。

(4)海量的存储能力和近似无限的计算能力。能够存储由在线监测设备、智能电表等智能设备产生的大量实时数据，同时能进行海量数据的在线分析计算，这是实现大规模电网的快速调度与控制的基础。

5.4.4　智能调度云数据中心任务调度策略

1. MapReduce 云计算编程框架

MapReduce 是一个能够处理海量数据的编程模型。能够将其应用程序在大型集群中运行，并且在处理大数据(TB 级数据)时具有很好的容错能力。MapReduce 模式工作时，需要把处理的海量数据分发到大量的机器中。它所要做的工作是把数据根据用户的设计要求转换成<Key,Value>对进行存储。首先集群中的每个块服务器接收 MapReduce 分发的任务，然后在本地服务器并行处理所分发的任务，得到结果后进行第一步合并操作(需要指定)，然后各个块服务器将自己的结果按照一定映射规则传到指定机器进行进一步的合并，最后从后来指定的块服务器中得到各自的处理结果。

2. MapReduce 组成及核心功能

一个 MapReduce 计算模型需要实现两个阶段的工作，Map 阶段和 Reduce 阶段。

1)映射(Map)

在 Map 任务执行之前，分布式文件系统(hadoop distributed file system, HDFS)将会把输入文件集按照规定大小(一般 64MB 为一块，也可由程序员自己设定)切分，对于输入的文件集，由于划分时并没有考虑到其中具体的逻辑结构，在启动 Map 任务时，它会从用户已经设定好的 Input Format 类中定义的 Record Reader 类读取 Map 输入数据。对于输入时产生的<Key,Value>对是由 Input Format 类来负责解释的。

从 Record Reader 中取到的<Key,Value>对将会传进用户重写的 Map 方法中，经过用户设计的处理程序，产生新的<Key,Value>对，这时的<Key,Value>对的类型用户可以进行自定义,只是作为处理的中间数据,然后调用 context.write 方法对其进行收集。

当一个 Map 任务处理完分配给它的所有任务后,其将会通过 Key 类对输出的<Key,Value>对象进行划分,具体位置是由 Partition 对象指定的。被划分为多少个部分则是由系统默认或者用户设定的。含有相同 Key 的<Key,Value>对将会被分到同一个部分,在下一步工作中统一进行处理[49-52]。

2)本地规约(Combine)

当 Datanode 上处理完 Map 任务时,将会产生大量的中间数据,如果直接把中间数据提供给远程的 Datanode 读取将会占用大量的传输带宽,为了提高全局规约的速度,这时,可以在本地设置一个 Combine 对象,进行本地规约。过程是:Map 阶段产生的<Key,Value>对不会立即送到输出,而是先被存到本地缓存的一个列表中,待此列表达到一定的装载数量时,缓存列表中的<Key,Value>对会被清空并转移到 Combine 类的 Reduce 函数进行本地规约,然后把其产生的<Key,Value>对送到原来 Map 映射输出。

3)规约(Reduce)

规约过程的输入文件来自 Map 映射产生的文件,或 Combine 合并后产生的输出文件,这些文件会被复制到相应规约任务所在 Datanode 的本地文件系统中。当本地数据准备就绪后,会以追加文件的方式追加到指定的文件,然后通过默认的 Sort 排序,将相同 Key 的 Value 进行连续排序。最后,文件中相同 Key 对应的所有 Value 将通过一个迭代器传输到规约的 Reduce 函数中,由用户编写的程序进行统一的处理,然后以<Key,Value>对的方式输出。Key、Value 的类型可以由用户自己定义。每一个 Reduce 任务有一个输出文件。

5.5　多代理系统在调度协调中的应用

5.5.1　系统总体结构

智能调度决策支持系统(decision support system, DSS)是在 EMS 的基础上发展起来的,是一种比 EMS 更为复杂的在线运行的大型软件系统,它不仅以 SCADA 系统作为数据平台,还将故障信息系统[53-55]的数据接入系统,并以这两套数据平台作为对整个系统进行决策分析的数据源。智能调度 DSS 相对于 EMS 在功能上进行了新的扩展。例如,引进了故障诊断模块,此模块能时刻在线监视从子站发送上来的事项消息,通过对这些事项的过滤,系统能对故障进行预判断并进行诊断,同时根据诊断结果,能给出相应的恢复策略。另外,此系统中还扩展了无功优化、智能调度操作票和智能 Web 发布[56]等实用模块。随着技术的发展,还要将系统的应用扩展至对电网动态过程的监视与控制，所以在这样一个有多个应用模块组成的软件系统中，构建一种合理的结构体系来协调整个系统，使之始终运行在最优状态下显得非常重要。

基于 MAS 的电网智能调度 DSS 结构图如图 5-18 所示。

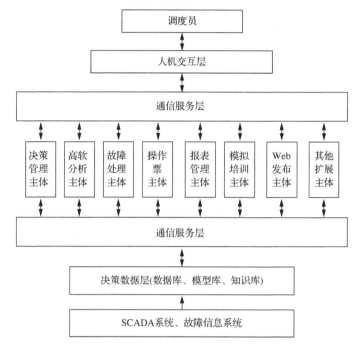

图 5-18　基于 MAS 的电网智能调度 DSS 结构图

下面对此框架进行说明。

（1）决策数据层：此层是整个系统的基础，包括数据库、模型库和知识库。数据库以及来自 SCADA 系统和故障信息系统的数据为数据源，充分考虑了电力调度的特点，建立了以实时数据库[27]为一级存储方式、大型商用关系数据库 Oracle 为二级存储方式的数据组织结构。在知识库的建模中，结合电力系统和智能体的特点，将知识库描述为状态和事件的集合体。另外，通过收集、核对各设备的参数，建立了系统的模型库。

（2）职能主体层：该层由系统中的各职能部分组成，其中包括 EMS 中的高级软件应用、调度员培训等，还在此基础上扩展了故障处理分析、调度员操作票、Web 发布等新单元，从而将系统的功能扩展至故障和检修状态，是对 EMS 的一次飞跃。

（3）人机交互层：系统中应用了许多如潮流动画、电压等位图、智能报警[28]等可视化技术，力求让调度员以最直观的方式了解系统的运行情况。

　　本章将根据这种改进的结构阐述其中的各个组成部分，主要包括数据库的设计、知识库的描述、智能体主体的工作机理描述以及各职能智能体的功能实现。

5.5.2　实时数据库的应用

　　数据库是存储各类信息的地方，是本系统的基础，它的设计直接关系到整个系统的性能，在此首先介绍了调度系统中数据库的特点，并阐述了实时库的原理和应用。

5.5.3　电网智能调度数据库的特点

　　电力系统的电能生产、输送、分配和使用过程是同时进行的，而且电力系统的过渡过程非常短促，其运行状态处于时刻变化中。电力系统的以上特点决定了智能调度系统对数据库的要求：首先，它要能维护大量的共享数据和控制数据；其次，调度自动化系统中各实时任务的完成具有苛刻的时间限制，同时分析和处理所用的数据是变化的。该类数据具有一定的有效时间区间（如所有遥测和遥信数据需在 5s 内刷新一遍）。因此，调度自动化系统的数据库既要能处理永久、稳定的数据，维护数据的完整性和一致性，又要考虑动态数据及其处理上的时间限制，保证数据访问的并发性和高效性。在调度自动化系统中的数据可分为以下三类。

　　(1)实时数据：此类数据是现实世界中的对象属性的真实反映，被周期性地采集写入数据库。如 SCADA 系统中的遥测、遥信和电量采集系统中的电量数据。它们共同的特点是具有严格的时限性。一个实时映象数据对象(image data object)可以用一个时标和有效期与之相连。它们只是对应于某一采样时刻的状态，其有效期可以认为是从本次采集到下一次采集的时间间隔。负责采样和写入实时库的任务是一个实时任务，映象数据对象的值一旦被写入数据库，就不得被其他任务更改，在新时刻采样的数据作为一个新的映象数据对象存入。

　　(2)静态数据：静态数据对象(invariantdata object)是常数值，是实时数据库中一种特殊的数据类型，其值不随时间变化而改变。数据的时标为系统初建或更新时刻，有效期上限为"当前"时刻。这种数据在调度自动化系统中普遍存在，如 SCADA 中的 RTU 参数配置、EMS 中的电力系统基本参数(如线路和变压器阻抗、电力系统的节点模型即电力元件的拓扑结构)。

　　(3)演绎数据：一个演绎数据对象(derived data object)是对一组映象数据和其他数据对象经计算而得，显然演绎数据对象也具有时标和有效期，其时标是演绎数据对象的导出时间，也就是事务的执行时间，有效期是本次导出与下一次导出的时间间隔。演绎数据对象的值在数据库中可能被更新，其记录的值可被保存也可不保存，如 SCADA 中的计算点的数值、EMS 中的状态估计所得的系统母线模型、母线电压幅值与相角、支路潮流等。这些数据是系统的求解目标，也可能是某一任务的原始数据[57, 58]。

实时数据库的最大特点就是它对数据的读、写、查询等操作都是在内存中完成的，这相对于传统数据库通过磁盘对数据进行操作，其效率要高得多。随着信息技术的发展，PC 的内存也越来越大，这使得通过建立实时数据库开发对实效性要求较高的大型软件系统成为可能。在 EMS 中，以 PAS(power analyse system) 为例，PAS 是构建在平台和 SCADA 系统之上的所有电力系统分析和控制软件的总称。该软件为用户提供了针对电力系统进行分析和控制的工具，它利用电力系统的各种信息进行分析和决策，以保证系统安全、优质、经济地运行。它主要包括以下应用模块：网络拓扑、状态估计、潮流计算、静态安全分析等。每当各模块进行计算时，它们首先需要读取众多的电力系统网络拓扑信息、静态参数及控制信息，因而 PAS 的数据访问频率很高，需要读取大量数据，如果将传统的数据库作为一级存储方式，显然数据的存取速度缓慢会影响 PAS 的运行，而采用实时数据库系统作为一级存储数据库，以 Oracle/Sybase 等大型商用数据库作为二级数据库，并根据具体运行情况，设定适当的数据的载入和交换策略，则可以满足 PAS 在数据访问方面的要求。图 5-19 显示了实时数据库在智能调度 DSS 中的位置。

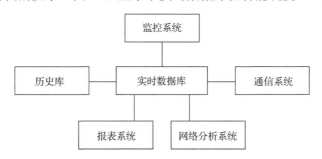

图 5-19　实时数据库在智能调度 DSS 中的位置

5.5.4　实时数据库的体系结构

实时数据库首先是一个数据库管理系统，它应具有一般 DBMS(database management system) 的基本功能：①永久数据管理包括数据库的定义、存储和维护等；②有效的数据存取包括各种数据库操作、查询处理、存取方法和完整性检查；③任务的调度与并发控制；④存取控制和安全性检查；⑤数据库恢复机制，增强数据库的可靠性。

关系型数据库具有开放性好、数据处理能力强等特点，在系统中它作为第三方和用户二次开发的接口，以及内存数据库的转储介质而存在。另外，实时数据库管理系统的首要设计目标是满足事务的实时性和高效性，因而实时数据库是传统数据库与实时处理两者功能特性的无缝集成。如图 5-20 所示，本书设计的实时数据库的体系结构包括实时任务调度与管理、内存数据库、I/O 调度以及关系数据库。

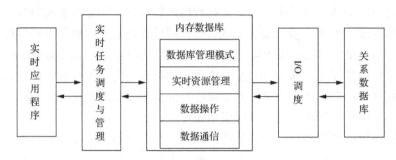

图 5-20　实时数据库结构框图

下面简要介绍此结构中的组成。

1) 实时任务调度与管理

智能调度决策支持系统是一个功能庞大、结构复杂的软件系统，各个实时任务之间存在嵌套、合并、通信和合作的关系，一个任务的导出数据对象可能是另一个任务的输入数据对象，数据对象和任务之间存在相互制约和依存的现象，所以必须协调好各个实时任务的活动。本书设计的数据库提供了如下功能：①任务的定时启停；②设定任务启停的条件；③指定任务间的依存关系；④指定统一任务的实例化个数的约束。此项功能提供了解决数据库资源共存与冲突的一种外围机制。

2) 内存数据库

内存数据库是实时数据库的核心之一，它包括数据库管理模式、数据操作、实时资源管理和数据通信等模块。传统的数据库是一种磁盘数据库，对于事务的处理牵涉磁盘 I/O、内外存的数据传递、缓冲区管理、排队等待及锁的延迟等方面，这使得事务的平均执行时间不可估计，不能达到实时事务的高效和可预知的要求。为此，引入了内存数据库，使得数据库的主要工作部分放入内存，使每个实时事务执行过程中避免了磁盘 I/O，减少了不确定因素，提高了执行效率。内存数据库采用一种扩展的关系数据库模型，对传统的关系模型进行了扩充。数据库的顶层结构称为数据集，它代表一个数据库的集合。一般在工程应用中，每个工程定义一个数据集，或每个独立的系统应用对应于各自的数据集，这样使得工程或应用的数据得以独立分类管理。数据集的下一层结构是数据库，它与关系数据库中的数据库具有对应关系。为了提高数据的处理效率和并行性，把数据库分成若干个数据库分区。分区是内存数据库物理存储结构中一个最基本和最完整的单位，分区包括头分区和若干个普通分区,其中头分区用于存储数据库的全局特性数据。与关系数据库一样,记录是内存数据库的中心结构。一个记录通常描述一类数据对象实体。内存数据库的记录与关系模型中的表有一定区别,表是一种二维存储单元,而内存数据库的记录可以是一张三维表。三维表结构的引进使得内存数据库可以处理三维数据。每个记录包含若干个域,每个域反映记录所描述实体的某一方面的特性。为了更好地描述公用信息模型[32](common information model, CIM),系统提供了一种对象化的记录方式(简称对象记录),一个新的记录可以从一个或多个已存在的记录中继承其字段信息。这样可以很方便地描述 CIM 中的对象(包)结构。另外,一个对象记录可以作为另一个对象记录的域出现。数据访问的快速性是实时数据库的基本要求之一,为了提高系统的分析和决策核心软件的运行效率,系统提供了一种快速的数据库访问接口。该接口可以使访问数据库字段的效率与内存变量操作的效率等同。其实现机理是把数据库的整个分区映射到共享内存中,并以 C 语言的结构形式提交给应用程序。该机制提供了高效的数据操作能力,但避开了数据库的安全校核和数据完整性约束,具有一定的风险。设计该接口的指导思想是在实时处理领域中宁可要部分正确的、及时的数据,也不要严格的、过时的数据,系统提供一套 PV 操作的例程来避免访问的并发冲突[59]。

　　共享内存是实时数据库的核心技术之一,传统基于 UNIX 的实时数据库一般采用 IPC 的共享内存实现。该机制有容量的限制,虽然有的系统可以进行配置,但仍存在兼容性问题。本书建议采用 POSIX 标准的文件映象技术来实现内存的共享,该技术不仅支持所有版本的 UNIX,也能提供 Windows NT,为跨平台解决方案提供了保证。实时数据库的数据恢复牵涉面较广,在数据恢复过程中实时任务是不可中断的,即数据的恢复不应影响实时系统的运行。数据库一般利用回滚段方法实现,即把数据库的操作作为一种事务保存在一块固定大小的缓冲区中,缓冲区填满时覆盖最旧的数据,数据库进行恢复操作时取消对应事务的操作。但这种方法很难满足实时性要求。利用多数据库的家族概念,对某些关键数据提供了一种简单可靠的恢复方法。具体做法是对存储关键数据的数据库分区自动生成一个镜像家族,该家族的数据是对应数据库的备份。在开始一个事务前,先把分区中的数据备份到镜像家族的分区中。当该事务提交失败或其他原因引起数据破坏需要修复时,利用家族间的镜像功能把分区中对应的数据恢复到事务发生之前的状态。由于家族间镜像的效率很高,所以基本不影响实时任务,而且可以把整个数据库异地备份到网络上的其他节点,当本地数据遭到破坏时从备份节点恢复数据,提高了关键数据的安全性。

　　3)I/O 调度

　　从实时数据库的体系结构中可以看出,在某种意义上可以认为内存数据库是关系型数据库(本书采用商用数据库 Oracle 9i 等)在内存中的映象。I/O 调度负责内存数据库与关系型数据库间的数据同步。本书设计的内存数据库的数据库模式与关系数据库的数据库模式具有一一对应的关系，关系数据库的数据库模式跟随内存数据库的模式改变而自动修正。内存数据库中的数据何时存入关系库，关系库中的数据又如何导入内存数据库是一个复杂的问题，很难提出一个通用的模型。本书的数据库提供了定时刷新和强制刷新两种方式来实现关系数据库与内存数据库间的双向交流。针对不同的应用，可以利用这两种机制，定制合适的应用方案。

在本系统中，当启动数据平台时，根据实时库表模式和实时库列模式的设置，在内存中映射出对应的实时库表，由这些表组成系统的实时数据库系统，其过程如图 5-21 所示。

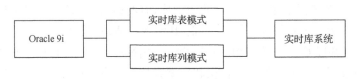

图 5-21　本系统的实时库映射关系

5.5.5　知识库的建模

1) 知识库的概念

知识库(knowledge base)是知识工程中结构化、易操作、易利用、全面有组织的知识集群，是针对某一(或某些)领域问题求解的需要，采用某种(或若干)知识表示方式在计算机存储器中存储、组织、管理和使用的互相联系的知识片集合。这些知识片包括与领域相关的理论知识、事实数据，由专家经验得到的启发式知识，如某领域内有关的定义、定理和运算法则以及常识性知识等。由前面智能体的特性知道，它会根据一定的规则对环境作出反应，这其中的规则指的就是知识库中的知识，智能体的行为以及智能体间的交互都要以该知识库作为语义基础。知识库的抽象层次、表示方式和覆盖范围决定了智能体的智能水平的级别。知识库影响智能体的动作行为，因此，我们对其知识库建模的细致程度和精确程度，影响智能体的设计和实现，对知识库的约束越多，设计的问题就越容易。由于智能调度系统是针对电力系统领域的，所以，我们将根据电力系统的特点，将知识库描述为状态与事件的集合，并将其形式化，便于计算机识别，从而建立"状态-事件"综合驱动的智能体知识库。

2) 状态的定义

电力系统中五种状态间的转换关系如图 5-22 所示。

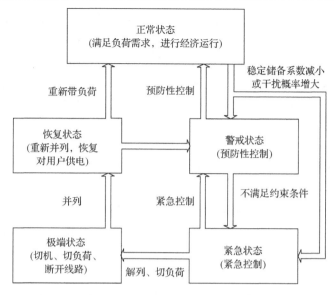

图 5-22　电力系统运行状态转换图

为了调度控制电力系统，需要将电力系统的运行状态进行分类，以便说明在不同运行状态时怎样对电力系统实行控制。目前，电力系统运行状态尚没有明确的定义，在总结国际调度自动化之父 Dy-Liacco 博士及 John Zaborszky 等的研究基础上，一般将其分为正常状态、警戒状态、紧急状态、极端状态和恢复状态。

5.5.6　智能体个体的建模

智能体主要是由用户接口、决策分析和数据处理这三个模块外加一个信息路由中心组成的，而各模块之间又是通过相关的 Plugin(插件)联系在一起的，这些 Plugin 都是活动实体，它们具有相似的执行过程：订阅某一决策分析任务和相关的决策信息，处理任务后，将处理结果进行发布。下面以 PAS 中的潮流计算智能体为例说明其内部的工作机理，各个模块内的功能进一步细化，将细化的功能交由不同类型的 Plugin 完成，接下来将介绍这些 Plugin 的划分方法和具体设计方法。

(1)用户接口模块。此模块主要实现以下功能：收集用户相关信息初始化一个决策任务；向用户表示决策分析结果；在决策分析过程中要求决策者提供附加信息。对潮流计算来说，首先要设定一些计算参数，如选择计算的方法，是牛顿-拉夫逊法还是 PQ 分解法，计算精度是多少，设置的最大迭代次数等。据此可以划分出一个专门负责参数输入的 Plugin，它首先要订阅让决策者提供参数的任务，当该任务到来时，由决策者输入参数信息，将参数信息包装成一个数据对象发布到信息路由中心，供其他 Plugin 订阅。当潮流计算完成后，会生成一个较详细的报告供运行人员参考，这时就应该划分一个 Plugin 负责报告的发布。

（2）决策分析模块。此模块主要完成以下工作：从用户接口处接受用户订制的决策任务；按照订制的决策规划完成决策目标。决策分析模块可以有许多 Plugin 组成，主要完成两个操作，指定订阅的对象以及执行决策分析并发布分析结果。对于本例来说，它首先会订阅进行潮流分析的任务，当该任务和同时订阅的参数设置信息与状态估计数据到来时，执行对应的决策分析，然后发布分析结果。

（3）数据处理模块。此模块主要完成以下工作：用于处理外部数据源，包括数据的获取，以及数据的简单处理。这些数据包括进行决策需要的样本数据及某些及时反馈的数据。在本例中，首先订阅获取数据信息的任务，然后获取状态估计后的数据，并将其包装成对象发布到信息路由中心，供决策任务订阅。

（4）信息路由中心：从以上的分析看信息路由中心其实就相当于黑板系统的功能，各个功能模块中的 Plugin 通过发布/订阅操作与黑板通信。它们往往将分析的结果发送到黑板上，让其他 Plugin 能够订阅，智能体通过这种方式实现其内部的通信。

以上简要介绍了智能体个体的内部结构和通信机制，其示意图如图 5-23 所示。

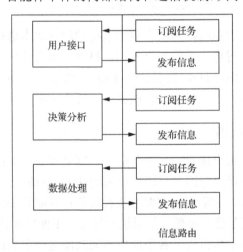

图 5-23　智能体内部通信结构图

5.5.7　智能体间的通信交互

在 MAS 中，智能体个体间的交互可以由两种方式完成：一是个体间直接交互，二是通过统一的环境实现交互。在第二种交互方式下，智能体个体不需要了解它周围其他智能体个体的接口细节，因而更符合开放系统的设计原则，其功能如下。

（1）初始化时接受 S 与 E 定义的注册；

（2）系统处于不断变化的活动状态时，收集各智能体评估后传来的 S 与 E，更新 S，发布 E；

(3)收集各个智能体发来的服务申请,根据制定的智能体行动规则实现智能体个体间的协作。

行为型设计模式是 MAS 型软件系统的一个重要问题。MAS 同一般的面向对象系统一样,需要同时使用多种设计模式以实现自身工作,在 MAS 中,最主要的是完成不同运行状态下智能体个体间的运行逻辑控制与协作控制,因此应使用中介者和观察者对象行为模式。具体地系统内部的动作与交互方式如下。

(1)初始化时,所有的智能体向环境提交注册其自身相关的 S 与 E;

(2)各个智能体在环境符合自己的生存状态 S 时开始感知 E,并将自身对于环境的评价结果以本体中定义的概念形式发送给环境;

(3)环境将接收到的来自各个智能体的评价发布给环境中其他相应的智能体,发布对象由之前的注册决定;

(4)各个智能体根据接收到的发布和自身的执行逻辑确定各自的动作方式。同时将更新后的评价结果再次发送给环境,循环工作。

相比智能体个体间直接交互的结构而言,基于统一领域环境的软件系统具有如下优点:一是用知识交互(S、E 和 O,以及部分的 D)取代了原有的数据交互,提高了交互效率;二是所有的软件模块都只和环境进行交互,将交互复杂度由 $O(n^2)$ 降低到 $O(n)$,使得各软件模块的设计逻辑变得清晰简洁,更好地体现了自主特性,为实现软件的"即插即用"打下基础。

5.6 三维协调的新一代 EMS

5.6.1 新一代 EMS 发展方向

随着 EMS 在各个调度中心的运用,调度模式也经历了从经验型向分析型的过渡。1970 年以前,可称为 EMS 的早期阶段,其特点是只有电网监控与数据采集(SCADA 功能),尽管"眼耳手足"齐备,但缺少实时网络分析功能,缺少"大脑",需凭调度员的经验或利用离线计算工具进行分析决策,该时期的调度模式属于经验型;20 世纪 70 年代初~2005 年,可称为传统 EMS 阶段,其特点是具有基于状态估计的实时网络分析功能,EMS 应用软件的出现被认为是将电网调度从经验型上升为分析型。时至今日,大多数国家的电网都已实现具有不同功能的 EMS 应用软件。

随着现代电网的出现,传统 EMS 面临着新的挑战。从空间角度上看,现代电网全局上本来是一个整体,而传统 EMS 只分析本辖区的局部电网,仅仅将外部电网进行静态等值。从时间角度上看,电网承受大扰动后本来经历的是一个动态变化过程,而传统 EMS 一般只进行在线静态安全分析,不能实时反应电网的运行状态。从控制目标角度上看,电网运行涉及的安全、经济、静态、动态、电压、功角等各种问题是交织在一起的综合问题，传统 EMS 一般只是分别独立分析其中的部分问题，对电网的控制不能达到最优。

同时，随着近年来分布式电源、微网、储能装置、柔性负荷等电网新元素的出现，对配电网的运行与调度又提出了新的挑战。新一代的调度系统需要通过对电网、分布式电源、柔性负荷和储能装置等多种可调资源进行优化配置，从而提高配电网的安全性、可靠性、优质性、经济性、友好性指标，实现电网的高效运行。与传统 EMS 相比，新一代 EMS 具有以下特征，如表 5-1 所示。

表 5-1　新一代 EMS 与传统 EMS 特征

项目	传统 EMS	新一代 EMS
总体定位	人工干预	自动预警
运行模式	基于潮流断面，事故时报警，不做决策	基于潮流变化过程，事故前预警，辅助决策
电网模型重建	基于外部电网离线等值模型，只有 SCADA 数据交互	基于全局电网模型，包括 SCADA、PMU 等数据交互
分析决策	单一目标，静态分析	多目标协调，在线动态分析
控制	基于当时断面，及时控制	不同时间尺度协调控制
支撑平台	基于图标的人机界面，软件设计面向过程	三维可视化人机互动界面，采用多代理技术

5.6.2　三维协调的 EMS

新一代 EMS 是电网实现安全、可靠、经济、高效运行的重要保障，也是电网优化协调多种可调度资源的核心。新一代 EMS 采用多源协同的优化调度策略，主要从时间、空间和控制目标三个维度分析，确定当前电网多源协同优化调度的目标[25, 26]。

1) 空间维度

电网在空间维度上的互联与分层、分区、独立调度之间存在矛盾，在优化调度中既要针对本辖区电网进行分析，又要与全局电网进行协调，达到最优。依据配电网的运行状态，在空间维度上将其划分为配电网、馈线、自治区域三个层级，各个层级之间既相互独立又相互协调，实现调度目标的最优，如图 5-24 所示。

不同空间层级上以及相同空间层级上进行信息交互，相互交流可调容量空间信息。当前层级在衡量下一层级可用调度容量的基础上，上报当前层级可调度容量，并参考上级指令与临级单元决策，根据当前层级的调度目标，独立制定当前层级的调度容量分配决策，并下发给下一层级单元进行决策。配电网、馈线、自治区域通过相互之间的信息交互，实现整个配电网区域内分层、分区自治，互动协调的优化控制。

情况时，对电网进行实时控制，其调度目标是保障重要负荷不间断供电、保证电网的安全可靠性。

　3）控制目标维度

　　电网的运行控制有多个目标，包括安全性、经济性、保障电能质量、保障可再生能源出力最大化等，这些目标可能会相互制约，因此在电网的运行控制中需要协调调度优化目标，进行全面的综合协调。

　　具体实现方式是，根据电网的不同运行状态及运行态势，确定不同的优化目标，再从空间维度和时间维度上建立优化调度模型，通过空间维度、时间维度的协调优化，实现主动配电网的整体高效运行。三维协调的调度示意图如图 5-26 所示。

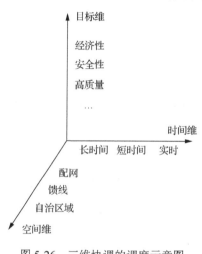

图 5-26　三维协调的调度示意图

5.7　小　　结

　　本章主要阐述了虚拟电厂的调控中心调度框架设计技术。首先介绍了新能源发电及负荷预测技术，并阐述了多时间尺度预测系统的设计方法，重点关注的预测时间尺度主要为日前预测、滚动预测和实时预测。随后介绍了考虑多需求侧资源的虚拟电厂调度框架设计，分别考虑储能、需求响应以及电动汽车充电行为的影响，构建了相应的调度框架。另外，还介绍了电动汽车集群响应模型，提出了电动汽车集群的最优充电概率模型来研究电动汽车集群对充电电价的响应模型，又设计了包括电动汽车的虚拟电厂调度框架，虚拟电厂控制协调中心通过协调分配内部各分布式电源的出力和电动汽车集群控制器，实现终端用户功率需求和电动汽车集群调度控制，同时稳定对外输出。最后，总结了新一代 EMS 的发展方向，又介绍了基于时间、空间和控制目标三个维度的三维协调的新一代 EMS。

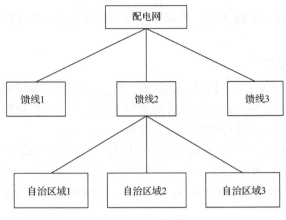

图 5-24　EMS 空间维度划分

2) 时间维度

电力系统中的物理量在时间变化上有快慢之分，同时分布式电源荷等的预测存在多时间尺度特性，因此需要进行多时间尺度的分析与分布式电源出力的多时间尺度特性，将时间维度分为长期、短期、超三个层次，如图 5-25 所示。

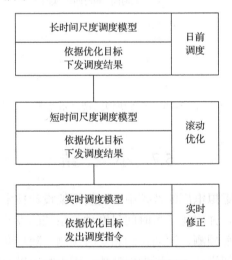

图 5-25　EMS 时间维度划分

长时间尺度调度是在分布式能源、可控负荷等长时间尺度预测对电网未来调度容量制定日前的调度方案，其优化目标是保证功率小、经济性最好等目标。短时间尺度调度是在获得分布式能源、可步精确预测值之后，对长时间尺度调度方案进行调整，实现滚动优平抑分布式电源的出力波动性。超短期调度(实时调度)是在电网发

参 考 文 献

[1] 陈昌松, 段善旭, 殷进军, 等. 基于发电预测的分布式发电能量管理系统[J]. 电工技术学报, 2010, 25(3): 150-156.

[2] 李伟, 韩力. 组合灰色预测模型在电力负荷预测中的应用[J]. 重庆大学学报(自然科学版), 2004, 27(1): 36-39.

[3] 李光明, 刘祖明, 何京鸿, 等. 基于多元线性回归模型的并网光伏发电系统发电量预测研究[J]. 现代电力, 2011, 28(2): 43-48.

[4] 唐波, 陈彬, 瞿子航, 等. 基于时间序列的风电功率日前预测模型及其应用[J]. 水电能源科学, 2014(11): 193-196.

[5] 韩柳, 庄博, 吴耀武, 等. 风光水火联合运行电网的电源出力特性及相关性研究[J]. 电力系统保护与控制, 2016, 44(19): 91-98.

[6] 徐心怡, 贺兴, 艾芊, 等. 基于随机矩阵理论的配电网运行状态相关性分析方法[J]. 电网技术, 2016, 40(3): 781-790.

[7] 刘皓明, 陆丹, 杨波, 等. 可平抑高渗透分布式光伏发电功率波动的储能电站调度策略[J]. 高电压技术, 2015, 41(10): 3213-3223.

[8] 陈光堂, 邱晓燕, 林伟. 含钒电池储能的微电网负荷优化分配[J]. 电网技术, 2012, 36(5): 85-91.

[9] 包宇庆, 王蓓蓓, 李扬, 等. 考虑大规模风电接入并计及多时间尺度需求响应资源协调优化的滚动调度模型[J]. 中国电机工程学报, 2016, 36(17): 4589-4599.

[10] 姚建国, 杨胜春, 王珂, 等. 平衡风功率波动的需求响应调度框架与策略设计[J]. 电力系统自动化, 2014, 38(9): 85-92.

[11] 沙熠, 邱晓燕, 宁雪姣, 等. 协调储能与柔性负荷的主动配电网多目标优化调度[J]. 电网技术, 2016, 40(5): 1394-1399.

[12] 赵俊华, 文福拴, 杨爱民, 等. 电动汽车对电力系统的影响及其调度与控制问题[J]. 电力系统自动化, 2011, 35(14): 2-10.

[13] 胡泽春, 宋永华, 徐智威, 等. 电动汽车接入电网的影响与利用[J]. 中国电机工程学报, 2012, 32(4): 1-11.

[14] Shafiee S, Fotuhi-Firuzabad M, Rastegar M. Investigating the impacts of plug-in hybrid electric vehicles on power distribution systems[J]. IEEE Transactions on Smart Grid, 2013, 4(3): 1351-1360.

[15] 杨冰, 王丽芳, 廖承林, 等. 分布式电动汽车有序充电控制系统模型[J]. 电力系统自动化, 2015, 39(20): 41-46.

[16] 占恺峤, 胡泽春, 宋永华, 等. 考虑三相负荷平衡的电动汽车有序充电策略[J]. 电力系统自动化, 2015, 39(17): 201-207.

[17] 张谦, 周林, 周雒维, 等. 计及电动汽车充放电静态频率特性的负荷频率控制[J]. 电力系统自动化, 2014, 38(16): 74-80.

[18] 李明洋, 邹斌. 电动汽车充放电决策模型及电价的影响分析[J]. 电力系统自动化, 2015, 39(15): 75-81.

[19] 项顶, 宋永华, 胡泽春, 等. 电动汽车参与 V2G 的最优峰谷电价研究[J]. 中国电机工程学报, 2013, 33(31): 15-25.

[20] Unda I G, Papadopoulos P, Skarvelis-Kazakos S, et al. Management of electric vehicle battery charging in distribution networks with multi-agent systems[J]. Electric Power Systems Research, 2014, 110(2014): 172-179.

[21] 潘振宁, 张孝顺, 余涛, 等. 大规模电动汽车集群分层实时优化调度[J]. 电力系统自动化, 2017, 41(16): 96-104.

[22] 陈静鹏, 艾芊, 肖斐. 基于集群响应的规模化电动汽车充电优化调度[J]. 电力系统自动化, 2016, 40(22): 43-48.

[23] 孙国强, 袁智, 耿天翔, 等. 含电动汽车的虚拟电厂鲁棒随机优化调度[J]. 电力系统自动化, 2017, 41(6): 44-50.

[24] Jansen B, Binding C, Sundstrom O, et al. Architecture and communication of an electric vehicle virtual power plant[C]. First IEEE International Conference on Smart Grid Communications. IEEE, 2010: 149-154.

[25] 阎蕾, 朱永利. 基于多 Agent 的电网故障诊断系统的研究[D]. 保定: 华北电力大学, 2006.

[26] 王成山, 余旭阳. 基于 Multi-Agent 系统的分布式协调紧急控制[J]. 电网技术, 2004, 28(3): 1-5.

[27] Lassetter B. Microgrids[C]. Proceedings of 2001 IEEE Power Engineering Society Winter Meeting. IEEE, 2001: 146-149.

[28] Stvens J. Development of sources and a test bed for CERTS micro grid testing[C]. Proceeding of 2004 IEEE Power Engineering Society General Meeting. IEEE, 2004: 2032-2033.

[29] Goda T. Microgrid research at Mitsubishi [EB/OL]. [2006-10-17]. http://www.energy.ca .gov/pier/esi/document / 2005-06-17_symposium/GODA_2005-06-17.pdf.

[30] 安平. 多 Agent 技术在电网调度管理系统中的应用研究[D]. 保定: 华北电力大学, 2006.

[31] Dimeas A, Hatziargyriou N D. Operation of a multiagent system for microgrid control power systems[J]. IEEE Transactions on power Systems, 2005, 20(3): 1447-1455.

[32] Hatziargyriou N D, Dimeas A, Tsikalakis A. Centralised and decentralized control of microgrids[J]. International Journal of distributed Energy Resources, 2005, 1(3): 197-212.

[33] Dimeas A, Hatziargyriou N D. A multi agent system for microgrids[C]. IEEE PES General Meeting, 2004.

[34] Lasseter R, Akhil A, Marnay C, et al. White paper on integration of distributed energy resources[R]. Consortium for Electric Reliability Technology Solutions (CERTS), IEEE, 2002.

[35] Zhou M, Ren J W, Li G Y, et al. A multi-agent based dispatching operation instructing system in electric power systems[C]. Power Engineering Society General Meeting. IEEE, 2003: 436-440.

[36] 丁银波. 基于多代理技术的分布式故障诊断系统的研究[D]. 北京: 华北电力大学, 2003.

[37] 王岚. 基于 Multi-Agent 的分布式应用系统研究[D]. 北京: 首都经济贸易大学, 2004.

[38] 陈策. 基于多 Agent 的地区电压无功控制[D]. 成都: 四川大学, 2006.

[39] 杨旭升, 盛万兴, 王孙安. 多 Agent 电网运行决策支持系统体系结构研究[J]. 电力系统自动化, 2002, 26(18): 45-49.

[40] 侯志彦. 多 Agent 技术在电网调度系统中的应用研究[D]. 保定: 华北电力大学, 2006.

[41] 朱培红. 基于移动多 Agent 的分布式网络性能监测的研究[D]. 武汉: 武汉大学, 2004.

[42] 李欣然, 苏盛, 陈元新. AGENT 技术在电力综合负荷模型辨识系统中的应用[J]. 电力自动化设备, 2002, 22(9): 50-53.

[43] 兰少华. 多 Agent 技术及其应用研究[D]. 南京: 南京理工大学, 2002.

[44] 李四勤. 电力系统二次网络中 Multi-Agent 理论及安全防护研究[D]. 长沙: 湖南大学, 2005.

[45] Ygge F, Akkerman H. Decentralized markets versus central control: A comparative study[J]. Artificial Intelligence Research, 1999, 11: 301-333.

[46] Dimeas A L, Hatziargyriou N D. Agent based control for microgrids[C]. Power Engineering Society General Meeting. IEEE, 2007: 1-5.

[47] 章健. Multi Agent 系统在微电网协调控制中的应用研究[D]. 上海: 上海交通大学, 2009.

[48] 李倩. 电力系统可视化技术及其在电网智能调度中的应用[D]. 济南: 山东大学, 2009.

[49] 宋敏. 基于 Agent 技术的电网智能调度决策支持系统模型的研究[D]. 成都: 西南交通大学, 2011.

[50] 杨龑骄. 基于 Hadoop 的智能调度云数据中心关键技术研究[D]. 北京: 华北电力大学, 2013.

[51] 康权. 基于 MAS 技术的电网智能调度决策支持系统的研究与应用[D]. 北京: 华北电力大学, 2008.

[52] 魏路平. 基于三维协调的新一代电网能量管理系统研究[D]. 杭州: 浙江大学生物系统工程与食品科学学院, 2008.

[53] 张华壮. 基于云计算的智能调度系统的数据整合方法研究[D]. 保定: 华北电力大学, 2013.

[54] 李彪. 可视化智能调度系统在地区电网中的开发与应用[D]. 济南: 山东大学, 2012.

[55] 孙宏斌. "三维协调的新一代电网能量管理系统关键技术及示范工程"通过鉴定[J]. 电力系统自动化, 2007, 31(15): 88.

[56] 张强, 张伯明, 李鹏. 智能电网调度控制架构和概念发展述评[J]. 电力自动化设备, 2010, 30(12): 1-6.

[57] 宋晓旭. 智能调度大数据的可视化技术研究[D]. 北京: 华北电力大学, 2015.

[58] 张伯明, 孙宏斌, 吴文传. 3 维协调的新一代电网能量管理系统[J]. 电力系统自动化, 2007, 31(13): 1-6.

[59] 魏路平. 基于三维协调的新一代电网能量管理系统研究[D]. 杭州: 浙江大学, 2008.

第 6 章 多维时空尺度的优化技术

6.1 基于可再生能源预测的控制策略优化技术

6.1.1 可再生能源预测技术

近年来，随着工业经济的发展，化石燃料趋于枯竭，环境污染问题日益突出，以风、光为代表的可再生能源，作为缓解能源压力、改革能源结构、促进可持续发展的重要手段，逐渐受到世界各国的重视，成为未来全球能源发展的主要方向。然而，可再生能源出力往往具有较大的间歇性、随机性和波动性。当大量可再生能源发电接入电力系统运行时，会给系统的运行控制和安全稳定带来巨大的挑战[1, 2]。虚拟电厂作为一种实现可再生能源大规模接入电网的区域性多能源聚合形式，通过先进的通信、计量、控制技术，可以有效解决可再生能源大量接入的安全性和可靠性问题，实现大量分布式能源的协调控制和能量管理。可再生能源预测技术的关键作用在于提高风机、光伏等可再生能源的出力可预见性，从而为虚拟电厂或大电网的运行调度和能量管理提供决策支持，使得系统能够在维持安全稳定运行的前提下，促进风、光等可再生能源的消纳，提高能源利用率，实现系统的经济高效运行。

可再生能源预测技术为根据可再生能源的历史功率信息、气象及地貌特征、数值天气预报、设备状态等数据，建立系统输出功率的预测模型，并以实测得到的气象数据、运行功率等作为输入，求得未来一段时间内可再生能源系统的输出功率[3]。根据预测的时间尺度，通常可以分为中长期预测、短期预测和超短期预测。对风、光等可再生能源的预测通常包含以下几个步骤：气象监测、数值天气预报、功率输出预测[4, 5]。

1. 气象监测技术

气象监测是基于标准自动气象站，通过网络通信实现与中心站数据传输的局部地区要素高频次监测。实时气象数据的采集、存储和分析在风机、光伏等可再生能源预测中起重要作用，气象监测数据是预测模型训练和优化的主要依据，是短期功率预测中数值天气预报的数据验证和校正的重要依据，同时也是超短期功率预测模型的关键输入。因此，对气象数据采集的实时性通常要求较高，数据传输时间间隔一般不超过 5min。通过气象监测采集的气象数据主要有风速、风向、气温、相对湿度、气压、光伏照度、云量等主要天气要素。

2. 数值天气预报技术

数值天气预报(numerical weather prediction, NWP)是指根据大气实际情况,在一定的初始条件和边界条件下,通过大型计算机进行数值计算,求解描述天气变化过程的流体力学和热力学方程组,预测未来一段时间内的大气运动状态和天气现象[6]。在风力发电和广发发电的预测中,数值天气预报生成的天气数据是短期功率预测的关键输入,为预测模型提供指定空间和时间分辨率的风速、风向、气温、相对湿度、气压、光伏照度等预测数据。数值天气预报能通过大气运动的物理机制,准确地求解出大范围的风能、光照等资源的分布以及未来一段时间内的变化趋势,从而有效地克服天气学和统计学方法在气象要素短期预测中的局限性。

目前常用的数值天气预报主要有:欧洲中尺度气象预报中心综合(European centre for medium-range weather forecasts, ECMWF)系统,美国环境预报中心综合(national centers for environmental prediction, NCEP)系统开发的 T170L42 预报系统,德国气象服务机构(Deutscher wetterdienst, DWD)开发的 Lokal Modell 模型,中国国家气象局开发的 T213L31 预报系统,由丹麦气象研究院、芬兰气象研究院、冰岛气象局、爱尔兰气象服务部门、荷兰皇家气象研究院、挪威气象研究院、西班牙气象研究院和瑞典气象水文研究院联合开发的高精度有限区域模型(high resolution limited area model, HIRLAM)等。

3. 可再生能源短期功率预测

短期功率预测通常是指提前 0~72h 进行输出功率预测,一般以数值天气预报为基础,根据数值天气预报的预报数据,求解未来一定时段可再生能源发电系统的输出功率预测值,主要用于电力系统的功率平衡和日前经济调度、电力市场交易、暂态稳定评估等。短期功率预测方法大致可分为两类:一是物理方法,采用微观气象学理论或流体力学计算方法,得到未来时段内的风速、风向、光伏照度等气象信息,并根据可再生能源发电装置输出功率模型对出力进行预测;二是统计学方法,采用数学统计分析手段,根据历史数据统计分析储天气状况与可再生能源发电出力的相关关系,然后根据实测数据和数值天气预报数据得到可再生能源的发电输出功率[7, 8]。

1)物理方法

可再生能源短期功率预测的物理方法是在数值天气预报提供的风速、风向、光伏照度、气温等气象数据的基础上,结合风机、光伏等可再生能源发电原理及发电系统结构、参数等,进行发电功率预测。其主要步骤包括:发电系统地理信息、系统结构参数等信息获取;通过数据天气预报,获取相关气象数据;结合发电系统地理信息及系统结构参数等,精细化数值天气预报结果,建立气象要素量化模型；根据发电装置的性能参数等建立可再生能源功率转化模型；将气象要素量化结果输入功率转化模型，输出可再生能源预测结果。

2）统计方法

可再生能源短期功率预测的统计方法是基于历史气象资料和同期可再生能源输出功率数据，运用多元回归、人工神经网络等统计学习方法，分析、提取发电系统出力影响要素，建立气象要素与可再生能源输出功率的映射模型，利用数值天气预报气象要素短期预测，实现可再生能源输出功率预测。

短期发电功率预测的统计方法主要包含以下步骤：收集历史气象数据、可再生能源运行输出功率数据，并进行数据预处理和质量控制；对采集数据进行分析，采用因子分析方法进行模型输入因子筛选，提取与输出功率相关性显著的输入因子；对输入因子与输出功率的映射关系进行统计学习建模，映射模型的建立常采用多项式拟合、多元回归、神经网络等统计学习方法，并检验模型的有效性；输入因子短期预测值作为模型输入，得到可再生能源短期功率预测值。

4. 可再生能源超短期功率预测

超短期功率预测是指提前 0～4h 进行输出功率预测，通常每 15min 滚动更新预测结果。超短期功率预测也可以分为两类：一类是采用数值天气预报的预测，另一类是不采用数值天气预报的预测。由于超短期功率预测的时间尺度是未来的 0～4h，其气象变化主要由大气条件的持续性决定，所以不采用数值天气预报数据也可以取得较好效果。超短期功率预测的方法主要有时间序列分析方法、小波分析方法等。

1）时间序列分析方法

时间序列分析方法是根据观测到的时间序列数据，采用统计方法建立数学模型来预测未来的发展趋势[9]。其基本原理是：承认功率变化的延续性，根据过去的气象数据和可再生能源功率数据，推测出未来输出功率的变化趋势；考虑功率变化的随机性，以及运行过程中偶然因素的影响，利用统计方法对数据进行处理。时间序列分析方法反映了可再生能源出力的趋势变化、周期性变化、随机性变化三种实际的变化规律，其主要方法包括线性时间序列模型［ARMA（auto regressive moving average）模型等］和非线性时间序列模型［门限模型、ARCH（auto regressive conditional heteroskedasticity）模型等］。

2）小波分析方法

小波分析方法是将信号分解成一系列小波函数的叠加，这些小波函数都是由一个母小波函数通过平抑和尺度变换得来的。相比光滑的正弦函数，用不规则的小波函数来逼近尖锐变化的信号具有更好的效果，对于信号的局部特性的表征也更好。小波分析中，小波函数的选择起关键作用，常用的小波函数有 Haar 小波函数、墨西哥帽小波、Symlet 系列、Daubechies 系列等。采用小波分析方法对可再生能源功率进行预测的基本思路是：首先采用合适的小波函数，对可再生能源发电系统的历史功率数据进行小波分解，生成多个尺度的功率数据，然后采用时间序列的方法对各尺度的数据进行分析和预测，最后将各尺度的预测结果重构得到最终的预测功率。

6.1.2　基于可再生能源预测的分布式多层协调控制策略

虚拟电厂通过先进的信息技术，整合了大量区域可再生能源、可控发电资源、需求侧响应资源、储能系统等分布式资源，实现广域范围内的能源互联、共享和管理。然而，其内部设备的分布式特性、海量的控制数据以及灵活多变的控制方式，使得传统的由调度中心整合全局运行数据进行统一判断和调度的集中式控制方法，难以实现灵活、高效的调度控制和不同资源的有效协调。且在集中控制方式下，所有单元的信息都需要通过调度中心进行处理和双向通信，系统扩展性和兼容性受到很大局限[10, 11]。通过将控制权分散到虚拟电厂的各节点和元件，将虚拟电厂划分为若干个层次，由各层级的控制单元根据虚拟电厂的调度目标自行调节运行状态，实现分布式多层协调控制，能够有效地解决上述问题，弥补集中式控制方式的不足[12, 13]。

虚拟电厂的分布式多层控制策略通常基于多代理系统实现，采用多个相互独立、可以双向互动通信、可以自行控制的智能代理，将控制权分配给各控制单元，将虚拟电厂划分为系统主导层、区域协调层、设备层等多个层次，处于下层的区域控制协调中心依据上层控制中心下发的调度策略，控制区域内的发电或用电单元，再将控制信息反馈给高一级的控制协调中心，从而构成一个整体的多层级结构[14, 15]。利用多代理系统的智能性、自主性、交互性和分布式计算等特点，能充分实现可再生能源、分布式电源、需求响应等与电网之间的协调运行控制，改善集中控制方式下通信堵塞和兼容性差的问题，达到较好的扩展性和开放性。

6.1.3　基于可再生能源预测的多时间尺度优化技术

传统电力系统运行调度主要采用人工日前调度计划和自动发电控制相结合的调度方式。而在虚拟电厂中，风机、光伏等可再生能源大量接入电网运行，且用电负荷更加灵活，可再生能源出力及负荷功率具有较大的难预测性和随机性，大大削弱了日前调度计划的经济性和合理性。实际调度运行过程中，风光出力及负荷功率往往会大幅偏离预测曲线，因此采用传统粗放的日前调度方式，已无法满足可再生能源接入后虚拟电厂的调度要求。由于可再生能源及负荷的预测精度随着时间尺度的缩短而逐渐提高，针对这一特性，可以在日前调度基础上增加短时调度，构建多时间尺度协调的优化调度机制[16, 17]，通过多时间尺度协调逐级消除可再生能源及负荷的预测误差和随机波动造成的影响，提高系统可再生能源接纳能力，维持系统的安全、经济运行。

电力系统的多时间尺度优化调度与控制框架如图 6-1 所示。系统的优化调度与运行控制被划分为日级、小时级、5～15 分钟级、秒级四个等级，分别对应日前计划调度、日内滚动优化、实时校正和系统自动发电控制。其中，日前计划调度、日内滚动优化、实时校正三部分组成系统的多时间尺度优化调度框架。三个时间尺度之间的典型关系如图 6-2 所示。

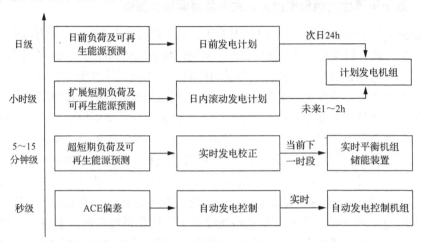

图 6-1　虚拟电厂多时间尺度优化调度与控制框架

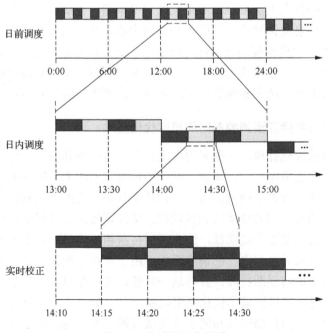

图 6-2　多时间尺度关系

1) 日前调度计划

日前调度计划通常每 24h 执行一次,决策周期为一天 24h,一般将决策的时间段进行离散化,时间间隔为 1h。基于可再生能源及负荷的日前预测和实时电价情况,求解系统内发电机组的开停机状态和有功出力。日前调度的优化目标通常以经济性目标为主,也可考虑环保性等其他目标。约束条件需考虑功率平衡约束、机组出力限制约束、系统安全性约束等。由于电力系统的运行条件总是处于变化之中,且可再生能源及负荷功率往往存在随机波动,所以仅靠日前计划难以实现系统的安全、经济运行,需要日内滚动优化、实时校正等不同时间尺度相协调。因此,日前调度还需要为下一时间尺度的调度预留一定的控制裕度,从而保留系统调度与控制的鲁棒性。

2) 日内滚动优化

日内滚动优化通常每 30min～1h 执行一次,决策周期为 1～2h,时间间隔为15min,是对日前调度计划的补充和修正。日内滚动优化以日前调度计划为基础,利用最新的风、光可再生能源及负荷的预测信息,遵照日前制定的机组开停机计划、储能系统充放电计划,制定各个机组计划出力的调整量。日内滚动优化与日前调度类似,主要考虑系统的运行经济性目标,也可考虑系统的调节成本。约束条件与日前类似,但一般需要将系统的运行计划调整量限定在一定的范围内,不能偏离日前计划值太远。

3) 实时校正

实时校正通常每 5～15min 执行一次,决策周期为 15～30min,时间间隔为5min。实时校正环节以日内运行计划为基础,利用最新的超短期可再生能源预测和负荷预测信息,对日内计划进行修正,弥补日内滚动优化环节周期较长的不足,同时还可处理某些机组未能有效跟踪计划、调节裕度不足等不确定因素。实施计划可以以经济性为目标,实现平衡有功功率偏差,增强电网有功频率控制的需求,也可以以电网安全稳定运行为目标,实现联络线断面的功率控制,机组的出力波动控制等。

6.2　基于多代理的分布式多层交叉能量控制架构

6.2.1　基于多代理系统的分布式多层能量控制架构

1) 基于多代理系统的分层能量控制总体架构

虚拟电厂整合广域范围内的多种分布式电源,作为一个特别的"电厂"参与电力系统运行。由于间歇性可再生能源的高渗透率接入和电网复杂程度的提高,传统集中式调度控制方法的实施具有较大困难。而虚拟电厂的广域分布性和分级制的特点与多代理系统理论在形式上具有很大的相似性，因此引入多代理系统来实现虚拟电厂的分布式分层能量控制具有很好的可行性[18, 19]。

基于多代理系统的分布式多层能量控制，整个电网由上到下可分为配网主导层、区域协调层和设备单元层三个层次，如图 6-3 所示。根据面向对象的方法构建各层级代理，在保证各代理自身运行安全性和追逐最大利益的同时，兼顾系统内多代理成员之间的互不协调，实现多级能源的协同优化，实现广域范围虚拟电厂的多层级能量控制，更大限度地消纳清洁能源，促进系统的经济运行。

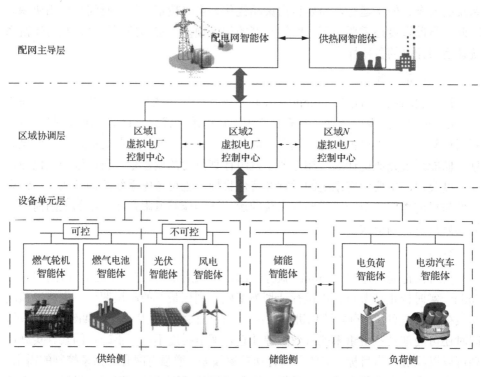

图 6-3　基于多代理系统的虚拟电厂分层控制架构

(1)配网主导层。以配电网作为代理，通过与各虚拟电厂的区域协调层代理进行通信，实现不同虚拟电厂间的跨区域协调运行及虚拟电厂与配电网之间的交互。按照全网的优化目标，制定区域激励信号，从而实现全局的优化调度，并支撑整个电网安全可靠的运行。

(2)区域协调层。以虚拟电厂控制中心作为动态代理，负责区域内各设备的运行状态监测、调度和控制，根据区域动态划分原则建立区域内各元件级代理的动态合作机制。响应上层主导代理的激励信号，并综合下层设备单元代理的运行信息，根据自身的运行目标(运行成本最小、环境影响最小等)，实现区域内部的能量自治平衡。

（3）设备单元层。用于对各类网络资源如分布式发电、储能装置、柔性负荷等对象行为控制的代理。具备最佳发电/需求控制、信息存储、与其他代理进行通信等功能，能够响应区域协调层代理的控制指令，控制并采集设备的运行状态。

2）智能体结构设计

多代理系统由多个代理组成，每个代理可代表一个物理的或抽象的实体。各代理相互之间独立自主，能独立作用于自身和环境，也能对环境的变化作出反应。此外，还可以与其他代理进行交互来协同完成统一目标。根据代理的功能需求可将代理装置分为两层控制结构，如图 6-4 所示。在上层控制中，各代理通过感知器接收运行环境信息，通过事件处理分发器及时处理感知到的原始数据并映射到一个场景。在该场景下，各代理通过通信系统和其他代理进行协商与合作以实现最优目标，并在决策器中选择最优目标时的决策；相应地，在功能模块已有知识或规则支持下制定适合的行动反应。最后通过效应器作用于环境。下层控制包含电压控制、频率控制等功能，以保证供需平衡和安全稳定运行，实现代理的就地控制[15,20]。

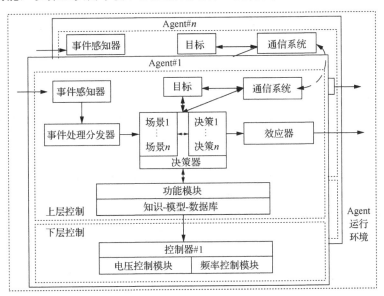

图 6-4　Agent 单元结构

6.2.2　基于多代理的分布式分层能量优化策略

1. 设备单元层智能体模型

1）发电单元智能体

发电单元可分为可控发电单元和不可控发电单元。不可控发电单元主要指系统内的可再生能源发电装置，以风力发电(wind turbine, WT)和光伏发电(photovoltaic, PV)为主，智能体主要用于监视和控制光伏发电设备的功率水平和启停状态，保证设备的安全可靠运行。有最大功率点跟踪(maximum power point tracking, MPPT)和电压控制(voltage limit, VL)两种运行模式，通常运行于最大功率点跟踪模式，以保证可再生能源利用最大化，因此该单元是不可调度单元，不参与能量协同控制。可控发电单元包括小火电机组、燃气轮机、燃料电池等分布式发电设备，智能体主要用于监视和控制设备的启停状态及输出功率，保证设备的安全可靠运行，当间歇式可再生能源出力或储能系统功率不足时备用，在负荷高峰时期补偿功率差额。

分布式发电单元的功率约束满足：

$$P_{g,min} \leqslant P_g(t) \leqslant P_{g,max} \tag{6-1}$$

对于可控发电单元还应满足爬坡率约束：

$$P_g(t) - P_g(t-1) \leqslant \Delta_g^{UR} \tag{6-2}$$

$$P_g(t-1) - P_g(t) \leqslant \Delta_g^{DR} \tag{6-3}$$

其中，$P_{g,min}$ 和 $P_{g,max}$ 分别为发电机组输出功率的下限和上限；$P_g(t)$ 为发电单元 t 时刻的输出功率；Δ_g^{UR} 和 Δ_g^{DR} 分别为可控发电单元向上、向下的爬坡速率约束。

2) 储能单元智能体

储能单元智能体主要用于监视和控制储能系统的充放电状态和功率、荷电状态(state of charge, SOC)，保证设备的安全可靠运行。比之微型燃气轮机、燃料电池等可调度单元，储能设备通过储能智能体能够更快速地控制充放电以跟随负荷的变化，通过调节储能单元的充放电功率，保证系统的稳定运行，并提供辅助服务，为整个虚拟电厂提供支撑。

储能系统一般受最大存储容量限制，且为了延长使用寿命，不能过充电和过放电。储能系统能量模型为

$$SOC_{t+1} = SOC_t(1-\delta) + P_c(t)\eta_c\Delta t / E_s - P_d(t)\eta_d\Delta t / (\eta_d E_s) \tag{6-4}$$

储能系统的功率和能量约束为

$$P_{min}^c \leqslant P_c(t) \leqslant P_{max}^c \tag{6-5}$$

$$P_{min}^d \leqslant P_d(t) \leqslant P_{max}^d \tag{6-6}$$

$$\mathrm{SOC_{min}} \leqslant \mathrm{SOC}_t \leqslant \mathrm{SOC_{max}} \tag{6-7}$$

$$\mathrm{SOC}_T = \mathrm{SOC}_0 \tag{6-8}$$

其中，η_c 和 η_d 分别为储能系统的充、放电效率；E_s 为储能装置容量；$P_c(t)$ 和 $P_d(t)$ 分别为储能系统充、放电功率；$P_{\min}^c$ 和 $P_{\max}^c$ 分别为储能系统充电功率的最小值和最大值；$P_{\min}^d$ 和 $P_{\max}^d$ 分别为储能系统放电功率的最小值和最大值；SOC_t 为储能系统 t 时刻的荷电状态；$\mathrm{SOC_{min}}$ 和 $\mathrm{SOC_{max}}$ 分别为储能系统荷电状态的下限和上限。

3) 负荷单元智能体

负荷单元智能体主要以满足用户用电需求、减少用电成本为目标，监视和控制负荷的用电情况、功率变化、响应行为特征等。根据负荷的响应特性可将负荷分为刚性负荷和柔性负荷：

$$P_L(t) = P_L^r(t) + P_L^f(t) \tag{6-9}$$

其中，$P_L(t)$ 为 t 时段的电力负荷功率；$P_L^r(t)$ 为刚性负荷，其负荷需求始终需要被满足，不受电价等外界因素波动的影响；$P_L^f(t)$ 为柔性负荷，其用电行为具有较大的灵活性，受电价或其他影响用电行为因素的影响，可响应电网运行方的激励调整自身用电行为。

2. 区域协调层智能体模型

虚拟电厂和大电网的交换可能涉及多个市场，如热能市场、电力市场等，由于虚拟电厂中成员并不固定，可以根据不同的负荷需求对内部成员重新组合。这里仅以虚拟电厂中分布式电源组合参与电力市场进行具体分析。虚拟电厂控制中心作为区域协调层智能体，根据主导层智能体给定的自治目标和激励信号构造自身的运行目标函数，目标函数所表述的策略会在进行优化决策计算后由受控单元智能体的行为来实现。根据虚拟电厂的管理特点，考虑运行成本最小、环境影响最小等上层目标和网络损耗最小的下层目标。

运行成本最小化目标如下所示：

$$\min F_1 = \sum_{t=1}^{T} \left[\sum_{i=1}^{N_g} \left(C_{i,t}^{\mathrm{OM}} + C_{i,t}^{\mathrm{fuel}} \right) + P_t^{\mathrm{buy}} e_t^{\mathrm{buy}} - P_t^{\mathrm{sell}} e_t^{\mathrm{sell}} \right] \Delta t \tag{6-10}$$

$$C_{i,t}^{\mathrm{OM}} = u_{i,t} K_i^{\mathrm{OM}} P_{i,t} \tag{6-11}$$

其中，T 为优化调度周期；Δt 为优化时间间隔；N_g 为设备层智能体数量；$C_{i,t}^{\mathrm{OM}}$ 为

第 i 台发电机组在 t 时段的运行维护成本；$C_{i,t}^{\text{fuel}}$ 为第 i 台发电机组在 t 时段的燃料成本；P_t^{buy} 和 P_t^{sell} 分别为 t 时段虚拟电厂从大电网购电的功率和向大电网售电的功率；e_t^{buy} 和 e_t^{sell} 分别为 t 时段从大电网购电电价和向大电网售电电价；$u_{i,t}$ 为第 i 台发电机组在 t 时段的开停机状态，1 为开机，0 为停机；K_i^{OM} 为第 i 台机组的单位运行维护成本；$P_{i,t}$ 为第 i 台发电机组在 t 时段的输出功率。各机组燃料成本根据其各自的运行特性确定。

环境影响最小化目标可采用污染物治理成本表示，如式 (6-12) 所示：

$$\min F_2 = \sum_{t=1}^{T} \left(\sum_{i=1}^{N_{\text{g}}} P_{i,t} \sum_{j=1}^{N_{\text{p}}} \alpha_j v_{i,j} \right) \tag{6-12}$$

其中，N_{p} 为污染物种类数；α_j 为第 j 类污染物的单位处理成本；$v_{i,j}$ 为第 i 台分布式电源单位发电量的污染物 j 排放量。

网络损耗最小化目标如式 (6-13) 所示：

$$\min F_3 = \sum_{t=1}^{T} \sum_{i \in j} G_{ij} \left(U_{i,t}^2 + U_{j,t}^2 - 2U_{i,t} U_{j,t} \cos\theta_{ij,t} \right) \tag{6-13}$$

其中，$i \in j$ 表示节点 i 与节点 j 相连；G_{ij} 为连接节点 i 与节点 j 线路的导纳值；$U_{i,t}$ 为 t 时段节点 i 的电压；$\theta_{ij,t}$ 为 t 时段节点 i 与节点 j 的相角差。

约束条件包括以下三方面。

1) 功率平衡约束

$$\sum_{i=1}^{N_{\text{g}}} P_{i,t} + \sum_{j=1}^{N_{\text{bess}}} \left(P_t^{\text{d}} - P_t^{\text{c}} \right) + P_t^{\text{buy}} - P_t^{\text{sell}} = P_{\text{L},t} + P_{\text{loss},t} \tag{6-14}$$

其中，$P_{\text{L},t}$ 为 t 时段系统的负荷功率；$P_{\text{loss},t}$ 为系统 t 时段的功率损耗。

2) 联络线功率约束

$$\begin{cases} 0 \leqslant P_t^{\text{buy}} \leqslant P_{\max}^{\text{buy}} \\ 0 \leqslant P_t^{\text{sell}} \leqslant P_{\max}^{\text{sell}} \end{cases} \tag{6-15}$$

其中，$P_{\max}^{\text{buy}}$ 和 $P_{\max}^{\text{sell}}$ 分别为虚拟电厂通过联络线从大电网购电和向大电网售电的功率上限。

3) 网络安全约束

针对可再生能源接入电网可能引起的电压越限，需要考虑网络安全约束，以保证电网的安全稳定并优先保证电能的持续可靠供应。

$$U_i^{\min} \leqslant U_{i,t} \leqslant U_i^{\max} \tag{6-16}$$

$$S_l^{\min} \leqslant S_{l,t} \leqslant S_l^{\max} \tag{6-17}$$

其中，$U_i^{\min}$ 和 $U_i^{\max}$ 分别为节点 i 允许的电压下限和上限；$S_{l,t}$ 为线路 l 的传输容量；$S_l^{\min}$ 和 $S_l^{\max}$ 分别为线路 l 允许的传输容量下限和上限。

3. 主导层智能体模型

主导智能体的功能主要包括派发激励信号和校验系统安全约束。前者根据安全性或经济性的全局目标实现对节点智能体自治行为的干预，后者对各节点智能体的自治结果进行校验，确保满足安全约束。

主导智能体用于干预节点智能体自治行为的激励信号可看作一组曲线，通过激励曲线的含义反应主导智能体对该节点的运行期望，通过设定不同含义的激励曲线，可以对不同节点实现独立的差异化优化控制。例如，设置全局目标为实现负荷削峰填谷，则可将电网电价信号作为激励信号，根据负荷预测设置负荷高峰时电网电价较高、低谷时电网电价较低来引导各节点智能体主动响应，实现系统负荷削峰填谷。若全局目标是实现安全性优化，则使用安全约束信号(无功/电压限值等)等作为激励信号，根据预测数据的优化结果，设置功率或电压限值，引导节点智能体进行主动响应。激励信号由主导智能体进行派发，各节点智能体收到后作为输入量进行自治优化控制，得到区域内各单元的控制指令。通过以上激励-响应方式，可在复杂的分布式网络中实现通信量最小化和信息传递最大化。

6.3　日前计划调度

6.3.1　目标函数

根据运行要求不同，虚拟电厂的运行调度目标通常可分为经济性目标、环保性目标、可再生能源最大消纳目标等。

1) 经济性目标

虚拟电厂调度的经济性目标通常为运行周期内的总成本最小，包括燃料成本、机组运行管理成本、设备折旧维护成本、虚拟电厂与上级电网分时电价的交互成本等，如式(6-18)所示：

$$\min \ C = \sum_{t=1}^{T}\left(C_t^{\mathrm{G}} + C_t^{\mathrm{OM}} + C_t^{\mathrm{DP}} + C_t^{\mathrm{Grid}}\right) \tag{6-18}$$

其中，T 为优化周期，日前为 24h；C_t^G 为 t 时段虚拟电厂内所有机组总的燃料消耗成本；C_t^{OM} 为 t 时段虚拟电厂内各机组运行管理成本之和；C_t^{DP} 为 t 时段虚拟电厂内各机组折旧维护成本之和；C_t^{Grid} 为分时电价情况下 t 时段虚拟电厂与上级电网之间的交互成本。

2) 环保性目标

虚拟电厂调度的环保性目标主要考虑系统内各机组运行产生的污染气体对环境影响最小，通常可考虑二氧化碳、二氧化硫、一氧化碳、氮氧化物等，如式 (6-19) 所示：

$$\min \text{Emission} = \sum_{t=1}^{T} \sum_{k=1}^{K_e} a_k E_{k,t} \tag{6-19}$$

其中，K_e 为污染气体的种类；$E_{k,t}$ 为 t 时段第 k 种污染气体的总排放量；a_k 为第 k 种污染气体的权重，由各污染气体的危害程度决定。

3) 可再生能源最大消纳目标

以最大化利用风、光等可再生能源发电为目标，减少弃风、弃光：

$$\min \sum_{t=1}^{T} \left(P_t^{\text{wind,cut}} + P_t^{\text{pv,cut}} \right) \Delta t \tag{6-20}$$

其中，$P_t^{\text{wind,cut}}$ 为虚拟电厂在 t 时段的弃风功率；$P_t^{\text{pv,cut}}$ 为 t 时段的弃光功率；Δt 为优化时间间隔，日前取 1h。

4) 多目标

综合考虑经济性、环保性等多方面的运行目标。通常虚拟电厂运行在经济效益、环保性等目标之间存在一定的冲突，环保性的提高可能导致系统运行成本的提高，需要在不同目标之间取得一定的平衡。一般来说，可以把其余目标都转化为经济性目标，将多目标转化为单目标问题进行处理。同时考虑经济性、环保性、可再生能源最大消纳多个运行目标的目标函数如下：

$$\min (C + \text{EC} + \text{CC}) \tag{6-21}$$

其中，C 为系统的运行成本；EC 为系统的污染气体治理成本；CC 为可再生能源的弃置成本。

污染气体治理成本为

$$\text{EC} = \sum_{t=1}^{T} \sum_{k=1}^{K_e} \lambda_k E_{k,t} \tag{6-22}$$

可再生能源的弃置成本为

$$CC = \sum_{t=1}^{T} \left(\lambda_{\text{wind},t}^{\text{cut}} P_t^{\text{wind,cut}} + \lambda_{\text{pv},t}^{\text{cut}} P_t^{\text{pv,cut}} \right) \tag{6-23}$$

其中，λ_k 为第 k 类污染气体的单位治理成本；$\lambda_{\text{wind},t}^{\text{cut}}$ 为 t 时段的弃风惩罚成本；$\lambda_{\text{pv},t}^{\text{cut}}$ 为 t 时段的弃光惩罚成本。

6.3.2　约束条件

1）机组出力上下限约束

各机组的运行出力需要满足其物理极限：

$$u_{i,t}^{\text{g}} P_{i,\min}^{\text{g}} \leqslant P_{i,t}^{\text{g}} \leqslant u_{i,t}^{\text{g}} P_{i,\max}^{\text{g}} \tag{6-24}$$

$$u_{i,t}^{\text{g}} Q_{i,\min}^{\text{g}} \leqslant Q_{i,t}^{\text{g}} \leqslant u_{i,t}^{\text{g}} Q_{i,\max}^{\text{g}} \tag{6-25}$$

$$u_{j,t}^{\text{b}} H_{j,\min}^{\text{b}} \leqslant H_{j,t}^{\text{b}} \leqslant u_{j,t}^{\text{b}} H_{j,\max}^{\text{b}} \tag{6-26}$$

其中，$u_{i,t}^{\text{g}}$ 为虚拟电厂内第 i 台发电机组在 t 时段的开停机状态，1 为开机，0 为停机；$P_{i,t}^{\text{g}}$ 为第 i 台发电机组在 t 时段的输出功率；$P_{i,\min}^{\text{g}}$ 和 $P_{i,\max}^{\text{g}}$ 分别为第 i 台发电机组的最小出力和最大出力；$u_{j,t}^{\text{b}}$ 为虚拟电厂内第 j 台制冷/制热机组在 t 时段的开停机状态，1 为开机，0 为停机；$H_{j,t}^{\text{b}}$ 为第 j 台制冷/制热机组在 t 时段的制冷/制热功率；$H_{j,\min}^{\text{b}}$ 和 $H_{j,\max}^{\text{b}}$ 为第 j 台制冷/制热机组的最小出力和最大出力。

2）机组爬坡率约束

发电机组的输出功率调节能力有限，相邻时刻间发电机功率变化不能过大，且在开机时和停机前一个时刻应使机组出力在最小值：

$$\begin{cases} P_{i,t}^{\text{g}} - P_{i,t-1}^{\text{g}} \leqslant u_{i,t}^{\text{g}} \left(1 - u_{i,t-1}^{\text{g}} \right) P_{i,\min}^{\text{g}} + \left[1 - u_{i,t}^{\text{g}} \left(1 - u_{i,t-1}^{\text{g}} \right) \right] \Delta_{i,\text{ru}}^{\text{g,P}} \\ P_{i,t-1}^{\text{g}} - P_{i,t}^{\text{g}} \leqslant u_{i,t-1}^{\text{g}} \left(1 - u_{i,t}^{\text{g}} \right) P_{i,\min}^{\text{g}} + \left[1 - u_{i,t-1}^{\text{g}} \left(1 - u_{i,t}^{\text{g}} \right) \right] \Delta_{i,\text{rd}}^{\text{g,P}} \end{cases} \tag{6-27}$$

$$\begin{cases} Q_{i,t}^{\text{g}} - Q_{i,t-1}^{\text{g}} \leqslant u_{i,t}^{\text{g}} \left(1 - u_{i,t-1}^{\text{g}} \right) Q_{i,\min}^{\text{g}} + \left[1 - u_{i,t}^{\text{g}} \left(1 - u_{i,t-1}^{\text{g}} \right) \right] \Delta_{i,\text{ru}}^{\text{g,Q}} \\ Q_{i,t-1}^{\text{g}} - Q_{i,t}^{\text{g}} \leqslant u_{i,t-1}^{\text{g}} \left(1 - u_{i,t}^{\text{g}} \right) Q_{i,\min}^{\text{g}} + \left[1 - u_{i,t-1}^{\text{g}} \left(1 - u_{i,t}^{\text{g}} \right) \right] \Delta_{i,\text{rd}}^{\text{g,Q}} \end{cases} \tag{6-28}$$

其中，$\Delta_{i,ru}^{g,P}$ 和 $\Delta_{i,rd}^{g,P}$ 分别为发电机组有功出力增加和减少的爬坡率；$\Delta_{i,ru}^{g,Q}$ 和 $\Delta_{i,rd}^{g,Q}$ 分别为发电机组无功出力增加和减少的爬坡率。

3) 机组最小开停机时间约束

机组在运行过程中不能频繁启停，必须持续一定的时间：

$$
\begin{cases}
\displaystyle\sum_{\tau=t}^{t+T_{on\,min,i}^{g}-1} u_{i,\tau}^{g} \geqslant T_{on\,min,i}^{g}\left(u_{i,t}^{g}-u_{i,t-1}^{g}\right) \\
\displaystyle\sum_{\tau=t}^{t+T_{off\,min,i}^{g}-1} u_{i,\tau}^{g} \geqslant T_{off\,min,i}^{g}\left(u_{i,t-1}^{g}-u_{i,t}^{g}\right)
\end{cases}
\tag{6-29}
$$

$$
\begin{cases}
\displaystyle\sum_{\tau=t}^{t+T_{on\,min}^{gb}-1} u_{j,\tau}^{b} \geqslant T_{on\,min,j}^{b}\left(u_{j,t}^{b}-u_{j,t-1}^{b}\right) \\
\displaystyle\sum_{\tau=t}^{t+T_{off\,min}^{gb}-1} u_{j,\tau}^{b} \geqslant T_{off\,min,j}^{b}\left(u_{j,t-1}^{b}-u_{j,t}^{b}\right)
\end{cases}
\tag{6-30}
$$

其中，$T_{on\,min,i}^{g}$ 和 $T_{off\,min,i}^{g}$ 分别为第 i 台发电机组的最小开机时间和最小停机时间；$T_{on\,min,j}^{b}$ 和 $T_{off\,min,j}^{b}$ 分别为第 j 台制冷/制热机组的最小开机时间和最小停机时间。

4) 储能系统约束

储能系统在相邻时刻的荷电状态有

$$
SOC_{t+1} = SOC_t(1-\delta) + P_t^c \eta_c \Delta t / E_s - P_t^d \eta_d \Delta t / \eta_d E_s
\tag{6-31}
$$

为保证储能系统的正常运行，防止损伤，储能系统应避免过充或过放：

$$
SOC_{min} \leqslant SOC_t \leqslant SOC_{max}
\tag{6-32}
$$

充放电功率也应满足储能装置的运行极限要求：

$$
\begin{cases}
u_t^{cd} P_{min}^c \leqslant P_t^c \leqslant u_t^{cd} P_{max}^c \\
\left(1-u_t^{cd}\right)P_{min}^d \leqslant P_t^d \leqslant \left(1-u_t^{cd}\right)P_{max}^d
\end{cases}
\tag{6-33}
$$

此外，为保证优化调度的可持续性，储能系统在整个调度周期内充放电总量应保持平衡，即优化周期始末荷电状态保持一致：

$$
SOC_T = SOC_0
\tag{6-34}
$$

其中，SOC_t 为储能系统在 t 时刻的荷电状态值；δ 为储能系统的自放电率；η_c 和

η_{d} 分别为储能系统的充、放电效率；E_{s} 为储能系统容量；u_t^{cd} 为储能系统在 t 时段的充放电状态，1 为充电，0 为放电；$P_{\mathrm{max}}^{\mathrm{c}}$ 和 $P_{\mathrm{min}}^{\mathrm{c}}$ 分别为充电功率最大值和最小值；$P_{\mathrm{max}}^{\mathrm{d}}$ 和 $P_{\mathrm{min}}^{\mathrm{d}}$ 分别为放电功率最大值和最小值。

5）联络线功率约束

联络线功率分为从外电网购电和对外电网售电：

$$\begin{cases} 0 \leqslant P_t^{\mathrm{buy}} \leqslant u_t^{\mathrm{bs}} P_{\mathrm{max}}^{\mathrm{ex}} \\ 0 \leqslant P_t^{\mathrm{sell}} \leqslant \left(1 - u_t^{\mathrm{bs}}\right) P_{\mathrm{max}}^{\mathrm{ex}} \end{cases} \tag{6-35}$$

其中，$P_{\mathrm{max}}^{\mathrm{ex}}$ 为联络线最大传输功率；P_t^{buy} 为虚拟电厂在 t 时段的购电功率；P_t^{sell} 为 t 时段的售电功率；u_t^{bs} 为虚拟电厂在 t 时段的购售电状态，1 为购电，0 为售电。

6）潮流约束

$$P_{n,t}^{\mathrm{G}} - P_{n,t}^{\mathrm{D}} - U_{n,t} \sum_{m \in n} U_{m,t} \left(G_{nm} \cos\theta_{nm,t} + B_{nm} \sin\theta_{nm,t} \right) = 0 \tag{6-36}$$

$$Q_{n,t}^{\mathrm{G}} - Q_{n,t}^{\mathrm{D}} - U_{n,t} \sum_{m \in n} U_{m,t} \left(G_{nm} \sin\theta_{nm,t} - B_{nm} \cos\theta_{nm,t} \right) = 0 \tag{6-37}$$

其中，$P_{n,t}^{\mathrm{G}}$、$Q_{n,t}^{\mathrm{G}}$ 分别为虚拟电厂节点 n 在 t 时段的有功和无功总发电功率；$P_{n,t}^{\mathrm{D}}$、$Q_{n,t}^{\mathrm{D}}$ 分别为节点 n 在 t 时段的有功负荷和无功负荷需求；$U_{n,t}$ 为节点 n 在 t 时段的电压幅值；$\theta_{nm,t}$ 为 t 时段电压幅值节点 m 和节点 n 之间的相角差；G_{nm}、B_{nm} 分别为节点 m 和节点 n 之间线路导纳的实部与虚部。

7）节点电压约束

$$U_{n,\mathrm{min}} \leqslant U_{n,t} \leqslant U_{n,\mathrm{max}} \tag{6-38}$$

其中，$U_{n,\mathrm{min}}$ 和 $U_{n,\mathrm{max}}$ 分别为节点 n 的电压上下限。

8）系统旋转备用约束

为保证一定的调度裕量，使得在不确定条件下，系统仍能正常运行，需要保证系统有足够的旋转备用容量：

$$\sum_i \left(P_{i,\mathrm{max}}^{\mathrm{g}} - P_{i,t}^{\mathrm{g}} \right) \geqslant P_{\mathrm{r}}^{\mathrm{set}} \tag{6-39}$$

其中，$P_{\mathrm{r}}^{\mathrm{set}}$ 为设定的旋转备用容量最小值。

9) 线路视在功率约束

$$\left|S_{nm,t}\right| \leqslant S_{nm,\max} \tag{6-40}$$

其中，$S_{nm,t}$ 为 t 时段节点 n 与节点 m 间线路上流动的视在功率；$S_{nm,\max}$ 为节点 n 与节点 m 间线路的视在功率上限值。

6.3.3　求解方法

从数学上讲，虚拟电厂优化调度问题是一个多变量、多约束、高维数、非线性、连续变量和离散变量混合共存的数学优化问题。由于优化调度中的等式约束、不等式约束、目标函数通常为非线性函数，所以非线性规划方法成为解决此类问题的常用方法，如简化梯度法、牛顿法、内点法等。近年来，随着人工智能的发展，以遗传算法 (genetic algorithm, GA)、粒子群算法为代表的智能算法，凭借其实现简单、全局收敛、鲁棒性强等特性，得到了广泛的应用，成为求解非线性优化问题的新途径[21, 22]。

1) 简化梯度法

简化梯度法 (degraded gradient) 由 Donmmel 和 Tinney 在 1968 年提出，是最早成功应用的最优潮流方法。简化梯度法运用罚函数法处理不等式约束，运用拉格朗日乘子法处理等式约束，将其转化为无约束问题求解，将系统状态变量划分为控制变量和非控制变量，对控制变量采用梯度法进行优化搜索。由于仅在控制变量子空间上寻优，故称为简化梯度法。简化梯度法程序编制简便，所需存储量小，对初始点无特殊要求，曾获得普遍重视。但简化梯度法存在很多问题：在迭代过程中，尤其是在接近最优点附近会出现锯齿现象，收敛性较差，收敛速度很慢；每次迭代都要重新计算潮流，计算量很大，耗时较多；采用罚函数法处理不等式，罚因子数值的选取对算法的收敛性、稳定性和优化结果的准确性影响很大等。简化梯度法的流程图如图 6-5 所示。

2) 牛顿法

牛顿法 (Newton method)，也称为 Hessian 矩阵法，是一种以直接求解 Kuhn-Tucker 条件进行寻优的方法。该方法也是运用罚函数法处理不等式约束，运用拉格朗日乘子法处理等式约束，但采用牛顿-拉夫逊方法求解，并在求解过程中利用了 Hessian 矩阵的稀疏性，使得计算量大大减小。由于利用了二阶导数信息，牛顿法比梯度法具有更好的收敛特性；稀疏矩阵技术节约内存，可用于大规模网络系统求解。但仍存在以下问题：对函数不等式约束不能确定有效约束集，用试验迭代方法确定有效约束集，编程实现困难；对应控制变量的 Hessian 矩阵对角元素易出现微小值或零值，导致 Hessian 矩阵奇异；拉格朗日乘子的初值对迭代计算的稳定性影响较大等。

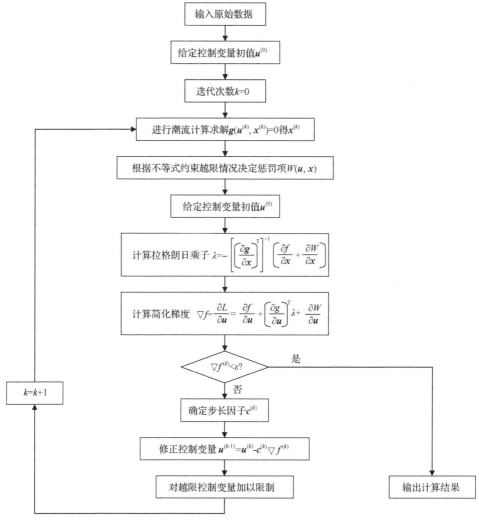

图 6-5 简化梯度法流程图

3) 内点法

内点法可分为投影尺度法(projective scaling)、仿射变换法(affine scaling)、路径跟踪法(path following)三种类型。投影尺度法包括最初 Karmarkar 提出的算法[23],这种算法的成功也掀起众多学者对内点法研究的热潮。仿射变换法最早可追溯到 1967 年 Dikin 提出的算法。仿射变换法虽然在理论基础上没有投影尺度法好,但此算法简化了投影尺度法计算的复杂度,因而在当时受到广泛欢迎。Ponnambalam 等应用对偶仿射变换法求解水电调度计划问题[24]。Vargas 等采用一种新的对偶仿射内点算法求解安全约束经济调度问题(security-constrained economic dispatch, SCED)的线性规划子问题[25]。

　　原对偶内点法包括势减算法和路径跟踪算法。目前，应用最广泛的就是原对偶路径跟踪算法。对原对偶内点法的理论的较完整的阐述是在 1986 年由 Megiddo 提出的，Megiddo 不但提出了目前被广泛使用的中心路径的定义，还指出了它与对数障碍函数之间的关系[26]。此后 Kojima 等许多学者对该算法进行了深入的研究。路径跟踪法的基本思想是先由对数障碍函数得到中心路径，然后用牛顿法跟踪该路径，直至得到最优解。

　　原对偶路径跟踪内点法（简称原对偶内点法）理论上已经被证明具有多项式时间复杂性、收敛快且鲁棒性好，因而成为当前应用最广泛、效率最高的非线性规划算法。原对偶内点法中应用最为广泛的方法是 Mehrotra 提出的预测-校正内点法[27]。此方法将计算分两步进行：第一步是不考虑高阶信息的预测步，只求得仿射方向；第二步是在预测步的基础上进一步考虑高阶信息，得到校正方向。与纯原对偶内点法相比，预测-校正内点法在两步计算中使用了相同的系数矩阵，因此在每次迭代中只增加一次回代的计算，因子化的次数并没有增加。但由于预测-校正内点法中考虑了高阶信息，所以提高了牛顿方向的精度，从而减少了总的迭代次数并大大提高了计算速度。虽然预测-校正内点法具有很好的收敛性，但此算法存在校正方向可能指向错误方向，且此方向在牛顿方向中起主导作用，从而使迭代过程无法收敛的缺陷。

　　原对偶路径跟踪内点法的基本模型和方法如下。

　　对于约束优化问题

$$
\begin{aligned}
&\min \ f(\boldsymbol{x}) \\
&\text{s.t.} \ \ g_i(\boldsymbol{x})=0, \quad i=1,2,\cdots,m \\
&\qquad a_j \leqslant h_j(\boldsymbol{x}) \leqslant b_j, \quad j=1,2,\cdots,n
\end{aligned}
\tag{6-41}
$$

通过引入松弛变量 $\boldsymbol{l}=(l_1,l_2,\cdots,l_n)^{\mathrm{T}}$，$\boldsymbol{u}=(u_1,u_2,\cdots,u_n)^{\mathrm{T}}$，将目标函数改造为障碍函数，将含有不等式约束的优化问题转化为仅含等式约束的优化问题。

$$
\begin{aligned}
&\min \ f(\boldsymbol{x})-\mu\sum_{j=1}^{n}\lg(l_j)-\mu\sum_{j=1}^{n}\lg(u_j) \\
&\text{s.t.} \ \ g_i(\boldsymbol{x})=0, \quad i=1,2,\cdots,m \\
&\qquad h_j(\boldsymbol{x})-l_j=a_j, \quad j=1,2,\cdots,n \\
&\qquad h_j(\boldsymbol{x})+u_j=b_j, \quad j=1,2,\cdots,n \\
&\qquad \boldsymbol{l} \geqslant 0, \quad \boldsymbol{u} \geqslant 0
\end{aligned}
\tag{6-42}
$$

　　运用拉格朗日乘子法，可构成以上优化问题的拉格朗日函数：

$$L = f(x) - y^{\mathrm{T}} g(x) - z^{\mathrm{T}} \big[h(x) - l - a \big] - w^{\mathrm{T}} \big[h(x) + u - b \big] - \mu \sum_{j=1}^{n} \lg(l_j) - \mu \sum_{j=1}^{n} \lg(u_j)$$

$$(6\text{-}43)$$

式中，$y = (y_1, y_2, \cdots, y_m)^{\mathrm{T}}$、$z = (z_1, z_2, \cdots, z_n)^{\mathrm{T}}$、$w = (w_1, w_2, \cdots, w_n)^{\mathrm{T}}$ 均为拉格朗日乘子。该优化问题的极小值存在的必要条件是拉格朗日函数对所有变量及乘子的偏导数为 0：

$$L_x = \frac{\partial L}{\partial x} = 0 \tag{6-44}$$

$$L_y = \frac{\partial L}{\partial y} = g(x) = 0 \tag{6-45}$$

$$L_z = \frac{\partial L}{\partial z} = h(x) - l - a = 0 \tag{6-46}$$

$$L_w = \frac{\partial L}{\partial w} = h(x) + u - b = 0 \tag{6-47}$$

$$L_l = \frac{\partial L}{\partial l} = z - \mu \Lambda^{-1} e = 0 \tag{6-48}$$

$$L_u = \frac{\partial L}{\partial u} = -w - \mu U^{-1} e = 0 \tag{6-49}$$

其中，$\Lambda = \mathrm{diag}(l_1, l_2, \cdots, l_n)$；$U = \mathrm{diag}(u_1, u_2, \cdots, u_n)$；$e = (1, 1, \cdots, 1)^{\mathrm{T}}$。

由式 (6-48) 和式 (6-49) 可得，扰动因子为

$$\mu = \frac{l^{\mathrm{T}} z - u^{\mathrm{T}} w}{2r} \tag{6-50}$$

对偶间隙则为

$$\mathrm{Gap} = l^{\mathrm{T}} z - u^{\mathrm{T}} w \tag{6-51}$$

优化问题取极值的必要条件式 (6-44)～式 (6-49) 为非线性方程组，可用牛顿法求解。将上述方程组进行线性化得到修正方程组，其矩阵形式如下：

$$\begin{bmatrix} H & \nabla_x g(x) & \nabla_x h(x) & \nabla_x h(x) & 0 & 0 \\ \nabla_x^{\mathrm{T}} g(x) & 0 & 0 & 0 & 0 & 0 \\ \nabla_x^{\mathrm{T}} h(x) & 0 & 0 & 0 & -I & 0 \\ \nabla_x^{\mathrm{T}} h(x) & 0 & 0 & 0 & 0 & I \\ 0 & 0 & L & 0 & Z & 0 \\ 0 & 0 & 0 & U & 0 & W \end{bmatrix} \begin{bmatrix} \Delta x \\ \Delta y \\ \Delta z \\ \Delta w \\ \Delta l \\ \Delta u \end{bmatrix} = \begin{bmatrix} L_x \\ -L_y \\ -L_z \\ -L_w \\ -L_l \\ -L_u \end{bmatrix} \tag{6-52}$$

对修正方程组进行变换得

$$\begin{bmatrix} \boldsymbol{I} & \boldsymbol{L}^{-1}\boldsymbol{Z} & 0 & 0 & 0 & 0 \\ 0 & \boldsymbol{I} & 0 & 0 & -\nabla_x^{\mathrm{T}}\boldsymbol{g}(\boldsymbol{x}) & 0 \\ 0 & 0 & \boldsymbol{I} & \boldsymbol{U}^{-1}\boldsymbol{W} & 0 & 0 \\ 0 & 0 & 0 & \boldsymbol{I} & \nabla_x^{\mathrm{T}}\boldsymbol{g}(\boldsymbol{x}) & 0 \\ 0 & 0 & 0 & 0 & \boldsymbol{H}' & \nabla_x\boldsymbol{h}(\boldsymbol{x}) \\ 0 & 0 & 0 & 0 & \nabla_x^{\mathrm{T}}\boldsymbol{h}(\boldsymbol{x}) & 0 \end{bmatrix} \begin{bmatrix} \Delta\boldsymbol{x} \\ \Delta\boldsymbol{y} \\ \Delta\boldsymbol{z} \\ \Delta\boldsymbol{w} \\ \Delta\boldsymbol{l} \\ \Delta\boldsymbol{u} \end{bmatrix} = \begin{bmatrix} -\boldsymbol{L}^{-1}\boldsymbol{L}_l^\mu \\ \boldsymbol{L}_z \\ -\boldsymbol{U}^{-1}\boldsymbol{L}_u^\mu \\ -\boldsymbol{L}_w \\ \boldsymbol{L}'x \\ -\boldsymbol{L}_y \end{bmatrix} \tag{6-53}$$

其中，

$$\boldsymbol{L}'_x = \boldsymbol{L}_x + \nabla_x\boldsymbol{h}(\boldsymbol{x})\left[\boldsymbol{L}^{-1}\left(\boldsymbol{L}_l^\mu + \boldsymbol{Z}\boldsymbol{L}_z\right) + \boldsymbol{U}^{-1}\left(\boldsymbol{L}_u^\mu - \boldsymbol{W}\boldsymbol{L}_w\right)\right] \tag{6-54}$$

$$\boldsymbol{H}' = \boldsymbol{H} - \nabla_x\boldsymbol{h}(\boldsymbol{x})\left[\boldsymbol{L}^{-1}\boldsymbol{Z} - \boldsymbol{U}^{-1}\boldsymbol{W}\right]\nabla_x^{\mathrm{T}}\boldsymbol{h}(\boldsymbol{x}) \tag{6-55}$$

$$\boldsymbol{L}_l^\mu = \boldsymbol{L}\boldsymbol{Z}\boldsymbol{e} - \mu\boldsymbol{e} = 0 \tag{6-56}$$

$$\boldsymbol{L}_u^\mu = \boldsymbol{U}\boldsymbol{W}\boldsymbol{e} + \mu\boldsymbol{e} = 0 \tag{6-57}$$

运用牛顿-拉夫逊法求解上述非线性方程组，得到最优解 $\boldsymbol{x}$。原对偶内点法的流程图如图 6-6 所示。

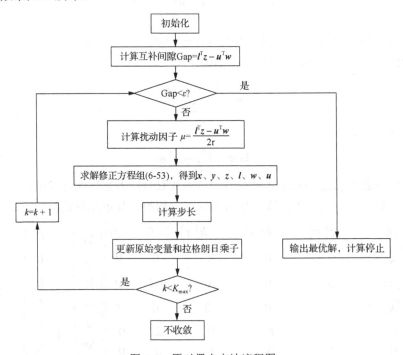

图 6-6　原对偶内点法流程图

原对偶路径跟踪内点法的优点有：迭代次数与系统规模或控制变量数目关系不大，数值鲁棒性强，不需识别起作用的约束集，适于求解大规模的系统优化问题，特别是在电力市场条件下，内点法的对偶变量提供了丰富的经济信息。其缺点有：对偶变量初值的选取和障碍参数的修正需要根据经验给出，无一般规律可循，用牛顿-拉夫逊法进行迭代求解时需要严格控制步长以使迭代中各变量在可行域之内。

4) 智能算法

20 世纪 80 年代以来，随着计算机技术和人工智能的发展，诞生了一系列新的优化方法，如禁忌搜索算法、模拟退火算法、遗传算法、粒子群优化算法、蚁群优化算法和人工神经网络算法等，这些算法借助现代计算机作为工具，以人类、生物的行为方式或物质的运动形态为背景，经过数学抽象建立起算法模型，被称为智能算法。智能算法对复杂的组合最优化问题的求解方法具有普遍适用性，且具有全局收敛、精度高、鲁棒性强等优势，因此受到了广泛的关注和应用。

遗传算法或改进遗传算法是在 20 世纪 80 年代出现的一类重要的现代优化方法[28]。遗传算法模拟生物界自然选择和遗传机理，是一种高度并行、随机搜索和自适应寻优的方法，对目标函数不要求可导及连续，擅长处理离散变量，非常适合解决非凸性函数的优化，对于非线性、非光滑、不可微的函数优化问题。遗传算法的优点是具有很好的全局搜寻能力，原理上可以较大概率地找到优化问题的全局最优解，因而有可能获得比传统优化方法更好的优化结果，并具有通用性好及鲁棒性强等特点。缺点是计算量较大，计算时间较长，很多时候会表现出速度慢和结果不稳定两个显著缺点。对遗传算法的改进主要集中在以下方面：通过改进目标函数计算方法来提高其计算速度，通过改进遗传算法的操作来改进整体收敛性和寻优性能。

采用遗传算法求解优化问题的基本步骤如下。

(1) 随机给出一组初始解，根据适应度函数确定其适应度值，将初始解存入种群。

(2) 通过选择(selection)、杂交(crossover)、变异(mutation)等遗传操作，利用现有种群重新组合产生新解。

(3) 通过适应度函数评价解的优劣，适应度较差的解被抛弃，评价值好的解才可能进入种群，有机会将其特征延续至下一轮解中，使后续解趋于优化，实现优胜劣汰。

(4) 判断是否满足收敛判据，不满足转步骤(2)。

(5) 输出优化结果。

粒子群优化算法是另一类重要的智能算法，是由 Kennedy 和 Eberhert 等通过对鸟群、鱼群觅食等简单社会现象的研究，于 1995 年提出的一种基于群体智能的启发式优化方法[29]。在粒子群优化算法中，优化问题的每个可行解都表示为搜索空间中的一个粒子，每个粒子都有自己的速度和位置，由适应度函数可以确定每个粒子的适应度值。开始执行粒子群优化算法时，首先在一个 D 维空间随机初始化 N 个粒子的位置和速度，然后通过不断改变粒子的速度和位置寻找最优解。在每次迭代中，单个粒子通过跟踪粒子群的个体最优解和全局最优解来更新自己的速度和位置。个体最优解是指每个粒子迄今为止达到的最优解，表示为 $\boldsymbol{P}_i^{\text{best}}(k) = \left[p_{i,1}(k), p_{i,2}(k), \cdots, p_{i,D}(k) \right]$，其中 k 为当前的迭代次数；全局最优解是整个粒子群体迄今为止达到的最优解，表示为 $\boldsymbol{P}_g^{\text{best}}(k) = \left[p_{g,1}(k), p_{g,2}(k), \cdots, p_{g,D}(k) \right]$；迭代时粒子根据以下公式来更新自己的速度和位置：

$$v_{i,d}(k+1) = \omega(k)v_{i,d}(k) + c_1(k)r_1(k)\left[p_{i,d}(k) - x_{i,d}(k) \right] + c_2(k)r_2(k)\left[p_{g,d}(k) - x_{i,d}(k) \right]$$
$$(6\text{-}58)$$

$$x_{i,d}(k+1) = x_{i,d}(k) + v_{i,d}(k+1) \tag{6-59}$$

其中，$v_{i,d}(k)$ 为第 i 个粒子在第 k 次迭代速度的第 d 维分量；$x_{i,d}(k)$ 为第 i 个粒子在第 k 次迭代位置的第 d 维分量；$p_{i,d}(k)$ 为第 i 个粒子在第 k 次迭代个体最优解的第 d 维分量；$p_{g,d}(k)$ 为第 k 次迭代时全局最优解的第 d 维分量；$\omega(k)$ 为惯性权重，较大的 $\omega(k)$ 能加速粒子搜索新的区域，通常在迭代初期采用较大值，随着搜索进行逐渐减小；$c_1(k)$ 和 $c_2(k)$ 为加速因子，用于表示粒子自身认知与社会信息共享对其飞行轨迹的影响程度；$r_1(k)$ 和 $r_2(k)$ 分别为 $[0,1]$ 上的随机数。

粒子群算法的优点有：在优化过程中需要调整的参数不多，算法简单，鲁棒性好，收敛速度快，适合解决一些非线性、多维变量、不可微、多峰值的复杂优化问题，是一种高效并行的随机进化搜索算法。但粒子群优化算法的数学基础比较薄弱，缺乏深刻且具有普遍意义的理论分析。

粒子群算法的基本步骤如下：

(1)初始化粒子种群的位置和速度。

(2)根据适应度函数计算每个粒子的适应度值。

(3)更新当前各粒子个体最优解和粒子种群全局最优解。

(4)根据上述公式更新各粒子的速度和位置。

(5)若精确度不满足收敛要求，且未达到最大迭代次数，转到步骤(2)。

(6)结束计算，输出优化结果。

除上述两种算法，还有禁忌搜索算法、模拟退火算法、蚁群优化算法、人工神经网络等。智能算法由于具有全局收敛性，擅长处理离散变量优化问题而被广泛使用。然而，这类算法通常属于随机搜索方法，具有计算速度慢的先天缺陷，难以适应在线计算及电力市场的要求，仍无法替代传统优化方法，可以尝试利用智能算法和传统优化方法相结合进行混合求解。

6.4　实时能量分配

6.4.1　一致性问题

一致性问题在自动控制领域已有很长的历史。在许多多智能体系统的应用中，智能体被划分成多个群组，在每个群组内的全部代理需要在某些关键的变量上取得一致。这些变量的结果可能与单个智能体初始的设定相符，也可能与其相违。因此，各动态代理之间通过有向信息流相联系，从而取得"一致意见"是非常重要的[30-32]。利用图论的语言可将一致性问题描述如下。

考虑由 n 个节点组成的系统，其网络拓扑图记为 $G = (v, \varepsilon, A)$，其中 $v = \{v_1, \cdots, v_n\}$ 为网络拓扑图的节点集，$\varepsilon \subseteq v \times v$ 表示网络拓扑图的支路集（或称边集），$A = [a_{ij}]$ 表示网络拓扑图的权重连接矩阵，a_{ij} 为非负的连接元素。图 6-7 给出了几种有向图的拓扑结构。节点编号属于有限编号集 $I = \{1, 2, \cdots, n\}$，对应着图中支路的连接元素值为正，即 $e_{ij} \in \varepsilon \Leftrightarrow a_{ij} > 0$。有向边 $\varepsilon_{ij} = (v_i, v_j)$ 表示智能体 j 能获得智能体 i 的信息，且称节点 v_i 是父节点，v_j 是子节点，也称 v_i 是 v_j 的邻居或邻节点。节点 v_i 的邻节点集用 N_i 表示，即 $N_i = \{v_j \in v \mid (v_i, v_j) \in \varepsilon\}$。在有向图 G 中，如果有 $(v_i, v_j) \in \varepsilon \Leftrightarrow (v_j, v_i) \in \varepsilon$，则称图 G 为无向图或者双向图。假设一个节点群 J 是图中节点的任意一个子集，即 $J \subseteq v$，则节点群 J 的相邻节点可定义为

$$N_J = \bigcup_{v_i \in J} N_i = \{v_i \in v \mid v_i \in J, (v_i, v_j) \in \varepsilon\} \tag{6-60}$$

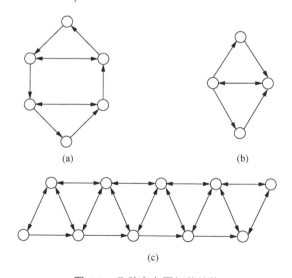

图 6-7　几种有向图拓扑结构

令 $x_i \in R$ 代表节点 v_i 的值。则 $G_x = (G,x)$（其中 $x = (x_1,\cdots,x_n)^{\mathrm{T}}$）称为值为 $x \in R^n$，拓扑为 G 的代数图。节点的值可能代表一系列的物理量，在电力系统中常用来表示频率、功率、电压、微增率等。当且仅当 $x_i = x_j$ 时，称网络中的节点 v_i 和节点 v_j 达到一致。当且仅当对于所有 $i,j \in I$ 且 $i \neq j$ 的节点有 $x_i = x_j$，称网络中的所有节点达到一致。一旦网络中的所有节点达到一致，所有节点的共同值被称为群体决策值。

假设图中的每个节点都是一个动态代理，根据其演化特性的不同可以建立动态模型：

$$\dot{x}_i = f(x_i,u_i), \qquad i \in I \tag{6-61}$$

则整个系统变化的动态特性可记为 $\dot{x} = \boldsymbol{F}(x,u)$，其中 $\boldsymbol{F}(x,u)$ 是由 $f(x_i,u_i)$ 构成的列向量，u_i 为节点 v_i 处智能体的输入信息。在一个网络拓扑为 G，变量为 x 的动态系统 (G,x) 中，系统状态 x 根据网络动态特性 $\dot{x} = \boldsymbol{F}(x,u)$ 而变化。在含拓扑变换的动态网络中，拓扑 G 是系统的离散状态，并可能随时间而变化。

多智能体系统的一致性问题可表示为，通过一定的控制策略，通过各智能体之间的相互作用、相互影响，每个个体的状态趋于一致或共享，即

$$\left\| x_i - x_j \right\| \to 0, \quad \forall i,j \in I, i \neq j, t \to \infty \tag{6-62}$$

其中，每个智能体的输入信息 u_i 只取决于节点 v_i 及其相邻节点的状态，有

$$u_i = k_i(x_{j_1},\cdots,x_{j_{m_i}}) \tag{6-63}$$

式中，$\boldsymbol{J}_i = \{v_{j_1},\cdots,v_{j_{m_i}}\}$ 满足 $\boldsymbol{J}_i \subseteq \{v_i\} \bigcup N_i$。一旦所有智能体的输入规则确定，那么求解一致性问题的算法也随之确定。称上述状态反馈输入规则 $u_i = k_i(x_{j_1},\cdots,x_{j_{m_i}})$ 为一致性协议。

6.4.2 一致性算法

一致性协议描述的是自主体利用自己及邻居信息更新自身状态，从而使得系统达到一致的规则，有些文献也称为一致性算法、一致性控制器或者一致性控制律。根据可利用的信息，可以分为基于状态反馈的协议、基于静态输出反馈的协议和基于动态输出补偿的协议。而根据协议的形式及作用，可分为线性协议和非线性协议。

由于非线性协议比较复杂，在此只对线性一致性协议做简单介绍。

对于多智能体系统，如果各智能体之间传递的是状态信息，则可采用基于状态反馈的一致性协议，其基本形式为

$$U_i(t) = K \sum_{j=1}^{N} a_{ij} \left[X_j(t) - X_i(t) \right] \tag{6-64}$$

其中，K 为需要设计的状态反馈增益，也称为协议参数。

对于一阶积分器系统，上述协议退化为

$$u_i(t) = k \sum_{j=1}^{N} a_{ij} \left[x_j(t) - x_i(t) \right] \tag{6-65}$$

这也是最经典、最简单的一致性协议。

对于二阶积分器系统，其基本的形式是位置差信息与速度差信息的线性组合：

$$u_i(t) = \sum_{j=1}^{N} a_{ij} \left\{ k_1 \left[x_j(t) - x_i(t) \right] + k_2 \left[\dot{x}_j(t) - \dot{x}_i(t) \right] \right\} \tag{6-66}$$

其中，$\dot{x}_i$ 为节点 i 的状态 x_i 的倒数。通过选择合适的协议参数，可以使得智能体聚集在一起并以相同的速度发生状态变化。有时系统各智能体能够达成一致状态并保持不变，也称为系统静态一致。可以在一致性协议中增加速度镇定项：

$$u_i(t) = -k_0 \dot{x}_i(t) + \sum_{j=1}^{N} a_{ij} \left\{ k_1 \left[x_j(t) - x_i(t) \right] + k_2 \left[\dot{x}_j(t) - \dot{x}_i(t) \right] \right\} \tag{6-67}$$

可以证明，在没有相对速度信息，即 $k_2 = 0$ 的情况下，该协议仍然有效。

实际控制系统一般需要离散采样，引入离散一致性协议：

$$x_i[k+1] = \sum_{j=1}^{N} d_{ij} x_j[k] \tag{6-68}$$

即需要构造双随机矩阵 $\boldsymbol{D}$，使 $\boldsymbol{X}[k+1] = \boldsymbol{D} \boldsymbol{X}[k]$。当矩阵特征值均小于等于 1 时，系统状态量一致收敛到平均值，有

$$\boldsymbol{X}[k] = \boldsymbol{D} \boldsymbol{X}[0] \rightarrow \frac{\boldsymbol{e} \boldsymbol{e}^{\mathrm{T}}}{n} \boldsymbol{X}[0], \quad k \rightarrow \infty \tag{6-69}$$

Lu 等提出一种 Metroplis 双随机矩阵的构造方法[33]，双随机矩阵 $\boldsymbol{D}$ 的元素可以表示为

$$d_{ij} = \begin{cases} \dfrac{1}{\max(n_i, n_j) + 1}, & A(u_i, u_j) = 1 \\ 1 - \sum_{j \in N_i} d_{ij}, & i = j \\ 0, & \text{其他} \end{cases} \tag{6-70}$$

其中，$\max\left(n_i, n_j\right)$ 为节点 i 和节点 j 邻居数的较大值；联通矩阵的元素 $A\left(u_i, u_j\right) = 1$ 表示节点 i 和节点 j 相邻。

6.4.3 基于一致性协议的实时能量分配

实时能量控制需要在考虑系统动态响应的情况下，实现系统机组功率的精确控制[34]。

通过模拟传统同步发电机的调节特性，系统内的分布式电源的有功功率和无功功率可分别通过下垂控制和节点电压实现：

$$f_i = f_{0i} - m_i P_i \tag{6-71}$$

$$V_i = V_{0i} - n_i Q_i \tag{6-72}$$

其中，f_i 为系统频率；V_i 为分布式电源 i 的端电压；P_i 和 Q_i 分别为分布式电源 i 的有功出力和无功出力；f_{0i} 和 V_{0i} 分别为分布式电源 i 零输出情况下的频率和端电压；m_i 和 n_i 分别为分布式电源 i 的有功和无功下垂系数。

在通过日前、日内调度获得有功功率的出力目标后，为实现有功功率的精确控制，需要协调频率和电压控制的下垂系数。在不考虑日前、日内优化的情况下，由于系统电压一致，分布式电源输出的有功功率与下垂系数成反比[35]：

$$m_1 P_1 = m_2 P_2 = \cdots = m_n P_n \tag{6-73}$$

针对上述功率分配关系，可采用一阶一致性算法，控制各机组的特征量相等，即

$$\begin{cases} \dot{x}_i = \dot{x}_j \\ x_i = x_j = x_{\text{ref}} \end{cases} \tag{6-74}$$

其中，x_i 为分布式电源 i 的状态特征量，可以是分布式电源 i 有功出力与下垂系数的乘积，或分布式电源发电的耗量微增率；x_{ref} 为状态特征量的目标值。

在考虑日前、日内优化调度结果的情况下，虚拟电厂的运行点随负荷变化，各分布式电源间的有功功率之间不存在固定的函数关系。此时，有功功率的控制目标为

$$\begin{cases} \dot{P}_i = 0, \\ P_i = P_{\text{ref},i}, \end{cases} \quad i = 1, 2, \cdots, n \tag{6-75}$$

其中，$\dot{P}_i$ 为分布式电源 i 有功出力的变化率；$P_{\text{ref},i}$ 为当前运行工况下，日前、日内调度得到的分布式电源 i 的运行出力参考值。

对于考虑上一阶段优化调度参考值的情况，由于各机组运行控制目标不存在一致关系，所以传统的一阶一致性难以满足控制要求。采用如下二阶一致性协议实现功率分配。对有功功率连续进行两次求导，可得分布式电源的有功功率动态响应模型：

$$\begin{cases} \dot{P}_i = \omega_i \\ \dot{\omega}_i = u_{P_i} \end{cases} \tag{6-76}$$

其中，ω_i 为分布式电源 i 的有功功率 P_i 的一阶微分值；u_{P_i} 为有功功率的控制量。

采用含虚拟领导者的一致性协议求解上述控制模型，实现对分布式电源有功功率的调节：

$$u_{P_i} = u_{P_{\alpha i}} + u_{P_{\beta i}} + u_{P_{\gamma i}} \tag{6-77}$$

$$u_{P_{\alpha i}} = -k_1 \sum_{j=1, j\neq i}^{n} a_{ij} \frac{P_{ij}^2 - P_{\mathrm{ref},ij}^2}{P_{\mathrm{ref},ij}^2 P_{ij} + P_{ij}^3} \tag{6-78}$$

$$u_{P_{\beta i}} = \sum_{i=1, i\neq j}^{n} a_{ij} \mathrm{sign}\left(\omega_{ji}\right) \left|\omega_{ji}\right|^{k_2} \tag{6-79}$$

$$u_{P_{\gamma i}} = k_3 \left[-k_1 \frac{P_{iL}^2 - P_{\mathrm{ref},iL}^2}{P_{\mathrm{ref},iL}^2 P_{iL} + P_{iL}^3} + \mathrm{sign}\left(\omega_{Li}\right) \left|\omega_{Li}\right|^{k_2} \right] \tag{6-80}$$

$$\begin{cases} P_{ij} = \left| P_i - P_j \right| \\ P_{iL} = \left| P_i - P_L \right| \end{cases} \tag{6-81}$$

$$\begin{cases} P_{\mathrm{ref},ij} = \left| P_{\mathrm{ref},i} - P_{\mathrm{ref},j} \right| \\ P_{\mathrm{ref},iL} = \left| P_{\mathrm{ref},i} - P_{\mathrm{ref},L} \right| \end{cases} \tag{6-82}$$

$$\begin{cases} \omega_{ji} = \omega_j - \omega_i \\ \omega_{Li} = \omega_L - \omega_i \end{cases} \tag{6-83}$$

$$\mathrm{sign}\left(x\right) = \begin{cases} 1, & x \geqslant 0 \\ -1, & x < 0 \end{cases} \tag{6-84}$$

其中，下标 L 为实时有功功率分配控制中的虚拟领导者节点；k_1、k_2、k_3 为控制参数，且 k_1 和 k_3 非负；$u_{P_{\alpha i}}$、$u_{P_{\beta i}}$、$u_{P_{\gamma i}}$ 为一致性协议中的三个独立控制分量，其中，$u_{P_{\alpha i}}$ 用于控制分布式电源间的有功功率偏差与目标偏差相等，$u_{P_{\beta i}}$ 用于控制分布式电源有功出力微分值相等，$u_{P_{\gamma i}}$ 用于控制分布式电源与虚拟领导者间的有功偏差与目标的偏差相等。

根据控制协议可以得到系统的平衡点为

$$\begin{cases} \left| P_i - P_j \right| = \left| P_{\text{ref},i} - P_{\text{ref},j} \right| \\ \left| P_i - P_L \right| = \left| P_{\text{ref},i} - P_{\text{ref},L} \right| \end{cases} \tag{6-85}$$

令式(6-85)中领导者 L 的状态特征量为 0，即 $\dot{P}_L = 0$，$P_L = 0$，则简化后有

$$\begin{cases} P_i = P_{\text{ref},i} \\ P_j = P_{\text{ref},j} \end{cases} \tag{6-86}$$

实现了有功功率的控制要求。综上所述，通过采用一致性协议，以系统日前、日内优化调度得到的运行计划为参考值，可以实现系统实时的功率管理，使得分布式电源的有功功率跟踪设定参考值。

6.5　闭环能量控制

6.5.1　模型预测控制技术

1) 模型预测控制基本原理

模型预测控制(model predictive control, MPC)是一类基于模型的闭环优化控制算法，其主要思想是结合系统模型、当前状态量和约束条件，在线滚动求解最优的控制输入变量[36-40]。MPC 策略的基本原理如图 6-8 所示。

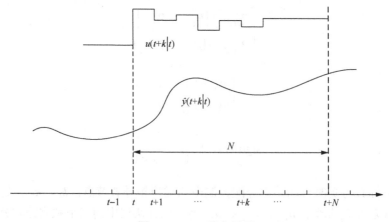

图 6-8　MPC 基本原理

在当前时刻 t，基于一定的预测模型，得到未来有限时域 N（预测时域）内的系统输出状态预测量 $y(t+k|t)$, $k=1,2,\cdots,N$。系统预测输出 $y(t+k|t)$ 根据当前时刻的系统输入、输出以及未来控制时域内的控制信号 $u(t+k|t)$, $k=0,1,\cdots,N-1$ 求解得到。结合系统输出与参考轨迹，按照给定的性能评价标准，同时考虑当前和未来时域内的约束条件，对未来控制时域滚动求解优化问题，得到系统接下来有限时域内的控制指令序列 $u(t+k|t)$。仅将控制指令序列的第一个值下发至控制系统进行操作。在下一时刻重新对系统输出 $y(t+1)$ 进行采样，并重复上述步骤滚动进行优化。

MPC 流程如图 6-9 所示，可大致分为预测模型、滚动优化和反馈校正三部分。

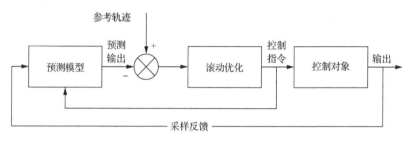

图 6-9　MPC 流程

2）预测模型

MPC 是一种基于模型的控制算法，对于 MPC 来讲，只注重模型的功能，而不注重模型的形式。预测模型的功能就是根据对象的历史信息和未来输入预测其未来输出。预测模型在 MPC 方法中起到决定性作用，因此需要能够有效表征系统的运行特性，并且易于实现和理解。从方法的角度讲，只要是具有预测功能的信息集合，无论其具有什么样的表现形式，均可以作为预测模型。因此，状态方程、传递函数这类传统的模型都可以作为预测模型。对于线性稳定对象，脉冲响应、阶跃响应这类非参数模型，也可以作为预测模型使用。此外，非线性系统、分布参数系统的模型只要具备上述功能，也可以作为预测模型使用。因此，MPC 打破了之前的控制算法或策略对模型结构的严格要求，更着眼于在信息的基础上根据功能要求按最方便的途径建立模型。例如，在动态矩阵控制（dynamic matrix control, DMC）、模型算法控制（model algorithmic control, MAC）等 MPC 策略中，采用在实际工业中容易获得的阶跃响应、脉冲响应等非参数模型，而广义预测控制（generalized predictive control, GPC）等 MPC 策略则选择受控自回归积分滑动平均（controlled autoregressive integrated moving average, CARIMA）模型等参数模型。

预测模型具有展示系统未来动态行为的功能。这样，就可以利用预测模型为 MPC 的优化提供先验知识，从而决定采用何种控制输入，使未来时刻被控对象的输出变化符合预期的目标。

3) 滚动优化

相对于其他控制理论，MPC 最大的特点在于实现控制作用的方式，即滚动优化、滚动实施。

在工业应用和理论研究中，MPC 通常是采用在线优化方法。MPC 是通过某一性能指标的最优来确定未来的控制作用的。这一性能指标涉及系统未来的性能，例如，通常可取对象在未来的采样点上跟踪某一期望轨迹的方差最小，但也可采取更广泛的形式，例如，要求控制能量最小等。性能指标中涉及系统未来的行为，是根据预测模型由未来的控制动作决定的。但是，MPC 中的优化与通常的最优控制算法有很大的差别。这主要表现在 MPC 中的优化不是采用一个不变的全局优化指标，而是采用随时间滚动的、通常是有限时域的优化策略。在每一采样时刻，优化性能指标通常只涉及未来的有限的时间，而到下一采样时刻，这一优化时域向前推移，并重新对下一周期进行滚动优化。因此，MPC 在每一时刻有一个相对于该时刻的优化性能指标。不同时刻优化性能指标的相对形式是相同的，但其绝对形式，即所包含的时间区域，则是不同的。

在 MPC 中，通常优化不是一次离线进行，而是反复在线运行，这就是滚动优化的含义，也是 MPC 区别于传统最优控制的根本特点。这种有限时域优化目标的局限性在于理想情况下只能得到全局的次优解，但优化的滚动实施却能应对由于模型失配、时变、干扰等引起的不确定性，及时进行弥补，始终把新的优化建立在实际的基础上，使控制保持实际上的最优。对于实际的复杂控制过程来说，模型失配、时变、干扰等引起的不确定性是不可避免的，因此建立有限时域上的滚动优化策略反而更加有效。

4) 反馈校正

反馈在克服干扰和不确定性的影响、获得闭环稳定性方面有着基本的与不可替代的作用。MPC 算法在进行滚动优化时，优化的基点应与系统实际情况一致。但作为算法基础的预测模型，只是对象动态特性的粗略描述，由于实际系统中存在的非线性、时变、模型失配、干扰等因素，基于不变模型的预测不可能和实际情况完全吻合，这就需要用附加的预测手段补充模型预测的不足，或者对基础模型进行在线修正。滚动优化只有建立在反馈校正的基础上，才能体现出优越性。因此，MPC 算法在通过优化确定了一系列未来的控制作用后，为了防止模型失配和环境干扰引起控制对理想状态的偏离，并不是将这些控制作用逐一全部实施，而只是实现当前时刻的控制作用。到下一采样时刻，首先监测对象的实际输出，并通过各种反馈策略，修正预测模型或加以补偿，然后再进行新的优化。

反馈校正的形式是多样的，可以在保持模型不变的基础上，对未来的误差做出预测并加以补偿，也可以采用在线辨识的方法直接修改预测模型。无论采用何种校正形式，MPC 都把优化建立在系统实际的基础上，并力图在优化时对系统未来的动态行为做出较准确的预测。因此，MPC 中的优化不仅基于模型，而且利用了反馈信息，所以构成了闭环优化。

6.5.2 基于 MPC 技术的闭环能量管理策略

1）闭环能量管理基本思路

虚拟电厂的闭环能量管理基于 MPC 技术实现，其基本思路为：以系统日前、日内的优化调度结果为参考值，利用超短期风光可再生能源出力预测及负荷功率预测，结合 MPC 框架构建实时运行功率校正模型。优化校正以系统内各机组当前的实际运行状态反馈为基准，不断滚动优化求解未来有限时段内的运行控制计划，并下发之后一个时段的控制指令。通过 MPC 的采样反馈和滚动优化，实现系统的闭环能量管理和机组功率的精确分配。

基于 MPC 技术的实时闭环能量控制基本思路如图 6-10 所示。

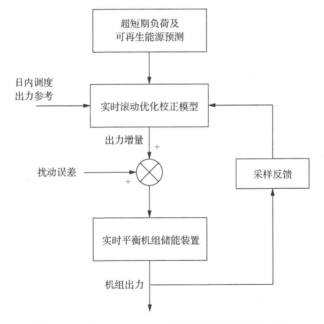

图 6-10 基于 MPC 的实时闭环能量控制基本思路

2）目标函数

日前、日内两个时间尺度优化基本保证了区域能源互联网运行的经济性，因此实时尺度需要在预测误差存在的情况下，校正各机组出力，保证各机组尽量跟踪经济出力计划。其目标函数为所有场景下优化周期内各机组出力相对日内调度求得参考值偏差及实时调整量的期望之和最小，采用二次项进行评估：

$$\min \sum_{\tau=1}^{T} \left[\left(X_{t+\tau,s} - X_{t+\tau}^{\mathrm{ref}} \right) Q \left(X_{t+\tau} - X_{t+\tau}^{\mathrm{ref}} \right)^{\mathrm{T}} + \Delta u_{t+\tau} H \Delta u_{t+\tau}^{\mathrm{T}} \right] \qquad (6\text{-}87)$$

其中，t 为当前时刻；优化周期 T 为 15min；Q 和 H 为系数矩阵；$X_{t+\tau}$ 为有限时域内决策变量行向量，包含各机组功率及储能系统荷电状态；$X_{t+\tau}^{\mathrm{ref}}$ 为日内调度求得的各机组出力及储能荷电状态的参考值；$\Delta u_{t+\tau}$ 为各机组功率相对上一时段的增量。

决策变量主要包含各机组出力、联络线购售电功率、储能系统充放电功率及荷电状态等：

$$X_{t+\tau} = \left[P_{t+\tau} \ \mathrm{SOC}_{t+\tau} \right] = \left[P_{1,t+\tau}^{\mathrm{g}}, P_{2,t+\tau}^{\mathrm{g}}, \cdots, P_{t+\tau}^{\mathrm{c}}, P_{t+\tau}^{\mathrm{d}}, \cdots, \mathrm{SOC}_{t+\tau} \right] \qquad (6\text{-}88)$$

$$X_{t+\tau}^{\mathrm{ref}} = \left[P_{t+\tau}^{\mathrm{ref}} \ \mathrm{SOC}_{t+\tau}^{\mathrm{ref}} \right] = \left[P_{1,t+\tau}^{\mathrm{g,ref}}, P_{2,t+\tau}^{\mathrm{g,ref}}, \cdots, P_{t+\tau}^{\mathrm{c,ref}}, P_{t+\tau}^{\mathrm{d,ref}}, \cdots, \mathrm{SOC}_{t+\tau}^{\mathrm{ref}} \right] \qquad (6\text{-}89)$$

其中，$P_{i,t+\tau}^{\mathrm{g}}$ 和 $P_{i,t+\tau}^{\mathrm{g,ref}}$ 分别为 $t+\tau$ 时刻各机组的实际出力和出力参考值；$P_{t+\tau}^{\mathrm{c}}$、$P_{t+\tau}^{\mathrm{d}}$、$P_{t+\tau}^{\mathrm{c,ref}}$、$P_{t+\tau}^{\mathrm{d,ref}}$ 分别为储能系统的实际充放电功率和充放电功率参考值；$\mathrm{SOC}_{t+\tau}$ 和 $\mathrm{SOC}_{t+\tau}^{\mathrm{ref}}$ 分别为储能系统的实际荷电状态和荷电状态参考值。

易知通过适当调整系数矩阵 Q 和 H 的值，可以实现各机组间波动功率的精确分配。

3）约束条件

（1）各单元出力预测模型约束。各单元在优化过程中，以当前时刻实际运行状态为参考，求解优化校正控制指令，故其输出功率决策量可由当前时刻实际运行状态和功率增量确定：

$$P_{t+\tau} = P_{0t} + \sum_{t}^{\tau} \Delta u_{t+t} \left(1 + \xi_{t+t} \right) \qquad (6\text{-}90)$$

其中，$P_{t+\tau}$ 为 $t+\tau$ 时段内各机组功率；P_{0t} 为采样反馈得到的系统当前运行状态；ξ_{t+t} 为机组运行控制的扰动误差。

（2）机组运行上下限约束。

$$P_{\min} \leqslant P_{0t} + \sum_{t}^{\tau} \Delta u_{\tau+t} \leqslant P_{\max} \qquad (6\text{-}91)$$

其中，$P_{\min}$ 和 $P_{\max}$ 分别为各机组运行状态的下限和上限。

（3）机组爬坡约束。

$$-\Delta_{\mathrm{rd}} \leqslant \Delta u_{t+\tau} \leqslant \Delta_{\mathrm{ru}} \qquad (6\text{-}92)$$

其中，$\varDelta_{rd}$ 和 $\varDelta_{ru}$ 分别为机组功率减小和增加的爬坡率。

（4）采样反馈约束。采样反馈是实现闭环能量管理的关键步骤。以当前实际运行状态作为当前时段优化控制的基准值：

$$\boldsymbol{P}_{0t} = \boldsymbol{P}_t^{\text{real}} + \sigma_P \qquad (6\text{-}93)$$

其中，$\boldsymbol{P}_{0t}$ 为 t 时段各机组功率在当前时刻的采样值；$\boldsymbol{P}_t^{\text{real}}$ 为各机组的实际运行功率；σ_P 为运行采样误差。

4）实时闭环能量控制结果

通过实时校正环节，在每次执行后得到下一时段的调度指令，确定系统内各机组的输出功率、联络线交换功率、储能系统的充放电功率，只下发未来一个时段的控制变量 $\Delta \boldsymbol{u}_{t+1}$，并将优化时域向前滚动。

6.6 小 结

本章主要阐述了虚拟电厂多维时空尺度的能量优化管理技术。首先介绍了多代理系统相关概念，并基于多代理系统建立虚拟电厂层级式分散控制架构，相比传统调度方法，具有更好的灵活性、开放性和扩展性。随后介绍了虚拟电厂多时间尺度协调优化调度模型和方法，通过日前、日内、实时三级调度控制，逐级消除可再生能源及负荷预测误差的影响，并着重给出基于多智能体一致性算法的实时能量分配策略。最后给出了虚拟电厂的闭环能量控制方法，采用 MPC 技术，基于系统运行状态的采样反馈和滚动优化，实时校正虚拟电厂内各单元的运行状态，实现闭环能量管理。

参 考 文 献

[1] 薛禹胜, 雷兴, 薛峰, 等. 关于风电不确定性对电力系统影响的评述[J]. 中国电机工程学报, 2014, 34(29): 5029-5040.

[2] Sheehy S, Edwards G, Dent C J, et al. Impact of high wind penetration on variability of unserved energy in power system adequacy[C]. International Conference on Probabilistic Methods Applied To Power Systems. IEEE, 2016: 1-6.

[3] 丁杰, 周海. 风力发电和光伏发电预测技术[M]. 北京: 中国水利水电出版社, 2016.

[4] Boyle G. 可再生能源与电网[M]. 北京: 中国电力出版社, 2011.

[5] 王芝茗. 大规模风电调度技术[M]. 北京: 中国电力出版社, 2016.

[6] Monteiro C, Bessa R, Miranda V, et al. Wind power forecasting : State-of-the-art 2009[J]. Office of Scientific & Technical Information Technical Reports, 2009, 32(2): 124-130.

[7] Soman S S, Zareipour H, Malik O, et al. A review of wind power and wind speed forecasting methods with different time horizons[C]. North American Power Symposium. IEEE, 2010: 1-8.

[8] 谷兴凯, 范高锋, 王晓蓉, 等. 风电功率预测技术综述[J]. 电网技术, 2007(S2): 335-338.

[9] Kamal L, Jafri Y Z. Time series models to simulate and forecast hourly averaged wind speed in Quetta, Pakistan[J]. Solar Energy, 1997, 61(1): 23-32.

[10] 季阳. 基于多代理系统的虚拟发电厂技术及其在智能电网中的应用研究[D]. 上海: 上海交通大学, 2011.

[11] 方燕琼, 艾芊, 范松丽. 虚拟电厂研究综述[J]. 供用电, 2016, 33(4): 8-13.

[12] Vandoorn T L, Zwaenepoel B, Kooning J D M D, et al. Smart microgrids and virtual power plants in a hierarchical control structure[C]. IEEE Pes International Conference and Exhibition on Innovative Smart Grid Technologies. IEEE, 2012: 7.

[13] 章健, 艾芊, 王新刚. 多代理系统在微电网中的应用[J]. 电力系统自动化, 2008, 32(24): 80-82.

[14] 刘思源, 艾芊. 基于多代理系统的虚拟电厂协调优化[J]. 电器与能效管理技术, 2017(3): 19-25.

[15] 蒲天骄, 刘克文, 李烨, 等. 基于多代理系统的主动配电网自治协同控制及其仿真[J]. 中国电机工程学报, 2015, 35(8): 1864-1874.

[16] 窦晓波, 徐忞慧, 董建达, 等. 微电网改进多时间尺度能量管理模型[J]. 电力系统自动化, 2016, 40(9): 48-55.

[17] 张伯明, 吴文传, 郑太一, 等. 消纳大规模风电的多时间尺度协调的有功调度系统设计[J]. 电力系统自动化, 2011, 35(1): 1-6.

[18] 杨洋, 吕林, 肖万芳, 等. 主动配电网多代理能量管控的分层协同策略[J]. 电力系统及其自动化学报, 2016, 28(7): 117-124.

[19] Eddy Y S F, Gooi H B, Chen S X. Multi-agent system for distributed management of microgrids[J]. IEEE Transactions on Power Systems, 2014, 30(1): 24-34.

[20] Logenthiran T, Srinivasan D, Khambadkone A M, et al. Multi-agent system(MAS)for short-term generation scheduling of a microgrid[C]. IEEE International Conference on Sustainable Energy Technologies. IEEE, 2011: 1-6.

[21] 刘天琪. 现代电力系统分析理论与方法[M]. 北京: 中国电力出版社, 2007.

[22] 艾芊. 电力系统稳态分析[M]. 北京: 清华大学出版社, 2014.

[23] Karmarkar N. A new polynomial-time algorithm for linear programming[C]. Sixteenth ACM Symposium on Theory of Computing. ACM, 1984: 302-311.

[24] Ponnambalam K, Quintana V H, Vannelli A. A fast algorithm for power system optimization problems using an interior point method[J]. IEEE Transactions on Power Systems, 1991, 7(2): 892-899.

[25] Vargas L S, Quintana V H, Vannelli A. A Tutorial description of an interior point method and its application to security-constrained economic dispatch[J]. IEEE Transactions on Power Systems, 1993, 8(3): 1315-1324.

[26] Megiddo N. Pathways to the Optimal Set in Linear Programming[M]// Progress in Mathematical Programming. New York: Springer, 1989: 131-158.

[27] Mehrotra S. On the implementation of a primal-dual interior point method[J]. American Journal of Digestive Diseases, 1992, 2(4): 575-601.

[28] Holland J H. Adaptation in Natural and Artificial Systems[M]. Perth: MIT Press, 1992.

[29] Kennedy J, Eberhart R. Particle swarm optimization[C]. IEEE International Conference on Neural Networks, 1995. Proceedings IEEE, 2002(4): 1942-1948.

[30] 许耀辉, 田玉平. 线性及非线性一致性问题综述[J]. 控制理论与应用, 2014, 31(7): 837-849.

[31] 余莹莹. 多智能体系统一致性若干问题的研究[D]. 武汉: 华中科技大学, 2010.

[32] 杨文, 汪小帆, 李翔. 一致性问题综述[C]. 中国控制会议, 2006.

[33] Lu L Y, Chu C C. Consensus-based P-f /Q-V droop control in autonomous micro-grids with wind generators and energy storage systems[C]. Pes General Meeting | Conference & Exposition. IEEE, 2014: 1-5.

[34] 郝然, 艾芊, 朱宇超. 基于多智能体一致性的能源互联网协同优化控制[J]. 电力系统自动化, 2017, 41(15): 10-17.

[35] 余志文, 艾芊, 熊文. 基于多智能体一致性协议的微电网分层分布实时优化策略[J]. 电力系统自动化, 2017, 41(18): 25-31.

[36] 肖浩, 裴玮, 孔力. 基于模型预测控制的微电网多时间尺度协调优化调度[J]. 电力系统自动化, 2016, 40(18): 7-14.

[37] Camacho E F, Bordons C. Model predictive control[M]. London: Springer, 1999.

[38] 邹涛, 丁宝苍, 张端. 模型预测控制工程应用导论[M]. 北京: 化学工业出版社, 2010.

[39] 席裕庚, 李德伟, 林姝. 模型预测控制——现状与挑战[J]. 自动化学报, 2013, 39(3): 222-236.

[40] 董雷, 陈卉, 蒲天骄, 等. 基于模型预测控制的主动配电网多时间尺度动态优化调度[J]. 中国电机工程学报, 2016, 36(17): 4609-4616.

第 7 章 虚拟电厂内部成员的精确控制

7.1 虚拟电厂元件控制方法

由虚拟电厂的元件组成和结构分析可以看到,虚拟电厂强大的灵活性能和高效的供电服务离不开完善的元件控制。一方面,虚拟电厂作为一个模块化的可控单元,应对内部电网提供满足负荷用户需求的电能。另一方面,由于虚拟电厂内部分布式电源、储能设备等元件数目众多、差异显著,传统的元件控制方法难以实现虚拟电厂控制中心对整个系统的快速反应和有效控制,甚至可能由于某一控制元件故障或软件出错就使虚拟电厂发生重大事故。因此,元件控制方法是虚拟电厂研究的一个难点问题。虚拟电厂元件控制应做到能够基于本地信息对电网中的事件做出快速、独立自主的响应,具体来说,虚拟电厂元件控制应当保证以下几方面内容。

(1)任一分布式电源的接入不对系统造成影响。

(2)能够调节每个分布式电源接口处的电压,保证电压的稳定性。

(3)能够调节内部潮流,对有功、无功进行独立解耦控制。

(4)具有校正电压跌落和系统不平衡的能力。

依据分布式电源或储能设备在微电网中所起的作用不同,需要采取不同的控制策略,虚拟电厂元件控制方法主要包括主从控制、对等控制、分层控制三种。

7.1.1 虚拟电厂主从控制

虚拟电厂主从控制策略以虚拟电厂中的某一个或多个分布式电源(或储能设备)为主电源,其余为从电源,且从电源服从主电源。根据相关电气量及电网的运行情况,各元件采取相应的控制方法,维持系统电压和频率的稳定,并通过主控制器与各分布式电源、储能设备、负荷之间的通信联系,调节其他电源从控制器的输出,实现功率平衡。

当虚拟电厂处于正常运行状态时,可以与大电网进行电量交易,向电网提供多余的电能或由电网补足自身发电的不足,此时系统中的分布式电源(或储能设备)均采用定功率控制(PQ 控制)方式,不参与系统频率调节,只输出指定有功无功,维持系统内的功率平衡;由于虚拟电厂的总体容量远小于电网的总体容量,所以系统的电压和频率的稳定由电网调节与维持。

当虚拟电厂处于要求联络线功率调零的非正常状态时，虚拟电厂需要通过内部调节控制保证重要负荷的供电，同时维持自身的电压和频率的稳定。其中，虚拟电厂的一个或多个主电源采取定电压和定频率控制(V/F 控制)方式，向虚拟电厂提供电压和频率的支撑，为其他分布式电源(或储能设备)提供参考电压和参考频率；其他分布式电源仍保持定功率控制方式，不参与电压和频率的调整，仅维持功率平衡。此时，虚拟电厂可以通过定电压和定频率控制单元的功率跟随特性来实现电力供需平衡，同时保证较高的电压和频率质量。当虚拟电厂重新与电网进行联络线功率交换时，虚拟电厂的频率和电压可保持在孤岛模式前的标准，并通过锁相环节的控制，确保虚拟电厂内部设备和主网间的频率和电压相位、相角的一致，减少对主网电压和频率的影响。

主从控制策略简单易行，能够保证供电质量。但该策略要求主电源不仅需要具备较快的出力调节能力，还要具备足够大的出力，对主电源的选择有较大的限制性。此外，该方法未考虑到虚拟电厂运行时的电能质量、经济性、稳定性等多方面目标，虚拟电厂难以运行于较优状态。

7.1.2　虚拟电厂即插即用对等控制

为减小微电网对通信系统的依赖性，实现分布式电源、储能设备和负荷的即插即用，虚拟电厂可以采取即插即用对等控制策略。

对等控制策略基于电力电子技术的即插即用(plug and play)和对等(point to point)的控制思想。即插即用要求在能量平衡的条件下，虚拟电厂中的任何一个分布式电源(或储能设备)在接入或断开时，不需要改变虚拟电厂中其他设备的设置。采用即插即用对等控制策略时，虚拟电厂中所有参与电压、频率调节和控制的可控分布式电源(或储能设备)具有相等的地位，各个分布式电源控制器之间不存在主从关系，不存在主从控制中的主电源。各分布式电源(或储能设备)采用本地变量进行控制，不同分布式电源之间没有通信联系。

在对等控制策略中，分布式电源采用下垂控制，利用分布式电源输出有功功率和频率呈线性关系而无功功率和电压幅值呈线性关系的原理，模拟传统电网中的无功-电压曲线和有功-频率曲线，调节分布式电源的输出电压和频率，维持系统电压和频率稳定。当虚拟电厂处于要求联络线功率调零的非正常状态时，根据控制要求，虚拟电厂灵活地选择与传统发电机相似的下垂特性曲线作为分布式电源的控制方式，依据下垂系数将虚拟电厂不平衡功率动态分配给各分布式电源来承担，各个控制器仅根据接入系统处的电压和频率信息进行就地控制。

对等控制策略无须借助分布式电源间的通信，在一定程度上降低了系统的成本，并具有简单可靠的特点。采用对等控制时，当有分布式电源因故退出运行时，不会影响其他正常运行的设备；当负荷增加时，控制方式和保护措施也无须变化。然而，该方法主要针对电力电子技术的分布式发电系统，没有考虑虚拟电厂中的传统发电设备如小型燃气轮机或柴油机的协调控制。此外，该方法与仍未考虑到虚拟电厂运行时的经济性、稳定性等多方面的运行调度目标，虚拟电厂难以运行于较优状态。

7.1.3 虚拟电厂分层控制

虚拟电厂分层控制策略以虚拟电厂调度运行中心的中央控制单元为上层控制器，各分布式电源、储能设备及负荷为下层设备。上层中央控制单元与虚拟电厂内部各下层设备存在通信联系，对下层设备进行集中管理控制。

上层中央控制单元根据电网运行的安全限制和各种能源的市场价格情况，利用分布式电源原动机输出功率、储能设备特性、荷电状态以及虚拟电厂内的负荷需求变化，通过相应优化算法进行综合分析和统一协调，确定与大电网之间联络线输出功率的参考值，设定分布式电源和储能设备的参考功率值，调节可控负荷的切除和投用，向下层设备发送控制命令。下层分布式电源、储能设备控制器可以采用主从控制也可以采用对等控制策略，接受上层指令，完成虚拟电厂内部供需平衡的动态调节。

分层控制策略中，上层中央控制单元能够起到管理虚拟电厂的作用。虚拟电厂操作人员可以根据市场和调度的需求在上层完成相应的管理，中央控制单元可以根据市场电价、虚拟电厂运行目标、发电单元发电量和负荷需求量的预测，优化实时运行计划，控制各可控设备出力，并通过改变分布式电源有功和无功功率输出与切联负荷实现虚拟电厂内部电压及频率控制，并为虚拟电厂提供相关保护功能。由此，分层控制方法能够根据虚拟电厂经济、稳定多目标因素进行优化控制，在多种虚拟电厂元件控制方法中具有独特的优越性。

7.2 运行控制系统的架构模型

根据虚拟电站控制结构及其相关信息指示方式的不同，其运行控制系统可以分为以下几种不同的基本类型。

虚拟电厂的控制结构主要分为集中控制和分散控制。在集中控制的虚拟发电站(decentralized controlled VPP, DCVPP)结构下，虚拟电厂的全部决策由中央控制单元——控制协调中心制定，所有单元的信息都需要通过控制协调中心进行处理和双向通信，所以集中控制方式的扩展性和兼容性有很大局限。分散控制根据控制主体的分散程度又分为模块化分散控制(modular decentralized control, MDC)和完全分散控制(fully decentralized control, FDC)，模块化分散控制方式通过虚拟电厂的模块化，改善集中控制方式下的通信堵塞和兼容性差的问题。完全分散控制方式的决策权完全下放到各分布式电源，且其中心控制器由信息交换代理取代，信息交换代理只向该控制结构下的分布式电源提供有价值的服务，如市场价格信号、天气预报和数据采集等。由于依靠即插即用能力，所以分散控制结构比集中控制结构具有更好的扩展性和开放性。

在虚拟电厂控制方面，文献[1]～[3]综合考虑用户舒适指标，提出基于负荷聚合商的家居温控负荷的控制策略和保证电压稳定性、提供系统旋转备用的虚拟电厂模型；文献[4]～[6]考虑将虚拟电厂模型应用到风电场有功控制、配用电侧可再生能源集成等领域。对于不具有不确定性的分布式能源聚合，文献[7]中包括微型热电联产、风电和光伏等可再生能源的虚拟电厂采用集中控制结构参与配电网的运行调度。文献[8]中的虚拟电厂采用完全分散控制结构，基于混合整数规划对虚拟电厂接入时包括热电联产、燃气锅炉和储热的供热系统进行控制管理。文献[9]由可再生能源、储能设备、燃气轮机和用户多能需求响应组成虚拟电厂，各单元采用分散控制方式，建立了虚拟电厂日前调度模型。文献[10]基于多代理结构建立了虚拟电厂内部的调度模型，模型中采用完全分散控制方式。

7.2.1　虚拟电厂集中控制架构

1. 集中控制模型

在 DCVPP 的控制模式中，电网构架按照分层的角度可以分为：就地控制层，即负荷和分布式能源控制层；间隔层，即虚拟电厂集中控制层、配电网调度层。如图 7-1 所示，通过三层协同控制对虚拟电厂进行较为完善的管理和控制。对于配电网来说，虚拟电厂是一个可控的单元，可以接收配电网的调度命令，使得配电网可以安全、稳定和经济的运行。虚拟电厂中央控制器作为分层控制体系中的间隔层设备，是整个控制体系物理架构和逻辑架构的核心设备，它对虚拟电厂内的各种负荷和分布式电源集中管理与控制，并网情况下，虚拟电厂具备大电网的安全支撑，虚拟电厂控制系统的主要作用是实现虚拟电厂的经济价值最大化，优化虚拟电厂的对外特性，例如，抑制联络线功率等功能，调节微电源出力和负荷的用电状况，保证虚拟电厂安全正常的状态变化，实现虚拟电厂的安全稳定运行。就地控制层包括负荷和分布式能源控制设备，就地保护底层设备的安全稳定运行，实现对虚拟电厂及负荷电压和频率的控制与调整，可以实现故障的快速切断，从而实现虚拟电厂系统内部的快速自愈。

虚拟电厂集中控制模式框架如图 7-1 所示。

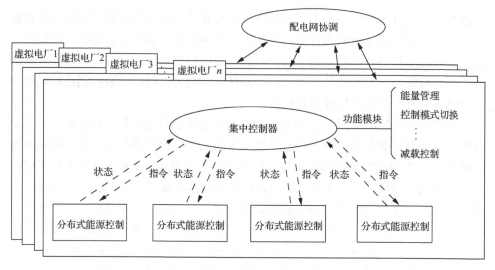

图 7-1　虚拟电厂集中控制模式框架

2. 集中控制策略介绍

虚拟电厂集中控制类似于传统电力系统或大规模分布式发电系统的集中控制，设立中央控制单元，所有的信息都流入该单元，中央控制单元实时处理所有信息后下达控制指令，控制信号通过高速的通信网络传送至虚拟电厂各单元，各个分布式电源采用就地控制器，将分布式电源系统接入点处的运行信息上送至集中控制器中，集中控制器在对整个虚拟电厂进行统一分析后将调整结果下发到就地控制器，就地控制器完成设定控制，使得整个虚拟电厂系统安全运行。分层控制和基于多代理技术的分层控制一般均通过中央控制单元对逆变器发出控制命令并参与动态调节，可看作集中控制。

1) 虚拟电厂并网运行

一般虚拟电厂并网运行时，由电网提供刚性的电压和频率支撑。通常情况下不需要集中控制器对虚拟电厂进行专门的控制。在某些情况下，虚拟电厂与电网的交换功率是根据电网给定的计划值来确定，此时需要对流过公共连接点的功率进行监视。当交换功率与大电网给定的计划值偏差过大时，需要由集中控制器通过调节虚拟电厂内部可调资源将交换功率调整到计划值附近。具体可由集中控制器调节储能、分布式能源由最大功率转变为 PQ 限功率运行或者通过切除或投入虚拟电厂内部的负荷或发电机。

2) 虚拟电厂独立运行

当虚拟电厂独立运行时，与电网的连接断开。此时，需由 1 个或几个分布式电源来维持虚拟电厂的电压和频率，这些分布式电源逆变器可以采用下垂控制方法，其余分布式电源逆变器仍然采用 PQ 控制方法。即使得逆变器的输出阻抗模拟电力系统中同步发电机的有功-频率和无功-电压的下垂特性。在低压配电系统中线路的电阻值大于电抗值，但可以通过整体设计使逆变器的输出阻抗呈感性，保证下垂特性成立。下垂控制方法详细介绍可参考文献[11]和文献[12]。

当虚拟电厂独立运行时，采用下垂控制的分布式电源逆变器通过模仿同步发电机实现频率的一次调节，对故障和负荷变化等情况做出正确的响应。但频率一次调节是有差调节，稳定的频率偏差会影响电能质量和储能装置的正确运行且不利于虚拟电厂的重新并网，所以需要进行频率的二次调节，实现无差调节。

虚拟电厂中频率二次调节原理如下：首先根据可调容量的大小、调节速度和经济性等方面的需求，选择主要负责频率二次调节的分布式电源作为主调频电源，由控制协调中心根据频率偏差调整主调频电源的逆变器下垂控制曲线。当主调频电源调节能力不足时，由控制协调中心调节具有可调容量且执行 PQ 控制的分布式电源逆变器的有功功率和无功功率运行点，通过增发功率为主调频电源提供功率支撑。

7.2.2　虚拟电厂分布协调控制架构

1. 分布协调控制模型

虚拟电厂的控制对象主要包括各种分布式电源、储能系统、可控负荷及电动汽车。由于虚拟电厂的概念强调对外呈现的功能和效果，所以聚合多样化的分布式能源实现对系统高要求的电能输出是虚拟电厂协调控制的重点和难点。实际上，一些可再生能源发电站(如风力发电站和光伏发电站)具有间歇性或随机性及存在预测误差等特点，因此，将其大规模并网必须考虑不确定性的影响。

为实现分布式控制，需要以下技术作为支撑。

(1)基于多代理系统对虚拟电厂进行协调控制。多代理系统是由多个相互独立、可以双向互动通信的智能代理组合形成的，通过确定每个代理在系统中扮演的角色及相互配合时的行为准则，使系统易于控制与管理。基于多代理系统的虚拟电厂分布协调控制架构如图 7-2 所示。通过各个代理之间的双向通信，可以实现虚拟电厂的协调控制和能量优化管理：各个代理的行为具有自治性和独立性，可以根据电网的环境适当做出改变以满足电网的需求，充分提高分布式电源的利用率。

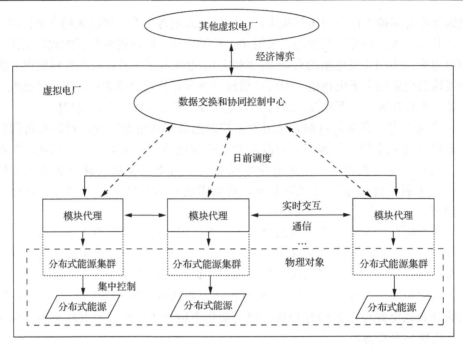

图 7-2 虚拟电厂分布协调控制架构

(2)基于信息互动平台的智能计量体系。智能计量技术是虚拟电厂的一个重要组成部分,是实现虚拟电厂对分布式电源和可控负荷等监测与控制的重要基础。智能计量系统主要由智能电能表、互感器、高速通信网络、信息分析处理中心,以及与之配套的管理系统组成,形成一个以数字信号传输、高度信息化、操控智能化的开放式计量系统,具有数据采集、远程抄表、用电异常信息报警、电能质量监测、线损分析和负荷监控管理等功能,为虚拟电厂内部控制提供信息依据。虚拟电厂中智能计量最基本的作用是自动抄表(automated meter reading, AMR)用户住宅内的电、气、热、水的消耗量或生产量,以此为虚拟电厂提供电源和需求侧的实时信息。作为 AMR 的发展,自动计量管理(automatic meter management, AMM)和高级计量体系(advanced metering infrastructure, AMI)能够远程测量实时电网运行控制信息,合理管理数据,并作为虚拟电厂的控制依据。

(3)建立开放可靠的通信系统。在虚拟电厂内,各发电单元与负荷均直接或间接与控制协调中心相连接。控制协调中心不仅能够接收每一单元的当前状态信息,而且能够向控制目标发送控制信号。而虚拟电厂中的各单元不仅要能够发送自身的当前状态信息,而且能够接收控制协调中心发送的控制信号。因此,需要研发开放、可靠的融合能源流和信息流的双向通信技术,加强电力传输与信息处理的融合。

在现代智能电网中，智能配电自动化系统(intelligent distributed autonomous power system, IDAPS)的多代理系统由控制代理、分布式发电代理、用户代理和数据库代理组成，如图 7-3 所示，具体功能如下。

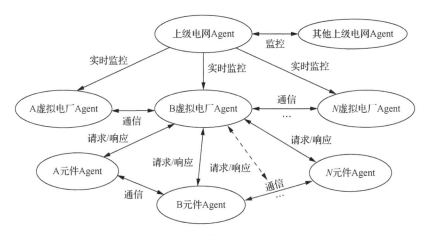

图 7-3　虚拟电厂多代理控制结构

(1)控制代理负责监测系统电压和频率以及电网故障，当上游发生停电时将所采集的信号送至主断路器隔离分布式发电单元。

(2)分布式能源代理存储相关分布式能源信息，包括分布式能源识别信息、种类(太阳能发电、微型燃气轮机发电、燃料电池等)、功率及分布式能源可用性等信息，并监测其功率水平和连接/未连接状态。

(3)用户代理为用户提供 IDAPS 的实时信息，监测负荷用电量，控制预设定优先级的负荷状态。

(4)数据库代理主要存储系统信息及以上 3 种代理之间的数据和信息，并为用户提供数据接入口。

2. 分布协调控制策略介绍

随着能源互联网中分布式设备数量的增加，需要协调的问题规模与节点数成几何倍数增长。信息交互也越发复杂与多样，物理能量信息的一体化推动着调度控制模式从垂直化向扁平化发展。传统集中式优化控制方法在通信响应时间和计算能力上都面临着前所未有的压力与挑战，而单纯的分布式求解又存在执行效率低、仅能得到局部最优解的问题。

本节提出一种基于多代理一致性的能量动态协调和功率精确控制的策略，可以有效地协调功率的精确控制与底层的自治运行[13]，具体框架如图 7-4 所示。

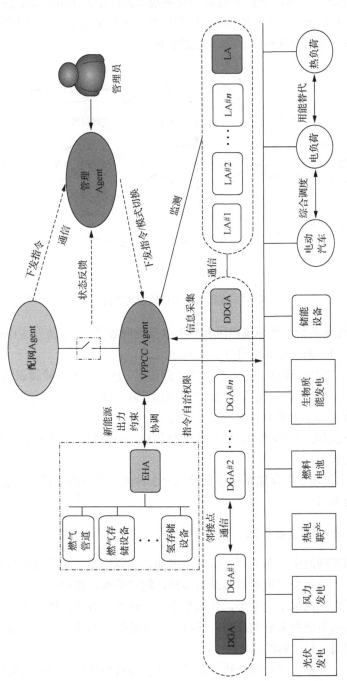

图7-4　虚拟电厂动态多智能体协同框架

多代理系统由一组物理和信息层面紧密联系的代理构成，每个智能体都具有主动性与自适应性，均可采集自身的环境信息进行自治，解决自治域内由内部及外部引起的各种问题。

能源互联网运行涉及各个能源系统和所有节点的协调，利用多代理的自治性与交互性代替传统的单点对多点的集中式控制[4]，同时充分发挥控制中心的作用，横向上协调，对关键节点和关键时刻实行精确控制，进一步提高能源网的协同效率。

根据本书的协调策略，设计以下 5 种多智能体，下面具体介绍这 5 种智能体的功能。

(1) 管理智能体(management agent, MA)：配电网与微电网的协调智能体。作为与配电网的连接环节智能体，可接收配电网对联络线功率的指令，并实时采集公共连接点孤岛检测和功率交换信息。向虚拟电厂中心智能体(VPP control center agent, VPPCCA)下发联络线功率控制指令和模式切换策略，协调联络线功率流。在给定孤岛计划的情况下，可协调联络线功率调零并检测调零后自动切断断路器；在配电网要求孤岛转并网时，待电压恢复到 PCC (point of common coupling) 节点电压附近时自行闭合断路器。

(2) VPPCCA：管理智能体和能量枢纽智能体(energy hub agent, EHA)的协调智能体。在联络线精确控制下接收管理智能体下发的联络线控制功率，以经济效益为优化目标，综合能量枢纽智能体给出的运行边界，根据实时电价计算分布式发电的较优发电比，得到各个分布式发电智能体的日前调度曲线，发送给各个分布式发电智能体(distribution generation agent, DGA)的日前调度曲线，保证全网的功率平衡和电压稳定。

(3) EHA：协调一次能源与二次能源满足综合负荷的智能体。主要功能为统计多种一次能源可用容量，兼顾能源利用效率和能源储备，制定多种能源网络运行调度可行域，向 MGCCA 提供能源转换设备(燃气轮机、燃料电池等)的最大、最小出力约束，协调能源网络耦合元件出力。

(4) DGA：分布式电源间协调智能体。一般的 DGA 接收 VPPCCA 给出的功率分配比，根据最大电压偏差计算经济下垂系数。采用二级有功功率控制保证功率精确分配，二级频率控制可使无功快速响应波动，加速频率恢复。

(5) 主导分布式发电智能体(dominate distribution generation agent, DDGA)：联络线功率波动团队协同响应机制的领导智能体。一般选取灵活性较强且与 PCC 节点较近的分布式电源作为为主导智能体，一般是大容量储能。主导智能体可根据自身储能剩余容量和 VPPCCA 的模式指令选择工作模式，在全网平抑波动的情况下发起分布式智能体的一致性迭代。

(6) 负荷智能体(load agent, LA)：监测用电侧负荷的静态智能体。实时监测节点电压，接收微控智能体的切负荷信号，在非计划孤岛和故障状态判断负荷重要性并分时段、分批按重要性切除负荷。

7.3   基于一致性的分层分布式控制

7.3.1   离散一致性算法

在多智能体协调过程中，协作需要的信息以各种方式在智能体间传递，协同响应随机负荷的变化和上层联络线指令的调整，使分布式元件的某些关键量达到一致[14]。本章利用网络拓扑确定邻居通信关系，实现下垂控制的功率精确分配，调节全网频率一致性，并且使分布式电源自行按照经济优化比承担联络线功率波动。

一般连续一阶一致性算法为一阶积分环节：

$$\dot{x}_i(t) = u_i(t) \tag{7-1}$$

其中，$x_i(t)$ 为第 i 个智能体的状态；$u_i(t)$ 为其控制输入，控制输入由邻接节点反馈得到，其表达式如式 (7-2) 所示。

$$u_i(t) = -\sum_{i \in N_i(t)} a_{ij}(t)\left[x_j(t) - x_i(t)\right] \tag{7-2}$$

其中，$N(i)$ 为智能体 i 在 t 时刻的邻居；$a_{ij}(t)$ 为智能体 j 传给智能体 i 的信息权重。在固定拓扑结构下，可用线性时不变系统表示为 $\dot{X}(t) = -LX(t)$。其中，X 是智能体的状态集合，L 为加入权重后的拉普拉斯矩阵。

实际控制系统一般需要离散采样，引入离散一致性算法[15]：

$$x_i[k+1] = \sum_{j=1}^{N} d_{ij} x_j[k], \quad i = 1, 2, \cdots, N \tag{7-3}$$

即需要构造双随机矩阵 D，使 $X[k+1] = DX[k]$。在矩阵特征值均小于等于 1 时，系统状态量一致收敛于平均值，有

$$\lim_{k \to \infty} X[k] = \lim_{k \to \infty} DX[0] = \frac{ee^{\mathrm{T}}}{N} X[0] \tag{7-4}$$

文献[16]提出一种 Metroplis 双随机矩阵的构造方法，双随机矩阵 D 可表示为

$$d_{ij} = \begin{cases} \dfrac{1}{\max(n_i, n_j)+1}, & A(u_i, u_j) = 1 \\ 1 - \sum_{j \in N_j} d_{ij}, & i = j \\ 0, & \text{否则} \end{cases} \tag{7-5}$$

其中，$\max(n_i, n_j)$ 为节点 i 和其邻接节点邻居数的较大值，连通矩阵 $A(u_i, u_j) = 1$ 表示 i 与 j 节点相邻。

由文献[17]和文献[18]可知，实际控制系统中，当且仅当矩阵 D 对角线没有 0 时离散一致性收敛，且收敛速度由矩阵 D 的本质谱半径，即第二大特征值决定，本质谱半径越小，收敛越快，迭代次数也越小。

7.3.2　有功功率精确跟踪

低压微电网线路阻抗的电阻一般大于电抗，即 $Z \approx R$，$\delta \approx 0$，分布式电源注入交流母线的有功功率和无功功率可写作：

$$P \approx \frac{E(E - U)}{R} \tag{7-6}$$

$$Q \approx -\frac{EU}{R}\delta \tag{7-7}$$

其中，E 和 U 分别为母线电压和分布式电源端电压的有效值。

应用 $P\text{-}V$ 和 $Q\text{-}F$ 下垂控制，分布式电源的参考电压和频率的控制表达式为

$$f_{\text{ref},i} = f_n + n_{q,i}(Q_{n,i} - Q_i) \tag{7-8}$$

$$E_{\text{ref},i} = E_n + n_{p,i}(P_{\text{ref},i} - P_i) = E_{\max} - n_{p,i}P_i \tag{7-9}$$

$$n_{q,i} = \frac{f_{\max} - f_n}{Q_{\max,i}}, \quad n_{p,i} = \frac{E_{\max} - E_n}{P_{n,i}} \tag{7-10}$$

其中，$E_{\text{ref},i}$ 和 $f_{\text{ref},i}$ 分别为分布式电源 i 的电压和频率的基准值；E_n 和 $E_{\max}$ 分别为额定电压和最大电压，f_n 和 $f_{\max}$ 为其相应频率；$n_{p,i}$ 和 $n_{q,i}$ 分别为分布式电源 i 的 $P\text{-}V$ 和 $Q\text{-}f$ 下垂控制的经济下垂系数，由各个 DGA 根据上层优化日前给定的有功参考值计算得到；$P_{\text{ref},i}$ 为分布式电源 i 的有功功率参考值输出，由日前调度计划给出，每天 DGA_i 与 VPPCCA 通信一次，传输第二天的日前有功出力参考曲线；$Q_{\max,i}$ 为分布式电源 i 的最大输出无功功率。

线路阻抗和下垂控制会产生电压与频率的偏移，为防止电压偏移过大，有 $n_{p,i}P_{\text{ref},i} \leqslant \Delta E_{\max}$。$\Delta E_{\max}$ 为电压允许最大偏移量。

在系统稳定运行时，全网频率一致，即 $f_1 = f_2 = \cdots = f_n$。由式(7-8)可知，在稳定运行时，由于线路电抗较小，无功出力与无功下垂系数成正比，有

$$n_{q,1}Q_1 = n_{q,2}Q_2 = \cdots = n_{q,n}Q_n \tag{7-11}$$

考虑线路电阻的影响，将式(7-6)代入式(7-9)，有

$$E_1 : E_2 : \cdots : E_n \approx \left(U_0 + \frac{P_1 R_1}{U_0} \right) : \left(U_0 + \frac{P_2 R_2}{U_0} \right) : \cdots : \left(U_0 + \frac{P_n R_n}{U_0} \right) \tag{7-12}$$

式(7-12)等号右边又可写作：

$$E_1 : E_2 : \cdots : E_n \approx \left(E_{\max} - n_{p,1} P_1 \right) : \left(E_{\max} - n_{p,2} P_2 \right) : \cdots : \left(E_{\max} - n_{p,n} P_n \right) \tag{7-13}$$

传统的控制方法是设置统一的最大电压且固定不变，即式(7-13)中的 $E_{\max}$。然而，由于各分布式电源端电压不相等，使 $P_{p,i} n_{p,i}$ 也不全相等，功率无法精确分配，即

$$p_1 : p_2 : \cdots : p_n \neq \frac{1}{n_{p,1}} : \frac{1}{n_{p,2}} : \cdots : \frac{1}{n_{p,n}} \tag{7-14}$$

每个节点电压受到线路电阻和线路有功功率的影响，一条馈线连接多个分布式电源的情况下，有功出力还会受到相邻逆变器端电压的影响，造成有功控制不精确，进而无法实现对联络线功率的精确控制。

考虑加入基于一致性的自适应二级有功控制，自适应调整 $E_{\max,i}$，其中 $E_{\max,i} = E_{\max} + \Delta E_i^p$。

本章设计了基于补偿项的有功功率二次精确控制，实现有功功率的自适应调整。补偿项为分布式电源 i 的相对平均电压的偏移：

$$\begin{aligned}
\Delta E_i^p &= \left(k_{p,p} + \frac{1}{k_{I,p}} \right) [-(E_n + P_{\text{ref},i} n_{p,i} - U_{\text{ave}}) + P_i n_{p,i}] \\
&= \left(k_{p,p} + \frac{1}{k_{I,p}} \right) (U_{\text{ave}} - E_{\text{ref},i})
\end{aligned} \tag{7-15}$$

其中，$k_{p,p}$、$k_{I,p}$ 分别为有功功率调节的 PI 参数。全网平均电压由多 DGA 一致性迭代得出，迭代公式为 $U_i[k+1] = \sum_{j=1}^{n} d_{ij} U_j[k], i = 1,2,\cdots,n$。

本章取全网平均电压 U_{ave} 作为所有分布式电源的参考电压，在理想稳定状态时，式(7-9)变为

$$P_i n_{p,i} = E_n + P_{\text{ref},i} n_{p,i} + [E_i + k_p (U_{\text{ave}} - E_i)] \tag{7-16}$$

增益为 1 时，即 $P_i n_{p,i} = E_n + P_{\text{ref},i} n_{p,i} + U_{\text{ave}}$。

若设置 $P_{n,i}n_{p,i} = C$ ，则 $E_n + P_{n,i}n_{p,i} - U_{ave}$ 对于所有的分布式电源都是定值，易知分布式电源 i 的有功输出功率如下：

$$p_1 : p_2 : \cdots : p_n = \frac{1}{n_{p,1}} : \frac{1}{n_{p,2}} : \cdots : \frac{1}{n_{p,n}} \tag{7-17}$$

将根据参考功率确定的下垂系数代入式(7-17)，可以得出实际功率按照参考指令值之比精确分配。

$$p_1 : p_2 : \cdots : p_n = \frac{P_{ref,1}}{E_{max} - E_n} : \frac{P_{ref,2}}{E_{max} - E_n} : \cdots : \frac{P_{ref,n}}{E_{max} - E_n} \tag{7-18}$$

7.3.3　联络线功率一致性调控

为平抑底层负荷侧和发电侧的波动，本章设计了以联络线功率偏差为观测量的联络线功率优化控制。通过一致性迭代，可在某个分布式电源达到一次能源出力极限时仍可以使其他分布式电源按照既定比例承担联络线波动，实现流程如图 7-5 所示。

储能调节即由储能承担全部的联络线功率偏差[18]。在多智能体一致性通信的基础上，依据发电边际成本设计兼顾全网经济运行的调整模式，具体步骤如下。

(1)采样联络线功率，计算联络线功率偏差 ΔP_L 。

(2)对联络线功率偏差进行低通滤波，得到功率偏差低频分量，并将偏差值发送到 DDGA。

(3)DDGA 查询 VPPCCA 的模式指令，若为储能快速调整模式，则计算储能容量；若储能容量大于功率偏差，则储能进行调节，转步骤(4)，其他情况转步骤(5)。

(4)调整储能参考功率 $P_{ref,ES}^{*} = P_{ref,ES} + \Delta P_L$ ，转步骤(7)。

(5)VPPCCA 根据日前调度计划实时计算各个分布式电源的下垂系数，设置储能初始迭代值为 $G\Delta P_L \sum_{i=1}^{G} \frac{1}{n_{p,i}}$ ，G 为有可用容量并参与联络线功率调整的分布式电源个数，其他分布式电源初始状态设置为 0。

(6)一致性迭代后，所有状态量均为 $\Delta P_L \sum_{i=1}^{G} \frac{1}{n_{p,i}}$ ，调整每个分布式电源的参考功率(式(7-19))，保证所有分布式电源承担的功率之和正好可以平抑联络线波动，每个分布式电源的功率变化量比值与经济优化后的功率比值一致。

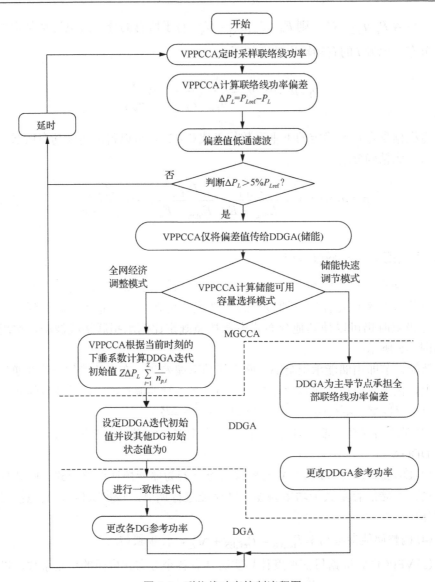

图 7-5　联络线功率控制流程图

$$P_{\text{ref},i}^{*} = P_{\text{ref},i} + n_{p,i} \times \left(\Delta P_L \sum_{i=1}^{G} \frac{1}{n_{p,i}} \right) \tag{7-19}$$

(7) 延时，一个监测周期结束。通过改变参考联络线功率 $P_{L\text{ref}}$，实时响应上级配电网调度指令，为电网提供调频、调峰等电网辅助服务；另外，发电和负荷的随机性体现在联络线实时的功率波动，联络线侧的状态观测器实时反馈联络线功率偏差，改变主导智能体功率状态值，进行一致性迭代，优化能源互联网运行方式，降低运行成本，对于储能配置容量的要求低。

7.3.4　算例分析

为验证本书提出的优化控制方法，在 PSCAD4.5x 平台上搭建仿真模型，使用 C 语言编写智能体一致性功能程序，算例线路参数如表 7-1 所示。

表 7-1　线路参数表

线路	长度/m	电阻/Ω	电抗/mH
1-2	50	0.0163	0.0116
2-3	300	0.0975	0.0696
3-4	200	0.0652	0.0464
4-5	100	0.0326	0.0232
2-6	250	0.0815	0.058
6-7	150	0.0498	0.0348
7-8	100	0.0326	0.0232

算例设置光伏、风力发电机、微型燃气轮机、燃料电池和储能 5 种分布式发电设备，拓扑结构和智能体分布情况如图 7-6 所示。

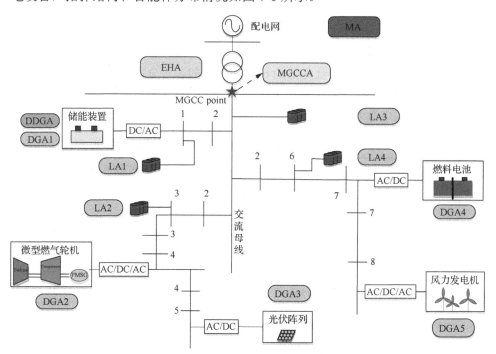

图 7-6　基于多智能体一致性的能源互联网仿真模型

设置 5 种分布式电源，分别为微型燃气轮机、光伏、储能装置、燃料电池和风力发电。配电网电压为 10kV，额定电压等级为 400V。

1) VPPCCA 日前调度仿真

根据 MGCCA 上层优化调度模型得到并网运行时各个分布式电源日前调度结果如图 7-7 所示。

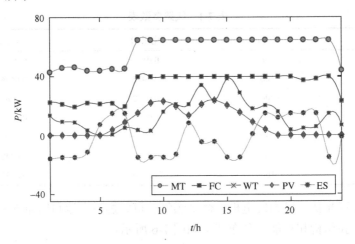

图 7-7　上层优化日前调度结果

2) 有功功率精确控制仿真

在并网条件下，将上层优化后的 6h、7h、8h 的各台分布式电源的优化参数代入系统仿真，检验多智能体优化指令在一、二层控制中的效果和精度。实验 3 个时段各台分布式电源的额定发电量和分布式电源编号见表 7-2。

表 7-2　3 个时段各台分布式电源的额定发电量

类型	编号	额定发电量/kW		
		06:00	07:00	08:00
储能	DDGA	15	25	−15
燃气轮机	DGA1	40	45	65
光伏	DGA2	0	5	5
燃料电池	DGA3	15	15	40
风机	DGA4	5	10	15

3 个时段各个分布式电源的有功输出、电压以及电压迭代仿真波形如图 7-8 所示。电压一致性迭代的目标是实时计算区域能源网的平均电压，并代入下垂控制进行修正，见式(7-16)。在配电网电压压差较大的 1.8～3s 时段，由于平均电压修正项的存在，有功功率精确控制使各个分布式电源的发电比例与额定功率之比

保持一致，实现了分布式电源对不同电网环境特别是电压环境的自适应调整。

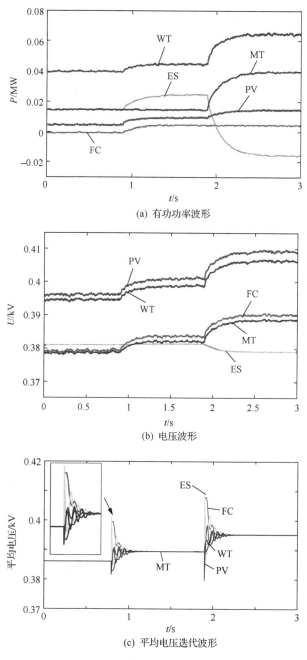

(a) 有功功率波形

(b) 电压波形

(c) 平均电压迭代波形

图 7-8　3 个时段分布式电源仿真波形

3) 联络线功率优化控制仿真

对于联络线功率的优化控制，传统方法由储能承担全部的联络线有功功率与无功功率偏差，受限于储能容量，传统方法仅适用于联络线上较小的波动。因此，设置在 0.9s 时投入负荷 (20+j12) kW，在 1.8 s 时切除负荷 (15+j6) kW。优化控制时各个分布式电源的有功功率和无功功率波形。传统的联络线功率调节中，储能承担全部联络线有功与无功功率偏差，受限于储能容量，传统方法仅适用于联络线上较小的波动。这里设置两个较小波动，即在 0.9s 时投入负荷 (20+j12) kW，在 1.8s 时切除负荷 (15+j6) kW。储能作为联络线偏差状态观测器的同时，单方面承担功率波动。传统联络线调节方法可在 0.3s 内快速恢复到参考功率，调节速度快，见图 7-9。

然而，对于联络线上长时间较大波动，单纯的储能调节受限于荷电状态和容量的限制往往无法达到预期的调节效果。因此，本书提出一种基于一致性迭代的团队联络线功率响应机制，仿真结果见图 7-10。

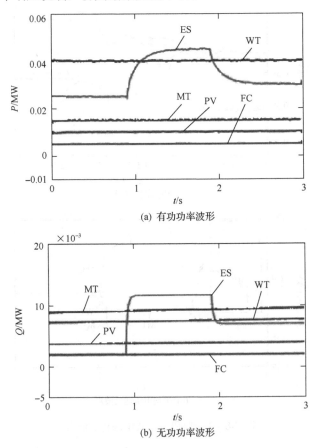

(a) 有功功率波形

(b) 无功功率波形

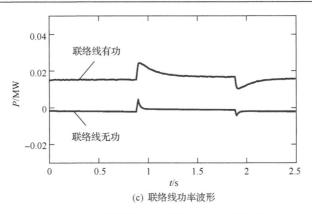

(c) 联络线功率波形

图 7-9　传统联络线功率优化控制仿真波形

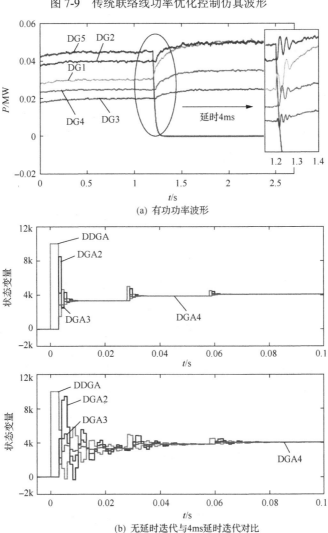

(a) 有功功率波形

(b) 无延时迭代与4ms延时迭代对比

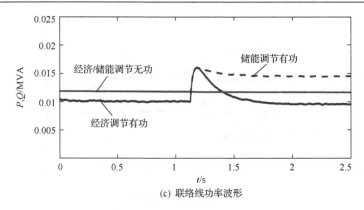

(c) 联络线功率波形

图 7-10　大扰动下联络线功率优化控制仿真波形

设定燃气轮机正常工作发出有功功率为 45kW，在 1.2s 时燃气轮机发生故障突然切除，VPPCCA 计算出功率偏差大于一定阈值，全网通过一致性迭代计算得到经济调整量，由边际成本决定各个分布式电源承担的联络线功率波动。通信采样频率为 2ms，没有延时与延时 4ms 时的一致性迭代过程见图 7-10(b)。

加入延时后，平均谱半径增大，系统收敛性变差，加入延时后的功率波形见图 7-10(a)。可见，延时对于联络线功率调整的影响有限，0.1s 迭代完全收敛。此时，系统联络线功率波形如图 7-10(c)所示，联络线功率波动可在 0.5s 内快速恢复到参考功率，验证了方案的有效性。

7.4　分布式协同控制稳定器设计

7.4.1　基于下垂特性的分布式控制问题

分布式控制系统是一个高维、非线性的动态系统，具有延迟、迟滞、饱和等特性，尤其是分布式电源和负荷所带来的各种扰动和不确定，为控制的稳定运行造成极大威胁。本章主要分析在常规虚拟同步发电机中增加辅助控制器，以提高分布式电源对扰动的抑制作用，从而提高系统的稳定性。

协同学是协同控制理论的基础。协同学由联邦德国斯图加特大学的教授、著名物理学家 Hermann Haken 创立，是系统科学的重要分支理论，主要研究在与外界交换能量或物质的情况下，偏离平衡状态的系统通过自身内部的协同作用，自发地出现时间、空间和功能上的有序结构。协同学具有广泛的适用性和普适性，可用于研究完全不同受控对象中共同存在的本质特征，已广泛应用于各种不同系统的自组织现象的分析、建模、预测以及决策等过程中，在物理、化学、经济学、社会学领域中都得到了应用[19]。

协同控制是协同学在系统控制中的应用，其核心思想是协同学的自组织原理。

利用开放系统的自组织能力,协同控制使得系统中参与者相互协作,引导系统协调一致而重新运行于稳定状态。在以协同控制为基础的闭环系统中,系统运行满足特定的暂态特性,同时在吸引子及其附近保持渐近稳定。协同控制的闭环系统的控制可分为两个阶段:第一个是控制系统轨迹向设定吸引子不断靠近的暂态过程;第二个是在设定的吸引子上的渐近运动直到收敛至系统平衡点,其中设定的吸引子为非线性分析中的流形。在协同控制中,流形是定义在闭环系统中的约束条件,主要体现对系统控制性能的要求;同时也是闭环系统的吸引子,吸引子的形成反映了定向自组织过程,这种自组织行为使得系统产生一种新的有序结构,从而具有原系统所没有的重要性质[21]。

作为分布式资源与虚拟电厂的纽带,并网逆变器的功能被深入挖掘并且其有益的作用被肯定,但仍无法忽视常规控制策略本身给微电网安全稳定运行带来的挑战。尤其是常规并网逆变器响应速度快、几乎没有转动惯量,难以参与电网调节,无法提供必要的电压和频率支撑,更无法为稳定性相对较差的微电网提供必要的阻尼作用。虚拟电厂控制系统是一个高维、非线性的动态系统,具有延迟、迟滞、饱和等特性,其中分布式电源和负荷所带来的各种扰动和不确定因素为微电网的稳定运行造成极大威胁。在下垂控制中,系统的有功和无功功率分别下垂系统频率和电压实现分布式电源的功率分配。在下垂控制的基础上,借鉴同步发电机的机械方程和电磁方程来控制并网逆变器,使并网逆变器在机理上和外特性上均与同步发电机类似,即虚拟同步发电机(virtual synchronous generator, VSG)技术。VSG 的主要作用是模拟传统同步发电机的运行规律,通过在功率控制环节中增加惯性和阻尼环节来提高其运行性能,即在并网逆变器的功率外环中引入类似于同步发电机的电压和频率调差特性,并给出了一些并网逆变器的下垂控制策略。

通过增大下垂系数可提高微电网的暂态特性,同时可提高弱功率状态下的功率控制精度,但会给系统增加负阻尼,影响系统的稳定性。通过类比常规电力系统中的功角稳定问题,本章提出在传统 VSG 中增加功率的辅助控制器以提高分布式电源的暂态性能。同时,针对含多个分布式电源并联运行的微电网稳定器设计困难的问题,提出了基于协同控制理论的分布式稳定控制器设计方法。所提出的辅助控制器仅需自身的运行参数,且可随着系统运行状态自适应调整,为分布式电源的即插即用提供便利,同时可适用于含大规模分布式电源的虚拟电厂控制系统。仿真结果可验证所提出的辅助控制器的各项功能。

7.4.2　分布式控制建模

当前风电或太阳能发电机是从随机能源中提取最大功率并将其注入电力系统。事实上,任何可再生能源的功率波动都将由与大型 SG 相关联的控制器补偿,这些控制器负责整体功率平衡和故障穿越。然而，当可再生能源发电机占主导地位时，需要以与常规 SG 相同的方式进行操作，或者至少在某些方面模拟经典操作模式操作。可以集成到现有系统中的 VSG 被用于孤立 MG 中。

VSG 的虚拟惯性和时间常数基于下垂特性，而传统的 $P\text{-}f$, $Q\text{-}U$ 下垂控制可以表示为

$$\omega - \omega_n = m_p(P_n - P) = \frac{1}{D_p}(P_n - P) \tag{7-20}$$

$$E - E_n = m_q(Q_n - Q) = \frac{1}{D_q}(Q_n - Q) \tag{7-21}$$

$$V_{di} = E, \quad V_{qi} = 0 \tag{7-22}$$

其中，P_n 和 Q_n 分别为 VSG 的有功和无功功率；P-功角和 Q-电压的下垂系数表示为 D_p、D_q；m_p、m_q 为下垂收益，被定义为 D_p、D_q 的倒数；E_n 为额定输出电位；ω_n 为系统频率。V_{di}、V_{qi} 分别为直轴和交轴分量的输出电位。

考虑到输出阻抗是感性的并且假设负载总线固定，从第 i 个分布式电源单元到本地 AC 母线的有功功率计算如下：

$$P_i = \frac{V_i V_L}{X_i}\sin(\theta_i - \theta_L) \approx \frac{V_i V_L}{2\pi X_i}(\omega_i - \omega_L) \tag{7-23}$$

其中，θ、V、X 分别为对应的角度、电压幅度和线路阻抗。因此，可以得到

$$\left(1 - \frac{2\pi X_i}{V_i V_L m_{pi}}\right)P_i - P_{ni} = \frac{1}{m_{pi}}(\omega_L - \omega_n) \tag{7-24}$$

m_{pi} 越大，负载分配越准确，m_{qi} 也越准确。只考虑负载分配的影响，m_{pi} 和 m_{qi} 能够具有更高的价值。

VSG 的虚拟转动惯量和虚拟时间常数可以由 J、K 表示。虚拟同步发电机的模型可以表示为与常规同步发电机相似的表达式：

$$\dot{\theta} = \omega \tag{7-25}$$

$$\dot{\omega} = \frac{\omega_n}{J}(T_{\text{ref}} - T_e - T_d) = \frac{\omega_n}{J}\left[T_{\text{ref}} - T_e - D_p\left(\frac{\omega}{\omega_n} - 1\right)\right] \tag{7-26}$$

$$\dot{E} = \frac{1}{K}[Q_n - Q_e + D_q(U_n - U_0)] \tag{7-27}$$

$$T_{\text{ref}} = \frac{P_n}{\omega} \approx \frac{P_n}{\omega_n} \tag{7-28}$$

$$T_e = \frac{P_e}{\omega} \approx \frac{P_e}{\omega_n} \tag{7-29}$$

其中，T_n 和 T_e 为虚拟额定转矩和虚拟电磁转矩。

VSG 的有功和无功功率控制回路如图 7-11 所示。

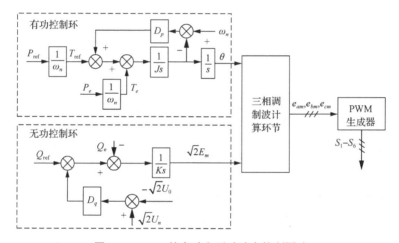

图 7-11　VSG 的有功和无功功率控制回路

根据式(7-25)～式(7-29)，VSG 的有功环路模拟同步发电机的惯性和一次特性，而无功功率回路模拟同步发电机的一次调压特性。

在一定程度上可以通过增加虚拟惯性和阻尼来提高系统的稳定性，但这不能彻底解决稳定性问题。特别是不能有效地消除由高下垂增益和故障引起的对系统稳定性的负面影响。为了解决这个问题，本书提出了一种通过在无功功率控制中增加辅助控制的新的非线性稳定器。所提出的辅助控制对系统的稳态运行特性没有影响，因此辅助控制变量应具有以下两个特点。

(1)辅助控制器的输出在稳态时为零。

(2)当 MG 的系统受到干扰时，Δu 和 VSG 的输出电压能自动调整，使系统恢复到稳定状态。

在这种情况下，Q-V 控制的表达式应加上辅助控制 Δu 的表达式。考虑到 MG 与 n 个分布式电源相互连接，基于 VSG 的系统可以由一组微分方程组表示。

$$\begin{cases} \dot{\delta}_i = \omega_i - \omega_n \\ \dot{\omega}_i = \dfrac{1}{J_i}[P_{\text{ref},i} - P_i - D_p(\omega_i - \omega_n)] \\ \dot{E}_i = \dfrac{1}{K_i}[Q_{\text{ref},i} - Q_i - D_q(E_i - E_n) + \Delta u_i] \end{cases} \tag{7-30}$$

其中，$i = 1, 2, \cdots, n$。此外，VSG 中的 J 可以通过式 (7-31) 计算：

$$J = D_p \tau_f \omega_n \tag{7-31}$$

7.4.3　分布式协同控制设计

设计 VSG 控制流形，与 VSG 的角频率和有功功率相关的宏变量的表达式可以写为

$$\psi_i = k_i(\omega_i - \omega_{\text{ref},i}) - (P_i - P_{\text{ref},i}) \tag{7-32}$$

其中，k_i 为正系数，$\omega_{\text{ref},i}$ 和 $P_{\text{ref},i}$ 分别为角速度和有功功率的参考值。ω_i、P_{ei} 为实时的实际角频率和实际有功功率。

基于协同控制理论，当电力系统遇到某些外部干扰时，辅助控制器使系统运行状态收敛到设定的流形 $\psi_i = 0$，其动态过程是

$$T\dot{\psi}_i + \psi_i = 0, \quad T > 0 \tag{7-33}$$

联立式 (7-32) 和式 (7-33)，得

$$T_i(k_i\dot{\omega}_i - \dot{P}_i) + [k_i(\omega_i - \omega_{\text{ref},i}) - (P_i - P_{\text{ref},i})] = 0 \tag{7-34}$$

其中，T_i 为辅助控制器的时间常数，它决定了流形到平衡点的收敛时间，约为 $3T \sim 4T$。

根据下垂控制的特点，输出功率可以通过式 (7-35) 得到。

$$P_{ei} = E_i i_{di} \tag{7-35}$$

对有功功率取时间 t 的导数，得到：

$$\dot{P}_{ei} = \dot{E}_i i_{di} + E_i \dot{i}_{di} \tag{7-36}$$

通过式 (7-34) 和式 (7-36)，式 (7-30) 可以表示为

$$\Delta u_i = Q_i - Q_n + \frac{1}{m_q}(E_i - E_n) + \frac{K_i}{i_{di}}\{k_i\dot{\omega} - E_i i_{di} + \frac{1}{T_i}[k_i(\omega_i - \omega_{\text{ref},i}) - (P_i - P_{\text{ref},i})]\} \tag{7-37}$$

稳定状态下，有 $Q_i - Q_n + \frac{1}{m_q}(E_i - E_n) = 0$，即 $\Delta u = 0$。因此，式 (7-37) 可以简化为

$$\Delta u_i = \frac{K_i}{i_{di}}\{k_i\dot{\omega} - E_i i_{di} + \frac{1}{T_i}[k_i(\omega_i - \omega_{\text{ref},i}) - (P_i - P_{\text{ref},i})]\} \tag{7-38}$$

类似地，稳态下，式 (7-38) 满足以下条件：

$$T_{\text{set}} - T_e - D_p(\omega - \omega_n) = 0 \tag{7-39}$$

通过式 (7-26) 和式 (7-39)，得到 $P_{ei} - P_{\text{ref},i} = J\dot{\omega}$。

同时，d 轴电流的表达式可以由式 (7-35) 得到。

$$i_{di} = \frac{P_{ei}}{E_i} \tag{7-40}$$

此外，$\omega_{\text{ref},i}$ 和 ω_i 分别表示分配给第 i 个 VSG 的稳态和实际实时角频率值。$\omega_i - \omega_{\text{ref},i}$ 表示第 i 个 VSG 的频率干扰，它随负载和发电的波动而变化，是难以直接获得的。因此，$\omega_i - \omega_{\text{ref},i}$ 突变变量可以通过一阶高通滤波器来计算。

$$w_{\text{ref},i} = \frac{T_z s}{T_z s + 1} w_i \tag{7-41}$$

其中，T_z 为高通滤波器的截止频率。分配给第 i 个 VSG 的频率校正可以由高频部分代替。

取式 (7-40) 和式 (7-41) 至 Δu 的演化方程：

$$\Delta u_i = \frac{EK}{P_{ei}}\left\{(k-J)\left[\frac{P_n - P_e}{\omega_n} - D_p(\omega - \omega_n)\right] - E\frac{\mathrm{d}\left(\dfrac{P_{ei}}{E_i}\right)}{\mathrm{d}t} + \frac{k_i}{T}\frac{T_z s}{T_z s + 1}\omega_i\right\} \tag{7-42}$$

因此，图 7-11 中的传统 VSG 控制策略和辅助变量 Δu 的表达式能够紧密结合。具有辅助稳定器的 MG 的新型控制图，如图 7-12 所示。

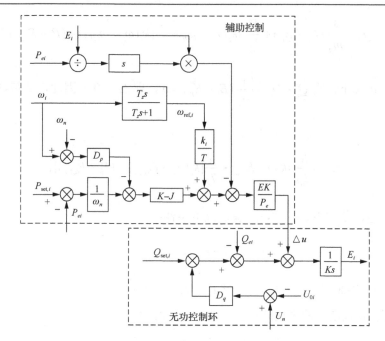

图 7-12　具有辅助控制的 VSG 控制框图

本章提出的非线性控制策略具有以下特点。

(1)发电机 i 的输出仅与本地收集和传输的数据有关，而与其他信息(如其他非本地单元的状态或输出)无关。因此，该策略允许分布式实现。

(2)无须网络参数，只需要本地生成器参数，对网络结构和参数的变化具有良好的适应性。

7.4.4　算例分析

应用小信号稳定性方法对图 7-13 中的虚拟电厂系统进行分析，具体参数详见表 7-3。在较小下垂系数的作用下，系统的特征值实部均小于 0，系统是稳定的；而在高下垂参数的情况下，系统的特征值实部最大值大于 0，即系统是不稳定的。

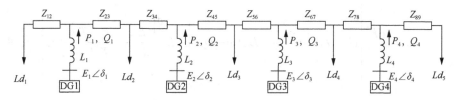

图 7-13　测试虚拟电厂系统

表 7-3　仿真参数设定表

仿真参数	设定值
传输线参数 $z_{12} = z_{23} = z_{34} = z_{45} = z_{56} = z_{67} = z_{78} = z_{89}$	$(1.03+4.71j)\ \Omega$
分布式电源额定有功功率 (DG1, DG2, DG3, DG4)	100kW, 200kW,150kW,150kW
线路电抗 (L_1, L_2, L_3, L_4)	75mH, 37.5mH, 56.4mH, 56.4mH
控制参数(对所有分布式电源): K , T t_f , t_z , T_z	20, 0.04, 0.002s, 0.002s, 0.01s
额定电压、频率	10kV、50Hz
额定直流电压(U_{dc})	3.5kV
电抗和电阻(R_f)	1.5 Ω
滤波电容(C_f)	50μF
有功-相位下垂系数 m_1 (1/Dp$_1$) m_2 (1/Dp$_2$) m_3 (1/Dp$_3$) m_4 (1/Dp$_4$)	(低增益) $2.0\times10^{-4}\,\mathrm{Hz/W}$ $1.0\times10^{-4}\,\mathrm{Hz/W}$ $1.5\times10^{-4}\,\mathrm{Hz/W}$ $1.5\times10^{-4}\,\mathrm{Hz/W}$
有功-相位下垂系数 m_1 (1/Dp$_1$) m_2 (1/Dp$_2$) m_3 (1/Dp$_3$) m_4 (1/Dp$_4$)	(高增益) $2.0\times10^{-3}\,\mathrm{Hz/W}$ $1.0\times10^{-3}\,\mathrm{Hz/W}$ $1.5\times10^{-3}\,\mathrm{Hz/W}$ $1.5\times10^{-3}\,\mathrm{Hz/W}$
无功-电压下垂系数 n_1 n_2 n_3 n_4	$4.0\times10^{-5}\,\mathrm{V/var}$ $2.0\times10^{-5}\,\mathrm{V/var}$ $3.0\times10^{-5}\,\mathrm{V/var}$ $3.0\times10^{-5}\,\mathrm{V/var}$

算例 1　高增益下垂系数控制下的仿真分析

为说明辅助控制器的性能,算例 1 对高增益下垂系数作用下的虚拟电厂测试系统进行仿真分析。图 7-14 给出了常规 VSG 控制和增加辅助控制器后的系统角频率、分布式电源电压、有功功率和无功功率的仿真结果对比。

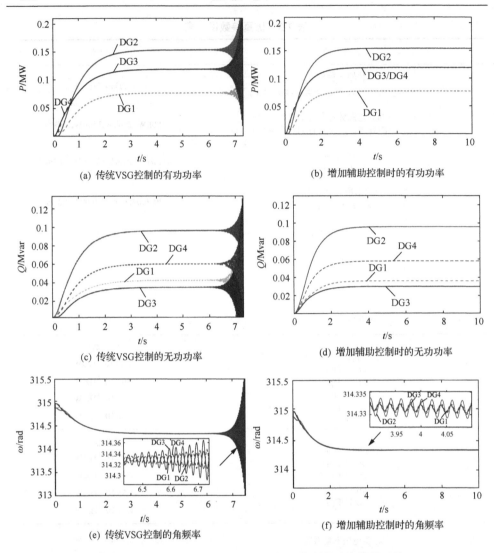

(a) 传统VSG控制的有功功率　　　　　　　(b) 增加辅助控制时的有功功率

(c) 传统VSG控制的无功功率　　　　　　　(d) 增加辅助控制时的无功功率

(e) 传统VSG控制的角频率　　　　　　　(f) 增加辅助控制时的角频率

图 7-14　小扰动时传统 VSG 与增加辅助控制的仿真结果对比

分析图 7-14 的仿真结果可知，在高增益下垂系数的控制下，系统在 2.5s 后开始出现微小振荡，且振幅随时间逐渐增加，系统不稳定运行。在增加辅助控制器后，系统持续稳定运行，如图 7-14(b)、图 7-14(d)、图 7-14(f)所示，即辅助控制器对图中的扰动具有较好的抑制作用，有利于提高系统的稳定性。同时，由图 7-14(b)和图 7-14(d)的结果可知，在稳定运行状态下，分布式电源输出的有功功率与下垂系数成反比，即辅助控制器不影响系统稳定运行的性能。

算例 2　系统故障情况下的仿真分析

本算例主要分析大扰动情况下辅助控制器的性能。在仿真分析中，设定图 7-15

中的三相小电抗接地故障的触发时间在 $t=10s$，故障持续 0.2s，即在 $t=10.2s$ 时切除，接地阻抗为 5H。应用低下垂增益参数进行仿真，仿真结果如图 7-15 所示。

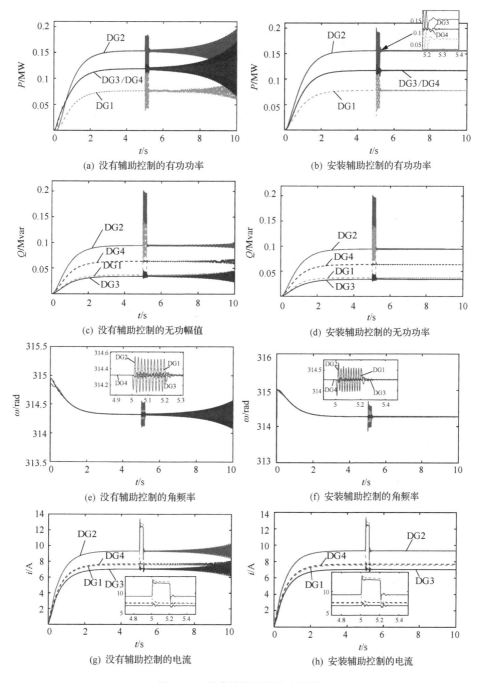

图 7-15　故障情况下的仿真结果

由图 7-15 的结果可知，在 t=10～10.2s 故障时段，微电网系统中出现较大的功率缺额，系统频率发生大的波动，如图 7-15(d)所示。在故障开始时刻，VSG 的电压急剧降低，VSG 输出的无功功率增加，缓解系统中的无功缺额。由于系统故障设置在 DG1 和 DG2 之间，且远离 DG3 和 DG4，因而 DG1 和 DG2 的影响较为严重，如图 7-15(b)所示；由于故障设置在负荷侧，故障对系统的影响不是特别严重，负荷仍可在低电压下运行。在该情况下，由于线路的无功电流突增，导致线路损坏急剧加大，使得 VSG 的有功功率上升，如图 7-15(a)所示。同时，如图 7-15(g)和 7-15(h)所示，在此过程中，DG 的输出电流增大，由于故障远离 DG3 和 DG4，因而 DG3 和 DG4 的故障电流较小。

由图 7-15 可知，在系统故障切除后(t>10.2s)，系统快速进入稳定。分析图 7-15(f)中的分布式发电频率可知，带有辅助控制器的系统电压在 2s 后恢复，恢复过程中不存在超调和振荡，且该时间正对应协同控制中的 3T～4T 响应时间，因而本书提出的辅助控制器可控制系统快速进入稳定状态。

7.5 小　　结

虚拟电厂内部成员精确控制是虚拟电厂优化调度和能源交易的实现基础。只有在虚拟电厂内部分布式能源可以被精确控制的基础上，才能最终获得虚拟电厂收益。本章关注获得虚拟电厂管理中心指令的控制实现问题，主要介绍了虚拟电厂分布式能源元件的控制方法以及虚拟电厂几种主流的运行控制构架。在此基础上，运用分层控制架构给出了多代理一致性的虚拟电厂控制方法，最后应用协同控制理论设计了虚拟电厂的协同稳定控制器，并通过算例加以验证。

参 考 文 献

[1] Wang D, Parkinsons, Miao W, et al. Online voltage security assessment considering comfort-constrained demand response control of distributed heat pump systems[J]. Applied Energy, 2012, 96: 104-114.

[2] Parkinson S, Wang D, Craword C, et al. Comfort-constrained distributed heat pump management[J]. Energy Procedia, 2012, 14: 849-855.

[3] Wang D, Parkinson S, Miao W, et al. Hierarchical electricity market-integration of disparate responsive load groups using comfort-constrained load aggregation as spinning reserve[J]. Applied Energy, 2013, 104: 229-238.

[4] Miao W, Jia H, Wang D, et al. Active power regulation of wind power system through demand response[J]. Science China: Technological Sciences, 2012, 55(1): 1667-1676.

[5] Parkinson S, Wang D, Craword C, et al. Wind integration in self-regulating electric load distributions[J]. Energy Systems, 2012, 3(4): 341-377.

[6] William S T, Wang D, Craword C, et al. Integrating renewable energy using a smart distribution system: potential of self-regulating demand response[J]. Renewable Energy, 2013, 52: 46-56.

[7] 陈春武, 钟朋园, 曾鸣, 等. 虚拟电厂内部资源调度算法的对比分析及应用[J]. 水电能源科学, 2014, 32(5): 197-201.

[8] Chen C W, Zhong P Y, Zeng M, et al. Com Parative analysis of dispatching algorithms for distributed energy resources in virtual power plant[J]. Water Resources and Power, 2014, 32(5): 197-201.

[9] Wille-Haussmann B, Erget T, Wittwer C. Decentralised optimisation of cogeneration in virtual Power Plants[J]. Solar Energy, 2010, 84(14): 604-611.

[10] Lazaroiu G C, Dumbrava V, Leva S, et al. Virtual power plant with energy storage optimized in an electricity market approach[C]. 2015 International Conference on Clean Electrical Power(ICCEP), 2015: 333-338.

[11] Mashhour E, Moghaddas-Tafreshi S M. Bidding strategy energy of virtual power plant for participating in and spinning reserve markets[J]. IEEE Transactions on Power Systems, 2011, 26(2): 949-964.

[12] Mohamed Y, Saadany E. Adaptive decentralized droop controller to preserve power sharing stability of paralleled inverters in distributed generation microgrids[J]. IEEE Transactions on Power Electronics, 2008, 23(6): 2806-2816.

[13] 赫然, 艾芊, 朱宇超. 基于多智能体一致性的能源互联互协同优化控制[J]. 电力系统自动化, 2017, 41(15): 10-17.

[14] Barklund E, Pogaku N, Prodanovic M, et al. Energy management in autonomous microgrid using stability-constrained droop control of inverters[J]. IEEE Transactions on Power Electronics, 2008, 23(5): 2346-2352.

[15] 吕振宇, 吴在军, 窦晓波, 等. 基于离散一致性的孤立直流微网自适应下垂控制[J]. 中国电机工程学报, 2015, 35(17): 4397-4407.

[16] Lu L Y, Chu C C. Consensus-based Pf/QV droop control in autonomous micro-grids with wind generators and energy storage systems[C]. PES General Meeting| Conference & Exposition, July 27-31, 2014, National Harbor, USA, 2014: 5.

[17] Wang L, Xiao F. A new approach to consensus problems in discrete-time multiagent systems with time-delays[J]. Science in China Series F: Information Sciences, 2007, 50(4): 625-635.

[18] 李佩杰, 陆镛, 白晓清, 等. 基于交替方向乘子法的动态经济调度分散式优化[J]. 中国电机工程学报, 2015, 35(10): 2428-2435.

[19] 王冉, 王丹, 贾宏杰, 等. 一种平抑微网联络线功率波动的电池及虚拟储能协调控制策略[J]. 中国电机工程学报, 2015, 35(20): 5124-5134.

[20] 吴青华, 蒋大. 非线性控制理论在电力系统中应用综述[J]. 电力系统自动化, 2001, 25(3): 1-10.

[21] 李啸骢, 程时杰, 韦化, 等. 输出函数在多输入多输出非线性控制系统设计中的重要作用[J]. 中国电机工程学报, 2006(9): 87-93.

第8章 互动机制、交易策略与结算——演化博弈

8.1 博弈论与市场规则的算法

8.1.1 博弈论概述

1. 基本介绍

博弈论是研究决策主体的行为发生相互作用时(如竞争或者合作)的决策以及这种决策的均衡问题。博弈中的各决策主体根据自身了解和掌握的知识,能够做出有利于自身的策略。博弈论实际上是一种研究多个个体或团队在一定的约束条件下,采用一定的策略进行对局的理论。其概念在现实生活中随处可见,小到生活中的"剪刀、石头、布"游戏,大到国家之间多方政治对弈,都能够被模拟成博弈过程。我国古代的《孙子兵法》及《田忌赛马》等也都蕴含着博弈论的思想。

博弈论的概念最早由冯·诺依曼和摩根斯特恩在 1944 年合著的《博弈论与经济行为》一书中提出[1]。在某些文献中,博弈论被称为对策论或赛局理论。自 20 世纪 50 年代以来,博弈论的发展一日千里,目前已在数学、统计学、工程学、经济学等学科获得广泛的应用。

根据参与者之间能否达成某些具有约束力的合作协议,博弈可以分为合作博弈与非合作博弈。合作博弈是指若干决策主体形成联盟,以最大化联盟总收益为目标进行博弈,但需要保证利益分配中各联盟成员的收益至少不少于非合作博弈的情况,从而保证联盟的稳定性;非合作博弈是指各博弈参与者没有签订任何有约束力的协议,每个决策者都以自身利益最大化为目标制定决策。

根据参与者是否同时采取行动,博弈可以分为静态博弈与动态博弈。静态博弈是指所有的博弈参与者同时采取行动,或不同时采取行动且后行动的参与者不知道已经行动的参与者采取了什么行动,即所有的参与者按照相同的已知信息进行博弈。动态博弈是指博弈者的行动存在先后顺序,后行动的博弈者能够观察到前面博弈者所选择的行动与策略,前面的博弈者所做出的决策将会对后面的博弈者产生影响。

根据参与者对其他参与者的信息的掌握程度,博弈可以分为完全信息博弈与不完全信息博弈。完全信息博弈是指博弈参与者之间信息全部公开,各参与者都了解所有其他参与者的信息,包括其他参与者的具体特征、策略集合及支付函数

等。不完全信息博弈是指博弈参与者不能准确地掌握其他参与者的信息，或者只能获得一部分关于博弈者的特征、策略空间和支付函数等的准确信息。

根据所有参与者之间的收益或效用之和是否为零，博弈可以分为零和博弈与非零和博弈。零和博弈是指所有博弈者的收益之和永远都是零，因此不存在合作的可能性，如赌局通常为零和博弈。非零和博弈是指博弈参与者收益之和不为零的博弈，在这种博弈中，某些博弈参与者的收益并不意味着其他参与者的同等损失，也就是说，博弈者之间可能存在某种共同利益，实现共赢。

另外，近年来源于生物进化学，发展出了演化博弈的概念。演化博弈理论是指假定演化的变化是由群体内的自然选择引起的基础上，通过具有频率依赖效应的选择行为进行演化以搜索演化稳定策略，并研究演化的过程[2]。不同于传统博弈论，演化博弈论只要求博弈者具有有限理性。

2. 表达形式

为了更系统地分析博弈问题，首先需要从数学上刻画博弈模型，在一个博弈模型中通常含有以下元素：参与者、行动、信息、策略、支付、行动顺序等。

1）参与者

参与者也称为博弈者或局中人，是指能够在博弈中做出决策的实体。参与者通常有明确的目标，能够独立做出决策并承担后果。一般用符号 i 表示一个参与者，用 N 表示所有参与者构成的集合，其中 $N = \{1, 2, \cdots, n\}$（n 人博弈）。

2）行动

行动也就是博弈者采取的策略，即参与者在某一时间点上做出的决策变量，行动集合就是可供参与者选择的实际可行的完整的行动方案集合。在一个 n 人博弈中，用 $a_i \in A_i$ 表示第 i 位参与者的一个特定行动，A_i 表示该参与者在博弈中所有可以采取的行动的集合，又称为行动集。将一个 n 人博弈中，n 位参与者在一个特定时间点的所有行动排成一个 n 维向量 $\boldsymbol{a} = (a_1, a_2, \ldots, a_i)$，这个由 n 位参与者组成的向量称为行动组合。

3）信息

信息是博弈参与者关于本次博弈可以获取的知识，包括其他博弈参与者的特征、策略空间及支付函数等不同变量值的知识。信息对于参与者而言十分重要，掌握信息的多少将直接影响最终的博弈结果及决策的快速性和准确性。

4）策略

在静态博弈中，一个策略可能是一个行动。在一个 n 人博弈中，令 S_i 表示参与者 i 可以选择的策略集合，其中任意策略可以表示为 s_i，从而有 $s_i \in S_i$。在某一个特定时间点，所有参与者的策略可以排列成一个 n 维向量 $s = (s_1, s_2, \cdots, s_i)$。

5）支付

支付也称为报酬或效用水平，用于表示参与者对不同博弈结果的偏好程度，属于量化指标。在 n 人博弈中，常用 u_i 表示第 i 位参与者的支付，若将所有 n 位参与者的支付排成一列，得到一个 n 维向量 $u = (u_1, u_2, \cdots, u_n)$，表示当前所有参与者支付的向量。当博弈参与者采取不同的策略行动时，会对其他参与者的支付产生影响。因此支付可以理解为一个取决于所有参与者策略的函数，这个函数为支付函数，其自变量是所有参与者的策略。

6）行动顺序

在博弈中，每个参与者都在特定的时间点选择行动，这些时间点称为决策结。根据决策结的先后顺序，即可得到各个决策主体的行动顺序。根据博弈顺序方式的不同，可以定义不同的博弈类型，如静态博弈与动态博弈。

3. 纳什均衡

均衡是博弈论中非常重要的概念，是指一个由所有参与者的最优策略构成的策略集合。当所有参与者都采取该策略集合中对应的策略时，没有一个参与者可以通过改变对应的策略获得效用的提升。值得注意的是，一个博弈可以存在一个均衡，也可以存在多个均衡。纳什均衡是非合作博弈中的一个非常重要的概念[3]，定义如下。

定义 8.1　在一个标准形式表述的 n 人博弈 $G = \{S_1, S_2, \cdots, S_n; u_1, u_2, \cdots, u_n\}$ 中，策略组合 $s^* = (s_1^*, s_2^*, \cdots, s_i^*)$ 是该博弈 G 的一个纳什均衡，当且仅当对于每一个参与者 $i \in N$，在其他所有参与者分别采取策略 $s_1^*, s_2^*, \cdots, s_{i-1}^*, s_{i+1}^*, \cdots, s_n^*$ 时，他的最优策略均为 s_i^*。也就是说，在其他参与者采取策略 $s_1^*, s_2^*, \cdots, s_{i-1}^*, s_{i+1}^*, \cdots, s_n^*$ 时，参与者 i 采取纳什均衡策略 s_i^* 能够获得最优的支付。用数学公式可以描述如下：

$$u_i(s_1^*, \cdots, s_{i-1}^*, s_i^*, s_{i+1}^*, \cdots, s_n^*) \geqslant u_i(s_1^*, \cdots, s_{i-1}^*, s_i', s_{i+1}^*, \cdots, s_n^*), \quad \forall s_i \in S_i, s_i^* \neq s_i', \quad \forall i \in N$$

$$(8\text{-}1)$$

根据上述定义可知，当所有参与者都采取纳什均衡策略时，若独自行动更换其他策略只会减少支付，换句话说，在纳什均衡的情况下，没有一位理性参与者会选择离开纳什均衡的局面，因此如果博弈存在纳什均衡，参与者就一定会自发地稳定在纳什均衡的状态。同时也需要注意，纳什均衡并不一定是博弈的最优解，也不是每一个参与者的最优解，而是一个博弈的稳定解。

关于纳什均衡的存在性，有以下定理[4]。

定理 8.1　考察一个策略式博弈，其策略空间是欧氏空间的非空紧凸集。若其收益函数对是连续拟凹的，则该博弈存在纯策略纳什均衡。

4. 在电力市场中的应用

目前博弈论是研究多个利益相关的决策主体在行为发生相互作用时各自的决策以及互相之间决策均衡问题的重要方法。近年来，随着分布式电源和微电网技术的发展，电网中的参与者呈几何级数增长，且在发电、用电和配电的多个环节的参与者呈现多样化特征。为了解决电网中多主体优化问题，从而平衡和优化电力系统各方利益，越来越多的研究者开始利用博弈论对电网中的主体的行为进行分析和研究。博弈论在电力系统规划和容量配置、电力市场、需求侧管理等方面都取得了众多成果。

在参与电力市场方面，虚拟电厂可以作为发电运营主体加入电力市场，通过调度决定所需的购售电量，影响电力市场整体的供需平衡，从而提高该虚拟电厂的收益。通过结合演化博弈理论和协同进化算法，提出一种协同演化博弈算法，能够描述虚拟电厂和配电网在参与电力市场运行过程中的相互影响[2]，通过外部决策者的不同需求，灵活地改变虚拟电厂和配电网的博弈地位，最终得到最佳调度策略。

另外，虚拟电厂常被视为多个分布式能源通过合作博弈形成的聚合体，而对外采用非合作博弈策略与其他虚拟电厂或电力市场运营主体参与市场竞争[5]。由于市场上存在多个虚拟电厂或者微网，这些运营主体之间也存在电量交易，需要考虑虚拟电厂的交易电量对自身运行策略的影响。主要研究非合作情况下各个参与主体的电价或申报电量的制定策略，寻求纳什均衡，从而得到多主体的最优参与策略。多个微网或虚拟电厂之间也可以利用合作博弈构成最优交易联盟，直接进行售购电交易[6]，之后通过夏普利值法等方法进行联盟内部的收益分配。这种研究方法具有一定的意义，在多参与者分别属于不同的利益主体时，能够有效模拟主体之间进行博弈和互相协调的过程。

8.1.2　市场规则

1. 建立市场机制的必要性

1）参与主体角度

电力市场参与主体通常包括各类发电企业、售电企业、电网企业、电力用户、电力交易机构、电力调度机构和独立辅助服务提供者等。在能源互联网的大背景下，大规模分布式能源入网对电网提出了挑战，为了协调分布式电源、储能、可控负荷等分布式资源，以降低系统运行成本，提升运行效益，成立了越来越多的虚拟电厂运营主体，作为特殊的"电厂"参与市场交易。随着市场参与主体的增多和复杂性增强，对电力市场也有了新的要求，需要合理而灵活的市场机制作为支撑，从而达到安全稳定运行下的经济最大化目标。

另外，由于市场力[7]的存在，某些发电商能够通过控制市场清算价格而获得超额利润。这将使得电网企业的购电成本增加，从而增加了电网企业的经营风险，损害了电网企业的利益，影响了市场公平交易原则，不利于市场的健康发展。同样地，市场力导致的电价上涨，使得电力用户购电成本增加，损害了电力用户的利益。

开放、自由的市场能够激发市场参与主体的积极性，随着电力体制改革的进行，将出现更多样化的市场参与者，垄断市场逐步向竞争性市场转变，因此需要有效的市场机制才能实现各主体的合理竞争。

2)市场角度

我国是社会主义国家，电力行业是关系国民经济命脉的基础产业，国家必须进行控制。对于具有自然垄断特性的电力工业来说，建立有效的市场力规制非常必要。

(1)长期以来，各国的电力行业大多是采用由政府直接管理，并辅以严格监管的运行模式，具有垄断特性。这种垄断导致的生产效率低和资源配置效率低等问题，使得电力产品的市场价格居高不下。要限制垄断价格的形成，必须结合本国实际国情，由监管部门制定合理的调控措施，引导市场的健康、有序发展，实现社会资源的优化配置。

(2)市场价格上涨是市场力最直接的危害，降低了市场竞争的公平性。而且，市场力造成的产业效率低下，冲减了由于竞争提高的经济效率，违背了电力改革和市场化运营的初衷。因此，需要对市场力进行规制，以促进电力市场健康运行。

(3)有效控制市场力是规避电力市场经营风险的重要途径。由于上网电价的上涨，电网公司购电成本增大，使得销售电价难以消化吸收，增大了电网企业的经营风险，影响供电的安全性和可靠性。因此控制市场力是降低市场运营风险的必然要求。

(4)由于电力市场中运营主体的增多，这些运营主体之间也存在竞争和互动。为了避免因为过度竞争而造成的社会资源浪费，电力行业必须通过政府规制的形式进行市场规则的制定，以规范各电力企业的行为。

(5)在"互联网+"的推动下，能源互联网中出现了大量创新的商业模式，并衍生出碳交易、配额交易等市场。能源的消费需求是可调整的，能源的供应从单一供应商向多家竞争性供应商甚至用户本身转变，能源交易呈现立体化、多样化的特征，电力市场交易的发展逐渐从传统的集中化转变为分散化。这就需要灵活有效的新的市场规则来配合，从而为电力企业进入市场起到有益的推动作用。

2)市场规则的指导原则

在电力行业快速发展的同时，必须结合电力行业的客观规律和市场原则，制定符合发展规律的市场规则，为电力市场运营主体之间开展有效竞争提供良好的外部竞争环境，实现电力行业的健康发展[8]。电力市场规则的制定要遵循以下几个原则。

(1)由于各国的政治体制和经济状况等方面的实际情况不同，所以制约电力市场发展的因素也不尽相同，各国应该结合本国实际国情来制定市场规则[9]。

(2)应该以保证区域电力市场的健康发展，规范电力市场交易，保障市场成员的合法利益为目标，依据国家的有关法律、法规和该地区的电力市场实际运营情况，制定相应的市场规则。

(3)市场规则应该由国家能源局的地方监管部门负责组织制定，有关部门根据职能依法履行监管职责，对相关的市场参与主体和其交易行为、竞争行为等情况实施监管，监督电力交易机构和电力调度机构执行市场规则的情况。

(4)需要明确电力市场中参与主体的范围、参与市场的方式和市场范围。

(5)必须适应相应的区域电力市场运行阶段和市场运行的范围，不能损害市场成员的权益，不能影响市场秩序，应遵循安全、高效、公平公正、实事求是的原则。所有参与市场的成员和交易行为均应遵守该规则，不能利用市场规则的缺陷来操纵市场价格，从而损害其他市场参与者的利益。

(6)考虑到可持续发展战略和新能源的开发，环境因素也应该纳入电力市场规则制定中，需要综合考虑电力企业的经济生产指标和环境治理能力，制定考虑环境因素的市场规则。监管部门通过制定一系列的限制或优惠政策，促进电力供应结构合理化，在追求经济利益最大化的同时兼顾环境保护指标，达到环保标准要求，实现电力市场低碳化发展。

3)市场规则框架

市场规则是市场经济中用来约束市场主体行为的一系列行为规范和准则的总和[10]。针对不同的问题，需要不同类型的市场规则来制约。市场规则主要包括市场准入规则、市场竞争规则和市场交易规则，市场的参与者必须共同遵守这些规则。

2. 市场准入规则

市场准入规则是指政府机构通过对企业的市场准入(包括数量、质量、期限及经营范围等)进行限制[11]，在一些有可能出现市场失效的行业中，防止资源配置效率低下或者过度竞争，确保经济效益，保障市场秩序。

市场准入规则规定了能够进入市场的企业和商品。发电企业、售电企业、电力用户等市场交易参与者，应遵守国家和当地有关的准入条件，按照程序完成注册和备案，然后才能参与电力市场交易。

以《广东电力市场交易基本规则（试行）》为例，发电企业准入条件包括：与电力用户、售电公司直接交易的发电企业，应当符合国家和广东省的相关准入条件，并在电力交易机构注册；参与市场交易的并网自备电厂，须公平承担发电企业社会责任，承担国家依法合规设立的政府性基金，以及与产业相符合的政策性交叉补贴、支付系统备用费；省外以"点对网"方式向广东省送电的发电企业，在符合国家和广东省有关准入条件并进入发电企业目录后，视同广东省内电厂（机组）参与广东电力市场交易。电力用户准入条件包括：符合国家产业政策，单位能耗、环保排放达到国家标准；拥有自备电厂的用户应当按规定承担国家依法合规设立的政府性基金，以及政策性交叉补贴和系统备用费；微电网用户应满足微电网接入系统的条件。

为保证电力供应的稳定性，需要设立退出规则，以限制企业的任意退出。当参与主体履行完交易合同和交易结算时，能够自由选择退出市场，从而提高资源协调优化配置的效率，加强市场的适应性。当参与主体不再满足准入条件，或出现违反国家有关法律法规、发生重大违约行为、拒绝接受监督检查等情况时，根据有关规定，强制其退出市场。

3. 市场竞争规则

在我国的经济转型过程中，市场竞争模式逐渐从国家垄断向市场竞争转变、从内部竞争到开放竞争转变，且竞争的强度不断加大，竞争方式日趋复杂。市场竞争规则是以法制形式维护公平竞争的规则，用于维护市场的公平竞争，大幅度减少电力市场中的不正当竞争行为，为市场中参与竞争的主体提供公平交易、公平竞争的市场环境。市场竞争规则的职能主要包括以下三部分。

（1）反不正当竞争。不正当竞争行为，即经营者在市场竞争中，通过欺骗、胁迫等非法的或者有悖于公平竞争的手段，损害竞争对手利益、扰乱社会经济秩序的行为，包括欺骗性不正当竞争、诋毁竞争对手、商业贿赂等行为。在竞争激烈的市场中，市场竞争规则应能够区分正当竞争和不正当竞争。

（2）反限制竞争。限制竞争行为，即市场中的经营者滥用其市场优势地位和市场权力，通过单独或者多方协议等方式，在交易价格、交易条件等方面达成一致，控制供给或形成垄断高价，妨碍市场公平竞争、排挤竞争对手或损害用户权益的行为，包括强迫性交易、限制竞争协议等行为。

（3）反垄断。垄断行为，即通过垄断、滥用市场支配地位、滥用行政权力等方式限制竞争，从而扩张自身经济规模，实现对竞争对手的永久排斥，获得独占和控制市场的行为。

4. 市场交易规则

由于市场中存在多个市场交易者，且交易者之间的信息具有不完全性和不对称性。为了促使交易顺利进行，需要制定市场交易规则，规定市场经营活动中需要遵守的准则和规范，主要包括市场交易方式、交易行为和交易价格的规范。电力市场参与者应严格遵守市场交易规则，严格履行合规的义务和责任，并接受监管部门监督和管理，诚信经营。市场交易规则的职能主要包括以下三部分。

(1)规范市场交易方式。要求市场交易公开化，除非涉及商业秘密，通常情况下的交易活动应当在有组织的市场上公开进行，明码标价，不容许黑市交易。

(2)规范市场交易行为。要求市场交易公平化，交易双方在自愿、等价的基础上进行交易活动，并实现交易双方的互惠。反对操纵市场价格、损害其他市场主体合法利益等行为。在电力市场条件下，为了促使交易顺利进行，根据国家已出台的有关规定，通过电力交易中心制定考虑市场主体自愿原则的交易合同来维护电力市场秩序，为市场中的规范交易创造良好的环境条件。

(3)规范交易价格。市场交易价格是由市场中各交易主体通过协商、竞价、挂牌等方式达成成交的价格，是实现市场交易有序化的基础。规范交易价格要求明确价格形成机制，定价行为必须有理有据，反对各种非正当交易和垄断行为。在交易合同执行期间，可以根据国家电力输配电价调整、政府资金调整等情况，合理调整电力交易价格。

8.2　需求响应型虚拟电厂参与辅助服务市场

8.2.1　辅助服务类型分析

一般来说，电力辅助服务是指为了保障电力系统安全、促进电力交易和保证电力供应，需要提供的除正常电能生产外的额外服务。在具备负荷侧柔性负荷的条件下，辅助服务也不再局限于仅有发电商提供，还可以通过电力用户的需求响应来实现。

由于不同的电力系统在协调方式、电源结构、电网结构、负荷特性、管理模式等方面均有所不同，其所需的辅助服务种类和数量也不尽相同，而是由该系统或市场的需求决定的。目前，国际上对辅助服务问题的研究在很多方面尚未达成共识，各国都按各自的模式实施相应的规则。辅助服务是相对电能生产、输送和交易的主市场而言的。

以美国 PJM 电力市场为例，其辅助服务分为调节备用、同步备用和主要备用(primary reserve)三种产品，其中调节备用必须能够在 5min 内响应自动控制信号增加或减少其输出，以保持系统的目标频率；同步备用必须与电网同步，并能够在系统操作员接受到信号的 10min 内将其容量转换为发电；而主要备用产品包括 10min 可用的同步备用和在 10min 内也可用的非同步备用的总量；发电机和需求侧资源均可提供各种辅助服务。而在美国的得克萨斯 ERCOT 电力市场，辅助服务分为上调频(regulation up)、下调频(regulation down)、响应备用(responsive reserve service)和非旋转备用(non-spin reserve)四种。

北欧电力市场的辅助服务则分为：一级备用(基本控制)，包括频率控制的正常运行备用、频率控制的干扰备用、电压控制的干扰备用等；二级备用，自动发电控制作为二级调节不适用于北欧电网，仅适用于丹麦西部电网；三级备用(平衡服务)，包括快速有功扰动备用、快速有功预测备用、慢有功扰动备用、峰值负荷备用；无功备用要求要充分大、就地，并且在各个子系统之间不能交换；其他辅助服务，包括减负荷、负荷跟踪、系统保护、黑启动、辅助服务的平衡结算及金融服务等。

辅助服务是为了平衡很短时期内较小的电能供需差异和应对系统突发事件而提供的，总的辅助服务容量相对于系统的总负荷量来说较小，一般不超过总电量的 15%。结合各国电力市场的辅助服务种类和市场模式，总结出现有的辅助服务种类大致有如下几种[12, 13]。

(1) 备用。电力系统除满足最大负荷需求外，为保证电能质量和系统安全稳定运行而保持的有功功率储备。从不同的角度出发，备用可进一步细分：从备用的目的划分，备用可以分为负荷备用、事故备用、检修备用和国民经济备用。按照备用的响应特性，运行备用服务可进一步分为旋转备用(热备用)和非旋转备用(停机备用)两部分。旋转备用指可以在极短的时间(分钟级)内响应调度需要，为系统提供出力的机组，包括热备用、空转备用和停下来的水电机组；非旋转备用，又称冷备用或停机备用，指机组处于停机状态，并可在短期内成为可调度的机组；旋转备用、非旋转备用和替代备用三者的区别，只在于机组响应调度的速度。对于旋转备用，机组始终处于开机状态，可以在极短的时间内响应调度需要；对于非旋转备用，机组处于停机状态，但可以在 10min 内成为可调度机组；对于替代备用，可以在 60min 内成为可用的发电容量。根据增减出力的调整方向，备用可分为上备用和下备用，分别满足系统实际总负荷需求大于或小于现有机组总出力的情况。

(2) 调频。发电机组提供足够的上、下调整容量，以一定的调节速率在允许的调节偏差下实时处理较小的负荷和发电功率的不匹配，以满足系统频率的要求。系统的调频服务除了常规的一次调频，通常是由自动发电控制机组在投运自动发电控制期间提供的。调频服务一般分为上调频和下调频，在美国得克萨斯 ERCOT 电力市场中，下调频单独报价，因为其是唯一的减量备用，而上调频可与响应备用和非旋转备用联合报价。

（3）无功。发电机或电网中的其他无功源向系统注入或吸收无功功率，以维持电网中的节点电压在允许范围内，以及在电力系统故障后提供足够的无功支持以防止系统电压崩溃。在电力市场初期，电网所提供的无功服务，可计入输配电服务中，仅发电机组（含调相机组）提供的无功服务需要单独考虑。

（4）黑启动。整个系统因故障停运后，不依赖别的网络帮助，通过启动系统中具有自启动能力的机组来带动无自启动能力的机组，逐步扩大系统的恢复范围，最终实现整个系统的恢复。电网的黑启动以电厂的黑启动为前提。黑启动电厂应具备在没有外援厂用电的情况下启动发电机的能力，一般由小型柴油发电机或能量存储资源来提供动力。黑启动一般不在市场上购买，而是由 ISO（Independent System Operator）的运行计划部门与提供者签订长期的服务合同。

值得指出的是，调峰在其他国家并不作为辅助服务。调峰是指为了负荷峰谷变化的要求而有计划的、按照一定调节速度进行的发电机出力调整。严格地说，调峰电量应是电能市场的交易电量的一部分，系统的峰谷负荷可以精确预测，调峰问题可以由日前能量市场或运行方式部门做出的日计划来解决。在电网中，公认的调峰机组为抽水蓄能机组和燃油、燃气轮机组，其次为部分可调库容的水电机组，再次为小容量（装机容量在 200MW 以下）的燃煤机组。

需求响应是需求侧管理的重要技术手段，指用户对价格或者激励信号做出响应，并改变正常电力消费模式，从而实现用电优化和系统资源的综合优化配置。智能电网的发展给需求响应提供了强有力的技术支持手段，其作用已扩展到消纳间歇性新能源，提高系统调峰调频能力，将负荷侧资源纳入常态化的电力系统调度运行中。需求响应已成为需求侧管理的重要技术手段之一，通过合理的电价或激励设置，使用户主动参与需求响应，以实现电力供需平衡、用电优化和能源综合利用目标。

8.2.2　需求响应型虚拟电厂的特点

广义的需求响应指电力用户根据价格信号或者通过激励，改变固有用电模式的行为[14, 15]。需求响应强调用户侧的主动负荷调整，从而成为对系统可靠性和运行效率有积极作用的一种资源。在用户侧，需求响应能够提高用电效率，提供多元化服务；在输配电环节，需求响应能够改善电网负荷曲线，提高系统可靠性，延缓电网设备投入增长，提高电网设备运行效率；在发电侧，需求响应能够促进新能源消纳，有助于节能减排。

需求响应型虚拟电厂将来自众多电力用户削减负荷的能力视为虚拟出力，将需求响应资源视为在负荷侧接入系统的发电机组[16]。按照响应机制不同，需求响应可分为基于激励的需求响应和基于价格的需求响应。因此，下面将分别从这两方面展开详述。

1. 基于价格的需求响应

基于价格的需求响应是让消费者直接面对随时间变化的电价并自主做出用电时间、用电方式的安排和调整，主要包括分时电价(time of use pricing, TOU)、尖峰电价(critical peak pricing, CPP)、实时电价(real time pricing, RTP)等[17]。

1) 分时电价

分时电价是指固定电价转变为不同时段不同价格的机制。通常用电低谷价格下降，用电高峰价格上升，如峰谷电价、季节电价等。其中峰谷分时电价是电价体系中的一种重要类型，也是目前国内普遍采取的一种形式。按照电力系统的运行状况，一个运行周期被划分为若干时段(包括峰、谷、平等时段)。在负荷高峰时期，电能作为短缺商品而价格升高，这一价格杠杆将引导终端用户的用电行为，促使用户基于自身生产方式的可调节性，为追求利益最大化而改变用电方式，进行移峰填谷，形成主动避峰，缓解负荷高峰期电力供应紧张的压力，提高电力系统的负荷率和整体效益。其核心是合理确定峰谷电价水平，提供充足有效的价格信号。

为实现削峰填谷，提高系统负荷率和运行效益，应制定理想的峰谷分时电价策略，使系统负荷曲线变得平缓。不合理的定价无法取得预期效果，甚至可能起到反作用，危害系统安全。以峰谷电价比过高为例，若用户响应过度，高峰时段负荷大幅度减小，低谷时段负荷大幅度增加，严重者可能造成系统高峰和低谷时段倒置，调峰失败，不仅造成电网经济利益受损，还可能威胁到系统的稳定性。反之，若峰谷电价比太低，用户响应不足，则无法起到稳定负荷曲线的作用。在制定峰谷分时电价时，应充分考虑用户对电价变化的响应存在不可避免的滞后性，用合适的模型和代数约束来确保发电企业和用户的收益。国内现有的理论研究主要包括基于消费者心理学的模型和用户反映弹性矩阵两大类，两者都存在一定程度的缺陷。对前者而言，不同用户的消费心理学模型参数会有很大不同，这在很大程度上影响分时电价效果的好坏；对后者而言，大多数模型建立时以用户对价格及时响应为前提，或者只考虑各时段电价的自价格弹性和交叉价格弹性，忽略了实际应用情景中的非价格因素。因此，怎样建立用户的需求函数，怎样估算相关弹性参数和非价格影响因素，以制定兼顾发电企业收益和用户需求的峰谷分时电价，需要进一步深入研究。

在实际应用方面，居民分时电价已广泛实施。在美国几个州的试点表明，峰谷电价比达到 8∶1 的比率可以有效地把高峰负荷移至低谷，将夏天高峰期用电量降低 24%[18]。而且，把峰谷电价的时间划分得更细一些有利于改善负荷曲线。同时，国外普遍将峰谷电价和季节性电价相结合。季节性电价是指反映不同季节供电成本的一种电价制度，主要目的在于抑制夏、冬用电高峰季节负荷的过快增长，以减少电力设备投资，降低供电成本。法国对大型工商用户实施绿色电价，按用电季节和用电时间分为几个时段：冬季分 5 个时段，分别为严冬高峰、严冬正常、严冬低谷、冬季正常、冬季低谷；夏天分为 3 个时段，分别为夏季正常、夏季低谷和盛夏。法国的电价体系也十分注重用户的选择权，提供多种电价供用户选择，便于电力公司和电力用户间的良性互动，充分发挥各种电价的优势，综合测评各种电价的效益，给双方带来收益。

2) 实时电价

电价的计算方式有很多种，主要的方法有综合成本法、长期边际成本法和短期边际成本法。在工程上，短期边际成本法又称实时电价。与分时电价相比，它的更新周期更快，为 1h 或者更短，对解决短时容量短缺更为有利。

实时电价的概念最早是由美国的 Schweppe 教授在 20 世纪 80 年代提出的，是配电市场需求响应的最理想电价机制之一。实时电价，通常是在考虑运行成本和基本投资的情况下，在给定时段向用户提供电能的边际成本。它是一个与时间和电力系统的许多随机变量有关的函数，包括发电厂的上网实时电价、互共实时电价和用户的销售实时电价。其中，发电厂的上网实时电价仅涉及系统的电能边际成本、发电质量和收支协调费用，而互共实时电价和用户的销售实时电价还涉及输配电网络的维护、损耗及网络供电质量、网络收支协调费用等，而这些通常在用户用电之前是难以估计的。因此，广义的实时电价是指用户在电价发布的前一天或前几个小时得到的实时电价。常见的实时电价类型包括日前实时电价和两部制实时电价。前者指提前一天确定并通知用户第二天 24h 内每小时的电价；后者指根据用户的历史用电数据确定基准负荷曲线，基准线以内用电量执行基础固定电价或峰谷电价，基准线以外的余缺部分则执行实时电价。

随着智能电网的快速发展，用户与电网各领域的信息交互越来越频繁，用户端负荷有选择、有计划地接入成为不可避免的需求。因此，单一的仅考虑发电商的定价策略已经不再符合实际，实时电价更能满足电力应用有效性与可靠性的要求，成为当前的研究热点。现有研究多从用户侧和供电侧提出实时电价策略模型与算法。基于能耗调度理论的最优定价算法将获得最少电能成本及峰平比作为目标函数，根据博弈论思想，通过内点法求解得到每个用户的最优能耗调度方案；基于统计需求弹性模型的实时电价算法将用户效用函数定义为多维的价格需求曲线，把社会效益最大化作为最优实时电价问题的目标函数，通过迭代算法得到用户与供电商的总体效益最大化；基于阻塞管理的实时电价则通过处理电网负荷阻塞来获得供用电平衡。

在实际应用时，实时电价能真实地反映电力生产的成本，有利于用经济手段控制负荷。但实时电价在计量、管理、效益评估方面存在一定困难，对配套设施要求较高。随着大数据、深度学习、人工智能等理论的发展，实时电价的操作性和实用性会逐渐实现。

3) 尖峰电价

实时电价作为一种将终端用户价格与批发市场出清价格直接关联的价格机制，是激励需求响应的有效手段，但由于操作难度较大，实施仍需时日。现阶段我国主要实施分时电价，这种费率相对固定的静态电价不能及时反映电力供应的变化，尤其是尖峰时刻需求的波动给电网造成的短时间内的冲击。针对突发性用电高峰，尖峰电价能够有针对性地引导用户减少或转移尖峰负荷，在一定程度上可以看成分时电价与实时电价之间的一种过渡形式[19]。

目前实施的尖峰电价主要包括四种：固定时段尖峰电价、变动时段尖峰电价、变动峰荷定价和尖峰补贴电价，不同类型的特点如表 8-1 所示。

表 8-1　不同类型尖峰电价比较

模式	特点
固定时段尖峰电价	尖峰期限天数或持续小时数事先确定，但具体哪一天或哪一时段没有确定
变动时段尖峰电价	尖峰时段的起始时刻、持续时间和具体在哪些天执行都是在实时市场中确定的，实时性较高，需要在用户侧安装 AMI
变动峰荷定价	平期和谷期电价提前一个月或更长的时间确定，但峰荷期电价批发市场对应时段的电价联动
尖峰补贴电价	其余时间完全维持固定电价机制，在关键峰荷期对按通知实施了负荷削减的用户给予相应的电费折扣

美国加利福尼亚州的尖峰电价试点项目表明，尖峰电价在负荷削减方面的效果比分时电价高出 5%，效果明显[20]。目前国内外关于尖峰电价的研究还比较少，适用于我国电力体制的尖峰电价决策机制还有待进一步的研究和完善。

2. 基于激励的需求响应

基于激励的需求响应是直接采用激励的方式来激励和引导用户参与各种系统所需要的负荷削减，包括直接负荷控制、可中断负荷控制、需求侧竞价等[17]。

1) 直接负荷控制

直接负荷控制是一种简单、实用的控制手段，其主要目的是负荷整形，即对于一个确定的考查范围，将总负荷按用电特性分类，在不影响用户满意度的情况下，将各类用电负荷在时序上重新进行调度，使总峰荷降低[21]。直接负荷控制通常针对居民或者小型商业用户，参与的可控负荷通常为短时间停电对其供电服务质量影响不大且具有热能储存能力的负荷，如空调和电热水器[22]。

从传统的电力工业体制到引入竞争的电力市场，直接负荷控制的角色在不断发生改变。在传统的电力工业体制内，电力部门通过实施直接负荷控制来降低系统高峰负荷，提高电力系统可靠性。对应的直接负荷控制优化决策目标为最小化系统峰荷、实现动态供需平衡、最小运行成本及最大化电力部门获益等。随着竞争机制被引入电力市场，直接负荷控制逐渐由供电商或者独立系统运营商实施。因此，直接负荷控制优化决策需要兼顾供电商利益及用户满意度。

目前实施直接负荷控制项目主要有三种负荷控制策略。

①直接远程切断用户负荷。

②对用电设备开启循环控制，如半小时内一半时间开，一半时间关。

③调节用户侧恒温器的温度设定值，如夏季限制空调温度在 26℃以上。

目前用于直接负荷控制负荷削减评估的方法主要有两种：日匹配或天气匹配基线法和回归分析法。前者实施难度较小，在居民空调直接负荷控制项目中曾使用过该方法进行负荷削减评估。两者原理类似，都是首先计算出直接负荷控制执行日的负荷基线，再由基线和直接负荷控制执行时的实际负荷监测值相减得出负荷削减值。但两者基线的选取方法不同，日匹配基线法以直接负荷控制执行前数日的负荷数据计算基线，天气匹配基线法则根据以往未执行直接负荷控制日中天气状况相似日的负荷数据计算基线。日匹配或天气匹配基线法操作难度小，但因准确性不高及预估功能的欠缺，现已逐渐被基于回归分析的直接负荷控制负荷削减评估法取代。

2）可中断负荷控制

可中断负荷控制是电力需求侧管理中负荷管理的重要手段。从负荷的角度看，可中断负荷控制指有条件停电并能够基于合约得到适当补偿的负荷；从综合资源规划的角度看，可中断负荷控制又是一种重要的需求侧资源，可通过响应促进供需两侧的良性互动，缓解电力短缺，促进电网安全稳定可靠运行[23]。相较于分时电价响应滞后的特点，可中断负荷控制灵活性强，能有效地控制峰谷差，提高社会资源利用率。同时，可中断负荷项目大大优于被动的拉闸限电，它极大地保障了用户的选择性和自愿性，电力部门在综合考虑用户负荷特性、用电效益、停电意愿等因素后会给予用户一定的经济补偿，是双方互利共赢的良好合作方式。

实施可中断负荷成本效益分析是可中断负荷控制研究的基础，以寻求投资决策上如何以最小成本获得最大收益，通过比较项目的总体成本和效益来评估其价值。可中断负荷合同是可中断负荷项目的重要内容，主要涵盖：补偿费用、违约惩罚、停电发生时间、提前通知时间、中断持续时间、最小中断容量、合同有效期等。可中断负荷控制的应用场景可覆盖削峰填谷、提供备用服务、缓解系统阻塞等多个方面。随着分布式能源的兴起，可中断负荷控制因其控制灵活性扮演越来越重要的角色。

可中断负荷控制在国外电力市场中已得到了广泛的应用。美国是实施此类项目最为成功的国家。美国加利福尼亚州电力市场在改革时引入了可中断负荷，运营负荷参与计划和需求削减计划。美国纽约电力市场中，主要执行 3 种中断计划：紧急负荷响应、特殊资源和日前负荷响应计划。英国英格兰-威尔士电力市场则在 1995

年首先采用了需求侧竞价的模式,取得了很好的成效。韩国实施的可中断负荷的方案分为 2 类,共 5 种合同,分别是夏季负荷削减方案(通过调整休假和检修计划降低峰荷和夏季午后高峰时间削减平均负荷)、紧急负荷削减方案(接到请求时削减平均负荷、接到请求时削减峰荷和直接中断负荷)。用户依据其选择的方案和合同,执行负荷中断指令,并且根据合同执行率的不同,用户得到的补偿也不同。

相比国外电力市场可中断负荷控制的多种实施方式和丰富经验,我国除了台湾省,其余地区省份的可中断负荷控制实施工作还处于起步阶段。台湾地区较早实施了可中断负荷控制,至今已设置了 7 种可中断负荷合同供用户选择参与,用户根据选择合同的中断容量和时间实现中断即可获得全年或中断月的电价优惠。2001年夏季,台湾电力公司共有 677 户参与可中断负荷,合同中可中断容量为 165 万 kW,在夏季高峰日削减负荷 115 万 kW,约占削减高峰负荷总数的 26%。2004 年上海试行避峰(可中断负荷控制)补偿电价政策,凡是与电力部门签订避峰让电协议,实施负荷监控的用户,将按照一定标准获得避峰补偿电价。隔日通知避峰的,每千瓦时补偿 0.3 元;当日通知避峰的,每千瓦时补偿 0.8 元;随时可中断用电避峰的,每千瓦时补偿 2 元。

3) 需求侧竞价

需求侧竞价指用户不再是电价的接受者,而是改变自己的用电方式,主动参与到市场竞争中。在竞争性电力市场条件下,电价随供需波动较大,当输电成本升高,电力公司单位容量的购电成本增大时,系统电价自然升高。此时消费者可选择是否停止用电,若此时用户购电成本在电力生产成本中占有的比例较大,且产生利润较小,则可以将此部分负荷参与到需求侧竞价中,以有效规避高购电成本风险,且用户可以获得电力公司的相应补偿。电力终端用户削减的负荷称为“负瓦”,参与需求竞价的用户称为“负瓦”发电机,相应的需求侧竞价称为“负瓦”竞价[24]。需求侧竞价实现方式灵活多变,用户可以与电力公司签订一定的负荷削减量及相应价格的双边合同,也可事先给出自己可削减的负荷和预期价格(类似于发电商竞价曲线),再由电力公司决定是否中标。上面提到的英国英格兰-威尔士电力市场即需求侧竞价的成功实施案例。

8.2.3　需求响应型虚拟电厂提供辅助服务

从系统管理者的角度看,需求响应型虚拟电厂可提供灵活有效的备用服务,其主要措施为可中断负荷控制和直接负荷控制,下面将对这两种负荷控制方式的操作流程和优化模型进行介绍。

1. 可中断负荷控制

可中断负荷控制是电力市场环境下电力需求侧管理的重要措施之一,其具体实施方法是电力公司与用户签订可中断负荷合同，在系统电力供应不足的峰荷时段或者突发容量事故的紧急时刻，由电力公司下发所需中断容量和中断时间给负荷调度中心，负荷调度中心根据优化调度结果向用户发出中断请求信号，用户根据合同中断用电负荷并获得电力公司的相应补偿。可中断负荷管理的市场运作流程主要包括两个部分：合同签订流程和负荷调度流程。

1）合同签订流程

可中断负荷的合同签订是实施项目的基础，根据我国国情和季节变化，可中断负荷签订周期一般为半年。具体流程如图 8-1 所示。

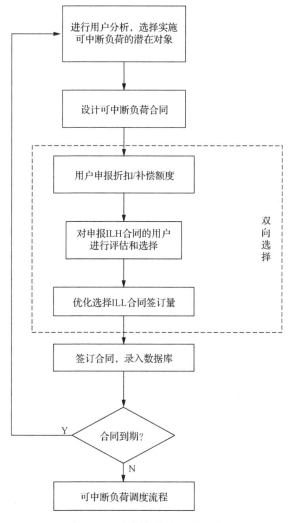

图 8-1　可中断负荷合同签订流程

首先由电力公司选定分析用电地区的负荷构成情况，选定实施可中断负荷项目的潜在用户。一般而言，与大工业用户签订可中断负荷合同能获得较高收益，如冶金、水泥、机械制造、纺织和造纸等工业。

可中断负荷合同是可中断负荷项目实施的重要书面依据，电力公司与用户签约时应将实际执行可中断负荷的相关信息和奖惩条款等在合同中清楚载明，以便日后开展调度工作时有依据，此合同在项目开展过程中具有重要作用和法律意义。目前可中断负荷合同涉及的主要内容有合同有效期、提前通知时间、中断持续时间、中断负荷量、补偿费用等。

参与项目的用户应根据自己的生产成本和工业流程选择合适的合同形式，考虑提前通知时间和可中断容量后，申报折扣/补偿额度。电力公司在对申报用户的信息资料、技术实施条件进行评估的基础上，在中断后补偿金额不高于中断获益的前提下对用户进行选择。

为激励用户参与可中断项目，普遍采用停电前低折价(简称低电价)和停电后高赔偿(简称高赔偿)的补偿方式。低电价可中断负荷(interruptible load with low price, ILL)是在事故前通过电价打折来换取负荷的可中断权，高赔偿可中断负荷(interruptible load with high compensation, ILH)则是在事故发生且中断措施实施后才进行赔偿。对于电力公司来说，前者属于日常的确定性成本，折扣的大小与合约规定的供电可靠性有关，后者属于与事故概率有关的风险性成本，仅在中断措施实施后才需要按照合约进行高额赔偿。在考虑系统中的用户种类、事故发生概率，并且满足系统安全运行的约束条件下，对 ILL 和 ILH 合同中断容量进行优化，以获得最小的切负荷赔偿费用。

2) 负荷调度流程

可中断负荷的调度涵盖将在月度计划、日前计划、日内调整计划和紧急调度计划等四个时间尺度，调度流程见图 8-2。

首先，电力公司根据电网和发电侧情况计算用户侧需要提供的中断容量和中断时间，在对辖区内下一级时间尺度的负荷调度进行风险评估后，对可中断负荷进行优化调度。电力公司可使用的资源有：ILH 和 ILL 合同数据库、实时监测系统中合同签订用户的实际运行情况及用户上报的第二天检修计划或其他特殊运行计划。在非紧急调度的情况下，负荷调度中心与用户之间有一次双向互动机会，用户可根据自身情况选择是否响应。若为紧急中断，则直接将中断指令下发给各用户。用户优化生产计划以响应中断后，双方依据合同进行结算，对参与 ILL 合同的用户给予电价折扣，对参与 ILH 合同的用户给予中断补偿或罚款。

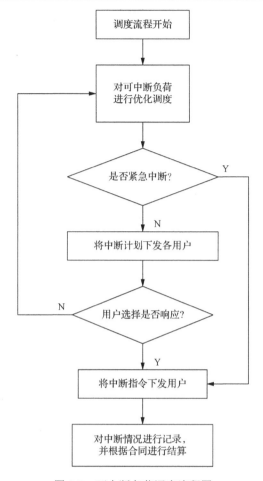

图 8-2　可中断负荷调度流程图

3）多时间尺度可中断负荷协调优化调度

基于可中断负荷调度的四个时间尺度，可中断负荷调度也可分解为 4 个阶段，流程图如 8-3 所示。

用户削减潜力为基线负荷与合同中所约定的最低保障用电量的差值，即

$$P_{\mathrm{pt}}(i,t) = P_{\mathrm{bl}}(i,t) - P_{\mathrm{b}} \tag{8-2}$$

其中，$P_{\mathrm{pt}}(i,t)$ 为用户 i 在 t 时刻的负荷削减潜力；$P_{\mathrm{bl}}(i,t)$ 为用户 i 在 t 时刻的基线负荷；P_{b} 为用户 i 在可中断负荷合同中约定的最低保障用电量。

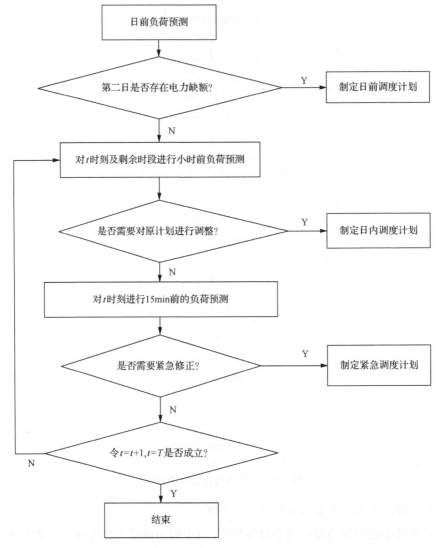

图 8-3 多时间尺度可中断负荷协调优化调度流程

月前计划考虑一个月内的调度问题，给出用户生产轮休安排。原则上兼顾经济性和用户公平性，若在优化过程中不能同时满足，则可引入罚函数来均衡优化目标中的问题。日前计划指根据短期负荷预测第二日的负荷削减量，目标函数是总中断补偿费用最小。日内调整计划预测精度更高，用于弥补日前计划实施后可能产生的过削减或欠削减情况，目标函数与日前计划相同。紧急调度计划是实现闭环控制的最后一个环节，因此以可靠性作为首要目标，补偿费用最小为次要因素。

4) 费用结算

对签订了可中断负荷合同的用户,需定期对其进行费用结算。合理的补偿和惩罚能够刺激消费者参与可中断负荷项目。电力公司需计算用户在第 t 小时的补偿容量 $P_c(t)$ 和惩罚容量 $P_p(t)$,再依据式(8-3)计算奖惩金额 $C(t)$ 。

$$C(t) = P_c(t)r_c - P_p(t)r_p \tag{8-3}$$

其中, r_c 为该用户与电力公司在可中断负荷合同中所约定的单位补偿金额; r_p 为单位惩罚金额。

用户在本次削减事件中得到的总奖惩金额 C 为

$$C = \sum_{t=k}^{m} C(t) \tag{8-4}$$

其中, k 和 m 分别为本次削减的开始和结束时间。

若用户未完成削减任务,需要按合同支付一定金额作为赔偿。用户的实际金额越大,所支付的金额越多。同时,应设置补偿上限,防止个别用户在某几小时大量削减负荷来赚取高额补偿,这不利于系统稳定运行。

2. 直接负荷控制

直接负荷控制在美国、澳大利亚、中国台湾等地已成功实施多年,一般的控制对象为居民或小型的商业用户的空调或电热水器等具有热能储存能力的温控负荷(thermostatically controlled loads, TCL)。直接负荷控制能有效地削减系统峰荷,推迟新发电厂建设,避免资源浪费。且其响应速度和可靠性优于发电机组,是优良的备用资源。直接负荷控制项目实施流程如图 8-4 所示。

直接负荷控制合同签订一般包括以下内容:受控时间(通常为冬夏两季)、最大连续受控时间、最大受控次数、受控方案(关闭、控制温度或调解占空比)、补偿方式等。

为判断用户是否适合参加直接负荷控制项目,需对用户进行削减评估。基于回归分析的直接负荷控制负荷削减评估近年来已成为主流。以实施较成熟的 PJM 为例,其流程为:运行数据监测、负荷削减值计算、建立回归模型、负荷削减预测[25]。需要监测的运行数据包括为未实施直接负荷控制时的负荷数据和温度及湿度数据。以占空比的受控方案为例,负荷削减为

$$P_{cl}(t) = P_{dl}(t) - P_n(t)(1 - \text{duty}) \tag{8-5}$$

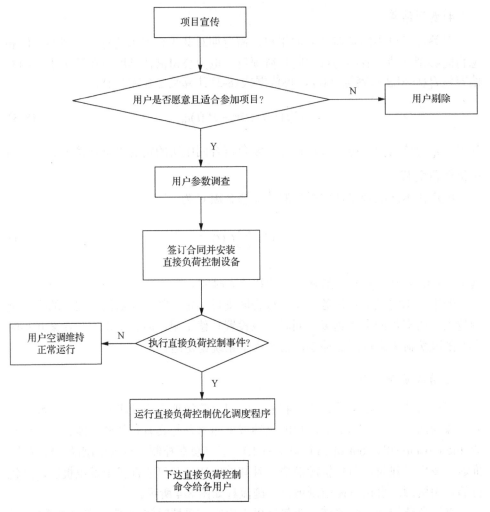

图 8-4　直接负荷控制项目实施流程

其中，$P_{cl}(t)$ 为负荷削减；$P_{dl}(t)$ 为用户在未受控时的实际负荷；$P_n(t)$ 为用户的额定负荷；duty 为控制削减的占空比。

在同一温度和湿度条件下，每户用户削减进行平均，并建立反映平均负荷削减和温湿度值关系的回归模型，建立直接负荷控制负荷削减评估表，即可通过查表得到执行直接负荷控制的负荷削减效果。

在直接负荷控制优化调度过程中，一般在满足负荷削减的前提下，以保障用户舒适度为主要目标。同时需要防止直接负荷控制结束后产生反弹负荷，对电网造成冲击。可通过调度使用户在负荷削减需求结束后逐步退出受控，这样产生的反弹负荷峰值较小。

8.3 虚拟电厂参与电力能量市场

虚拟电厂的出现，将会很大程度上改变原有电力交易模式。虚拟电厂作为一个新的独立个体，可以以整体参与电力市场的电能交易。从市场功能来看，虚拟电厂可参与的市场模式有能量市场、辅助服务市场等。从时间尺度来看，虚拟电厂可参与的市场模式有中长期合同市场、日前市场、日内市场和实时市场。虚拟电厂参与单一市场模式时，根据市场特性，建立虚拟电厂的竞价模型，从而实现虚拟电厂参与电力市场，完成电能交易的功能。

8.3.1 虚拟电厂参与市场竞价

虚拟电厂参与不同功能的市场模式常用的模型考虑如下。

(1)能量市场：考虑电网安全约束，经济效益最优。

(2)辅助服务市场：考虑备用容量约束、调峰容量约束等，社会支付服务成本最小。

虚拟电厂参与不同时间尺度的市场模式常用的模型考虑如下。

1)日前市场

目标函数：运行成本最小或经济效益最大。

约束条件：①系统功率平衡约束；②机组出力约束；③机组爬坡约束；④系统旋转备用约束；⑤弃风量、弃光量约束；⑥网络潮流约束；⑦网络节点电压约束；⑧传统机组启停时间约束。

2)日内市场

目标函数：运行成本最小或经济效益最大。

约束条件：①系统功率平衡约束；②机组出力约束；③机组爬坡约束；④系统旋转备用约束；⑤弃风量、弃光量约束；⑥网络潮流约束；⑦网络节点电压约束。

3)实时市场

目标函数：最小化调整成本。

约束条件：①系统功率平衡约束；②出力调整量约束；③系统旋转备用约束；④弃风量、弃光量约束；⑤网络潮流约束；⑥网络节点电压约束。

8.3.2 虚拟电厂市场竞价中不确定因素的处理

虚拟电厂中存在很多不确定因素，主要包括风、光等可再生能源机组出力的不确定性、负荷的不确定性、机组随机故障及电价的不确定性等。处理不确定性的理论有模糊规划、随机规划、鲁棒优化等。

　　随机规划采用随机变量描述不确定性，随机变量的概率分布函数主要通过对实测数据进行统计分析后拟合获得。随机规划有三个主要的分支模型：期望值模型、机会约束规划、相关约束规划。其中常用的为期望值随机规划模型和机会约束规划模型。

　　期望值模型是指在期望约束下，通过计算随机变量的期望值算子，使目标函数的期望值达到最优。期望值模型的一般形式为

$$\max E\{f(\boldsymbol{x},\boldsymbol{\xi})\} \tag{8-6}$$

$$\text{s.t.}\begin{cases} E\{g_j(\boldsymbol{x},\boldsymbol{\xi})\} \leqslant 0, & j=1,2,\cdots,p \\ E\{h_k(\boldsymbol{x},\boldsymbol{\xi})\} = 0, & k=1,2,\cdots,q \end{cases} \tag{8-7}$$

其中，$\boldsymbol{x}$ 为决策变量；$\boldsymbol{\xi}$ 为随机参数变量；$f(\boldsymbol{x},\boldsymbol{\xi})$ 为目标函数；$E\{\cdot\}$ 为期望值算子；$g_j(\boldsymbol{x},\boldsymbol{\xi})$、$h_k(\boldsymbol{x},\boldsymbol{\xi})$ 为随机约束函数。

　　机会约束规划通过对不确定量的随机模拟，可以很好地描述其不确定性，特别适合处理约束条件中带有随机变量的情况。机会约束规划允许所做决策在一定程度上不满足约束条件，但约束条件成立的概率应不小于所给定的置信水平。机会约束的一般形式为

$$\max \overline{f} \tag{8-8}$$

$$\text{s.t.}\begin{cases} \Pr\{f(\boldsymbol{x},\boldsymbol{\xi}) \geqslant \overline{f}\} \geqslant \alpha, & j=1,2,\cdots,p \\ \Pr\{g_j(\boldsymbol{x},\boldsymbol{\xi}) \leqslant 0\} \geqslant \beta, \end{cases} \tag{8-9}$$

其中，$\Pr\{\cdot\}$ 为事件成立的概率；α、β 分别对应目标函数和约束条件所应满足的置信水平；$\overline{f}$ 为目标函数 $f(\boldsymbol{x},\boldsymbol{\xi})$ 在概率水平不低于 α 时所取的最小值。

　　模糊规划采用模糊变量描述不确定性，用模糊集合表示约束条件，并将约束条件的满足程度定义为隶属度函数。模糊规划的一般形式为

$$\max \overline{f} \tag{8-10}$$

$$\text{s.t.}\begin{cases} \text{Pos}\{f(\boldsymbol{x},\boldsymbol{\xi}) > \overline{f}\} \geqslant \alpha, & j=1,2,\cdots,p \\ \text{Pos}\{g_j(\boldsymbol{x},\boldsymbol{\xi}) > \overline{f}\} \geqslant \beta, \end{cases} \tag{8-11}$$

其中，$\text{Pos}\{\cdot\}$ 为事件的可能性。

　　鲁棒优化法采用集合描述不确定性，将不确定性的所有可能划定在一个集合内，称为不确定集合。鲁棒优化的最优解对集合内每一元素可能造成的不良影响具有一定的抑制性，抑制程度取决于事先设定的鲁棒系数。对于一般的不确定问题：

$$\min f(\boldsymbol{x}) \tag{8-12}$$

$$\text{s.t. } g_j(\boldsymbol{x},\boldsymbol{\xi}) \leqslant 0, \qquad j=1,2,\cdots,p \tag{8-13}$$

对应的鲁棒优化问题为

$$\min f(\boldsymbol{x}) \tag{8-14}$$

$$\text{s.t.} g_j(\boldsymbol{x},\boldsymbol{\xi}) \leqslant 0, \qquad j=1,2,\cdots,p, \qquad \forall \boldsymbol{\xi} \in U \tag{8-15}$$

其中，U 为不确定集合。

8.3.3 基于多代理系统的虚拟电厂市场竞价结构

由于虚拟电厂的存在，电力市场中竞价的实时化、分布化、分层化使得传统的竞价机制难以适应新的市场变化。在这种环境下，多代理系统凭借其分布、快速处理复杂问题的能力逐渐取代传统的电力市场预测体系。基于多代理系统的含虚拟电厂的市场竞价结构见图 8-5，具体可分为电力市场代理、传统电厂及虚拟电厂代理、分布式能源代理三层。

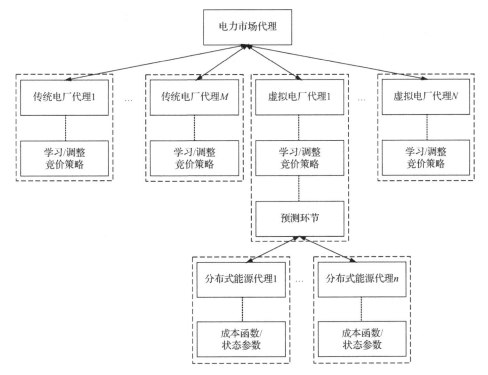

图 8-5 基于多代理系统的含虚拟电厂的市场竞价结构

（1）电力市场代理。根据各高级代理申报的竞价数据以及系统安全水平，编制交易计划，确定市场价格，实现实时市场交易。同时将市场最终定价及各发电公司输出电量反馈给各高级代理，使其成员能够根据提供的信息进行下一步交易决策。

（2）传统电厂及虚拟电厂代理。根据自身状况向上级代理进行竞价申请，并对上级代理所提供的数据进行学习并调整竞价策略。若是虚拟电厂代理，则还需要对分布式能源代理所提供的数据进行发电余额、输电成本的预测处理，并综合上级代理提供的数据进行上网竞价。竞价成功后，虚拟电厂代理以成本最小化竞价策略对分布式能源代理进行调度。

（3）分布式能源代理。负责向虚拟电厂代理提供输电损失、容量上限、输电量、发电元件运行状态等相关数据。并根据自身状态和虚拟电厂代理提供的数据进行竞价，在竞价完成时按照发电计划发电。

8.3.4　不同市场模式下虚拟电厂市场竞价结构

虚拟电厂参加多种市场模式混合的电力市场模式时，解决多市场模式下虚拟电厂参与市场问题的关键在于如何制定多市场模式下的参与规则，如何确定多市场之间的耦合关系，以及如何解决多市场模式下的多目标优化问题，使得虚拟电厂具有更好的适应性。

若虚拟电厂参与多时间尺度的市场，其多时间尺度的市场协作模式如图 8-6所示。

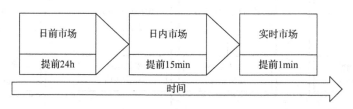

图 8-6　多时间尺度的市场协作模式

在日前市场，设计日前市场报价策略，通过模拟该情况下的不确定因素（包括分布式能源出力、日前市场电价、日内市场电价、实时市场电价等），提交日前市场报价计划；在日内市场，日前电价出清，滚动更新预测出力，模拟该情况下的不确定因素（包括分布式能源在日内市场出清后的出力情况、日内市场电价、实时市场电价等），确定日内市场交易电量；在实时市场里，根据实时信息，确定实时市场交易电量。

8.4 虚拟电厂与内部成员的互动博弈

虚拟电厂中，不同类型分布式电源极有可能隶属于不同产权所有者[26]，需要考虑虚拟电厂与内部成员的互动问题。由于虚拟电厂侧重实现分布式电源并网的外部市场效益，以往研究通常忽略了内部主体的独立性。考虑分布式电源个体的趋利性，虚拟电厂运营商必须设计合理的经济机制来刺激分布式电源出力。从博弈的角度来看，该问题可归结为虚拟电厂与内部成员之间的互动博弈问题。

8.4.1 虚拟电厂竞标的框架设计

假设虚拟电厂参与日前市场进行竞标。在虚拟电厂的运行过程中，虚拟电厂通过历史数据得到第二天风、光和负荷的预测值。虚拟电厂内部各分布式电源进行报价，由虚拟电厂进行协调，保证各分布式电源可以在合理时间范围内获得收益。内部各分布式电源根据电价竞标结果，完成自身电量竞标，从而制定虚拟电厂第二天的发电计划。

虚拟电厂的竞标可分为电价竞标与电量竞标两个阶段：第一阶段，在配网交易电价和负荷电价的基础上，虚拟电厂的控制协调中心制定内部各个分布式电源的电价；第二阶段，虚拟电厂的电价确定之后，虚拟电厂内各个发电单元或用电单元向虚拟电厂的控制协调中心上报每个时刻的竞标电量。虚拟电厂竞标模型框架如图 8-7 所示。

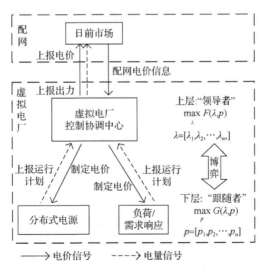

图 8-7 虚拟电厂竞标模型框架

虚拟电厂根据与配网的交易电价，首先制定内部分布式电源的电价和负荷电

价。电价竞标模型的一般数学表述为

$$\max_{\lambda} F(\lambda, \overline{p}) \tag{8-16}$$

其中，$\lambda = [\lambda_1, \lambda_2, \cdots, \lambda_n]$，为虚拟电厂内部各单元的电价；$\overline{p}$ 为电量竞标模型的均衡解。

在电价确定后，虚拟电厂内部的分布式电源和负荷各自上报自身的发电量和负荷量。电量竞标模型的一般数学表述为

$$\max_{p} G(\overline{\lambda}, p) \tag{8-17}$$

其中，$p = [p_1, p_2, \cdots, p_n]$ 为虚拟电厂内部各单元的竞标电量；$\overline{\lambda}$ 为电价竞标模型的均衡解。

由于上述两个阶段存在先后次序，即先完成电价竞标，再完成电量竞标，故而虚拟电厂竞标符合主从递阶结构的动态博弈情况。本书将虚拟电厂的电价竞标和电量竞标视为 Stackelberg 博弈过程[27-29]。其中，虚拟电厂的控制协调中心的电价竞标相当于 Stackelberg 博弈中的领导者；虚拟电厂内部的分布式电源和负荷的电量竞标相当于 Stackelberg 博弈中的跟随者。

具体的博弈过程如下。

(1)领导者发布策略：虚拟电厂的控制协调中心制定内部分布式电源的电价和负荷电价。

(2)跟随者根据领导者的策略选择自己的最优策略：虚拟电厂内部的分布式电源和负荷根据控制协调中心制定的电价，制定自己的竞标电量，以获得最优经济效益。

(3)领导者根据跟随者的策略更新自己的策略：根据虚拟电厂内的分布式电源和负荷的竞标电量，虚拟电厂的控制协调中心对自己的竞标电价进行更新，以获得最优经济效益。

(4)领导者和跟随者根据(1)～(3)不断更新策略直至达到均衡解：虚拟电厂内的分布式电源和负荷不断更新自己的竞标电量，虚拟电厂的控制协调中心不断更新自己的竞标电价，以获得竞标电价和竞标电量的均衡解以及最优经济效益。

8.4.2　虚拟电厂电量竞标博弈下层子模型(电量竞标)

虚拟电厂电量竞标博弈子模型的策略考虑为虚拟电厂内各个分布式电源的出力计划及弃电量、各个负荷的需求量及负荷调整量。

1) 虚拟电厂电量竞标博弈效用函数

虚拟电厂电量竞标效用函数考虑为最大化虚拟电厂内各个单元的经济效益。对于分布式电源，其经济效益包括购售电成本与收益、发电成本。对于负荷，其经济效益包括购电成本、负荷补偿成本。

对于分布式电源 i，其效用函数记为

$$\max F_i = \sum_{t=1}^{T}\left[\lambda_{i,t}(\overline{P}_{i,t} - \Delta P_{i,t}) - f(\overline{P}_{i,t})\right] \tag{8-18}$$

$$\overline{P}_{i,t} = P_{i,t} + \xi_{i,t} \tag{8-19}$$

其中，T 为调度周期；$\lambda_{i,t}$ 为虚拟电厂为分布式电源 i 制定的电价；$\overline{P}_{i,t}$ 为 t 时刻机组 i 的实时出力；$P_{i,t}$ 为 t 时刻机组 i 的日前预测出力；$\xi_{i,t}$ 为 t 时刻机组 i 的出力偏差；$\Delta P_{i,t}$ 为 t 时刻机组 i 的弃电量；$f(P_{i,t} + \xi_{i,t})$ 对应于 t 时刻机组 i 的发电成本，其表达式为

$$f(\overline{P}_{i,t}) = a_i(\overline{P}_{i,t})^2 + b_i\overline{P}_{i,t} + c_i \tag{8-20}$$

对于风、光等清洁能源，认为其发电成本为 0。

对于负荷 j，其效用函数记为

$$\max F_{jd} = \sum_{t=1}^{T}\left[-\lambda_{jd,t}(\overline{P}_{jd,t} - \Delta P_{jd,t})\right] \tag{8-21}$$

$$\overline{P}_{jd,t} = P_{jd,t} + \xi_{jd,t} \tag{8-22}$$

其中，$\lambda_{jd,t}$ 为负荷电价；$\overline{P}_{jd,t}$ 为 t 时刻负荷 j 的实时需求量；$P_{jd,t}$ 为 t 时刻负荷 j 的日前预测需求量；$\xi_{jd,t}$ 是 t 时刻负荷 j 的偏差；$\Delta P_{jd,t}$ 为 t 时刻负荷 j 的负荷调整量。

2) 约束条件

(1) 分布式电源出力约束

$$P_{i\min} \leqslant \overline{P}_{i,t} \leqslant P_{i\max} \tag{8-23}$$

其中，$P_{i\min}$、$P_{i\max}$ 分别为机组 i 的出力下限和上限。

(2) 爬坡约束

$$-\mathrm{RD}_i\Delta t \leqslant \overline{P}_{i,t+\Delta t} - \overline{P}_{i,t} \leqslant \mathrm{RU}_i\Delta t \tag{8-24}$$

其中，RD_i、RU_i 分别为机组 i 的下坡率和上坡率；Δt 为时段长度。

(3) 弃风弃光电量约束

$$0 \leqslant \Delta P_{i,t} \leqslant \rho P_{i,t} \tag{8-25}$$

其中，ρ 为弃风、弃光电量约束比例。

(4) 可响应负荷比例约束

$$0 \leqslant \Delta P_{jd,t} \leqslant \eta P_{jd,t} \tag{8-26}$$

其中，η 为可响应负荷占总负荷量的比例。

(5) 需求响应负荷削减量约束

$$-\frac{\varepsilon P_{jd,t}\Delta\lambda}{\lambda_{jd,t}} \leqslant \Delta P_{jd,t} \leqslant \frac{\varepsilon P_{jd,t}\Delta\lambda}{\lambda_{jd,t}} \tag{8-27}$$

其中，$\Delta\lambda$ 为可控负荷电价的最大变化量。

8.4.3 虚拟电厂电价竞标博弈上层子模型 (电价竞标)

虚拟电厂电价竞标博弈子模型的策略考虑为虚拟电厂为分布式电源制定的电价及负荷电价。虚拟电厂电价竞标效用函数考虑为最小化虚拟电厂的运行成本，包括虚拟电厂支付给内部分布式电源和负荷的费用 F_1（F_1 可正可负，其值为正表示虚拟电厂支付费用，其值为负表示虚拟电厂获得收益）、弃风弃光成本 F_2、需求响应成本 F_3 与配网发生交易的收益 F_4。

$$\min F = F_1 + F_2 + F_3 - F_4 \tag{8-28}$$

$$F_1 = \sum_{i \in N_1} F_i + \sum_{j \in N_2} F_{jd} \tag{8-29}$$

$$F_2 = \sum_{i \in N_1} \sum_{t=1}^{T} q_{i,t} \Delta P_{i,t} \tag{8-30}$$

$$F_3 = \sum_{j \in N_2} \sum_{t=1}^{T} C_{j\text{DR},t}(\Delta P_{jd,t}) \tag{8-31}$$

$$F_4 = \sum_{t=1}^{T} p_t P_{m,t} \tag{8-32}$$

其中，N_1、N_2 分别为虚拟电厂内的发电单元集合与用电单元集合；$q_{i,t}$ 为惩罚单价；$C_{jDR,t}$ 为 t 时刻负荷 j 的需求响应成本；p_t 为虚拟电厂与配网的交易价格；$P_{m,t}$ 为 t 时刻虚拟电厂的市场交易量。

约束条件包括以下几方面。

（1）供需平衡约束

$$\sum_{i=1}^{N_{DG}} \overline{P}_{i,t} = \sum_{j=1}^{N_d} \overline{P}_{jd,t} + P_{m,t} \tag{8-33}$$

其中，N_{DG} 为虚拟电厂中分布式电源的数量；N_d 为虚拟电厂中负荷数量。

（2）市场交易量约束

$$-P_{m\max} \leqslant P_{m,t} \leqslant P_{m\max} \tag{8-34}$$

其中，$P_{m\max}$ 为市场最大交易量。

（3）网络潮流约束

$$\begin{cases} P_{Gi,t} - P_{Li,t} - U_{i,t} \sum_{j \in i} U_{j,t} (G_{ij} \cos\theta_{ij,t} + B_{ij} \sin\theta_{ij,t}) = 0 \\ Q_{Gi,t} - Q_{Li,t} + U_{i,t} \sum_{j \in i} U_{j,t} (G_{ij} \sin\theta_{ij,t} - B_{ij} \cos\theta_{ij,t}) = 0 \end{cases} \tag{8-35}$$

其中，$P_{Gi,t}$、$Q_{Gi,t}$ 分别为 t 时刻节点 i 发电机的有功出力和无功出力；$P_{Li,t}$、$Q_{Li,t}$ 分别为 t 时刻节点 i 的有功负荷和无功负荷；$U_{i,t}$、$U_{j,t}$ 分别为 t 时刻节点 i、节点 j 的电压；$\theta_{ij,t}$ 为 t 时刻支路 i、j 之间的相角差；G_{ij}、B_{ij} 为支路 i、j 之间的电导、电纳。

（4）网络节点电压约束

$$U_{i\min} \leqslant U_{i,t} \leqslant U_{i\max} \tag{8-36}$$

其中，$U_{i\min}$、$U_{i\max}$ 分别为节点 i 电压的下限和上限。

（5）竞标电价约束

$$\lambda_{\min} \leqslant \lambda_{i,t} \leqslant \lambda_{\max} \tag{8-37}$$

其中，$\lambda_{\min}$、$\lambda_{\max}$ 分别为电网所允许的竞标电价上下限。

（6）需求响应负荷电价变化量约束

$$-\Delta\lambda \leqslant \Delta\lambda_{jd,t} \leqslant \Delta\lambda \tag{8-38}$$

其中，$\Delta\lambda_{jd,t}$ 为 t 时刻可控负荷 j 的电价变化量。

8.4.4　双层博弈模型求解

对于上述建立的基于 Stackelberg 博弈的两阶段的虚拟电厂竞标模型，其均衡解存在且唯一，可通过逆推归纳法进行求解。具体证明过程请参见文献[26]。

（1）电量竞标阶段：虚拟电厂内的各个分布式电源和负荷（跟随者）根据虚拟电厂的控制协调中心（领导者）的电价来调整自身的竞标电量以最大化自己的经济效益，即

$$\max_{P_{i,t}} F_i , \quad \max_{P_{jd,t}} F_{jd} \tag{8-39}$$

其最优化一阶条件为

$$\frac{\partial F_i}{\partial P_{i,t}} = 0 , \quad \frac{\partial F_{jd}}{\partial P_{jd,t}} = 0 \tag{8-40}$$

（2）电价竞标阶段：虚拟电厂的控制协调中心（领导者）可以预测到虚拟电厂内的各个分布式电源和负荷（跟随者）将根据领导者的决策进行选择，因此其在电价竞标阶段的问题可以化为

$$\max_{\lambda_{i,t}, \lambda_{jd,t}} F \tag{8-41}$$

（3）结果修正阶段：由于电量竞标阶段的虚拟电厂内各分布式电源和负荷未考虑虚拟电厂整体功率平衡以及全网潮流功率平衡和电压平衡，需要加入修正机制，对电量竞标阶段的出力计划进行修正。若所求得均衡解不满足这三个条件，则要对运行参数进行修正，重新计算 Stackelberg 模型均衡解。若该均衡解不符合功率平衡约束条件，虚拟电厂将调整与配网的交易功率；若该均衡不符合系统网络潮流约束和电压约束条件，虚拟电厂将通知内部各个分布式单元，更改自身运行约束参数，如弃风弃光电量约束比例等，对自身发电计划进行调整。

8.5　不同虚拟电厂之间的互动博弈

在包含多个虚拟电厂的能源互联网的实际运行中，每个虚拟电厂由具有不同利益的多种分布式电源个体组成；与此同时，虚拟电厂在参与电力市场时，也面临其他虚拟电厂的竞争。本节提出一种虚拟电厂双层优化博弈模型，不仅强调上层虚拟电厂之间的博弈，下层分布式电源之间的博弈，也强调上下两层的均衡[30]。下层虚拟电厂成员分布式电源聚合形成一个虚拟的整体参与电力市场，上层虚拟电厂面临其他区域虚拟电厂的竞争。不同区域虚拟电厂之间既存

在竞争关系，也存在合作关系，通过多虚拟电厂的协调互动，实现收益最大化和区域内的电能平衡。

8.5.1 博弈框架的建立

鉴于风光发电随机性，需要可控发电/用能代理(智能体)配合才能提高消纳水平，因此下层参与者可以组成一个虚拟电厂，采用"内部协同，外部协调竞争"的运行原则，内部智能体组成合作联盟，实现能源互补，提高总收益。上层为多虚拟电厂博弈竞价模型，根据需求和供给的具体数值，制定多虚拟电厂直接交易策略。下层为虚拟电厂内部分布式能源之间的合作模型，以总成本最低为目标得到最优响应功率。

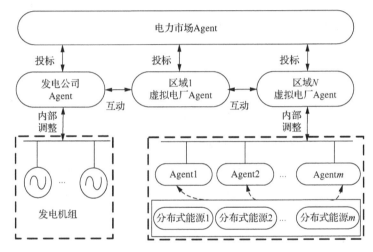

图 8-8 不同虚拟电厂之间的互动博弈关系

下层博弈各支付函数均为凸函数，存在纳什均衡点 a_i^*，使得 $v_i(a_i^*, \boldsymbol{a}_{-i}^*) \geqslant u_i(a_i, \boldsymbol{a}_{-i}^*)$，$i \in N$。下层合作博弈最优策略为

$$\boldsymbol{a}^* = \mathrm{avgmax} \sum_{i \in n} v_i(a_i, \boldsymbol{a}_{-i}) \tag{8-42}$$

同理，上层博弈也存在纳什均衡点 x_i^*，使 $u_i(x_i^*, \boldsymbol{x}_{-i}^*) \geqslant u_i(x_i, \boldsymbol{x}_{-i}^*)$。上层博弈问题纳什均衡存在性证明过程详见文献[30]。对于合作博弈，各博弈者以集体理性为基础，相应最优策略为

$$\boldsymbol{x}^* = \mathrm{avgmax} \sum_{i \in n} u_i(x_i, \boldsymbol{x}_{-i}) \tag{8-43}$$

合作博弈的最终目的是使各博弈者获得比不参加合作更多的收益，因此合作

后的收益分配十分重要。上层多虚拟电厂分配采用 Shapley 值分配方式，分配到博弈者 i 的收益 $u_i(v)$ 为

$$u_i(v) = \sum_{S \subseteq N \backslash \{i\}} \left\{ \frac{|S|!(n-|S|-1)!}{n!} \cdot \left[v(S \bigcup \{i\}) - v(S) \right] \right\} \tag{8-44}$$

其中，$|S|$ 为联盟 S 中博弈总数，$v(S \bigcup \{i\}) - v(S)$ 为参与者 i 对于联盟 S 的边际贡献。Shapley 值实际上就是博弈参与者 i 在联盟 S 中的边际贡献的平均期望值。

8.5.2　虚拟电厂下层优化模型

将各分布式能源出力信息作为决策变量，其策略组合为 $\boldsymbol{a} = \left[a_1, a_2, \cdots, a_n \right]$。以每个智能体成本的相反数作为支付函数，将成本最小化问题转化为最大化支付的博弈问题。某时刻支付函数为

$$v_i(a_i, \boldsymbol{a}_{-i}) = \begin{cases} -\left(a_{\mathrm{MT}} a_i^2 + b_{\mathrm{MT}} a_i + c_{\mathrm{MT}} \right), & i \in n_{\mathrm{MT}} \\ -\left(a_{\mathrm{IL}} a_i^2 + b_{\mathrm{IL}} a_i \right) - \lambda_{\mathrm{load}}^t a_i, & i \in n_{\mathrm{IL}} \\ -\lambda_{\mathrm{wt}} \left(P_{\mathrm{WT}}^t - a_i \right), & i \in n_{\mathrm{WT}} \\ -\lambda_{\mathrm{pv}} \left(P_{\mathrm{PV}}^t - a_i \right), & i \in n_{\mathrm{PV}} \\ \lambda_{\mathrm{load}}^t a_i, & i \in n_{\mathrm{D}} \end{cases} \tag{8-45}$$

其中，a_i 为 DER_i 的决策；$\boldsymbol{a}_{-i}$ 为除去 DER_i 之外的分布式能源的决策合集；n_{MT}、n_{IL}、n_{WT}、n_{PV} 分别为微燃机(micro turbine，MT)、可中断负荷、风机(wind turbine，WT)、光伏的集合；n_{D} 为负荷智能体的集合。以可控分布式电源以微燃机为例，a_{MT}、b_{MT}、c_{MT} 为运行成本系数，考虑可中断负荷实现需求响应，式中两部分分别为中断成本和由于中断负荷减少的售电收益；a_{IL}、b_{IL} 为中断成本系数；$\lambda_{\mathrm{load}}^t$ 为负荷购电电价；λ_{wt}、λ_{pv} 分别为弃风、弃光成本系数；P_{WT}^t、P_{PV}^t 分别为 t 时刻风机、光伏计划出力值。不考虑风机、光伏的发电成本。

8.5.3　多虚拟电厂上层博弈交易模型

多虚拟电厂电量决策组合为 $\boldsymbol{x} = [x_1, x_2, \cdots, x_n]$，某时刻售电方、购电方虚拟电厂的支付函数为

$$
u_i(x_i, \boldsymbol{x}_{-i}) = \begin{cases} \lambda_{\text{vpp}}^t x_i + \lambda_{m,s}^t (P_{m,i}^t - x_i) - \lambda_{\text{ser}} \displaystyle\sum_{j=1}^{n_p} x_{ij}, & i \in n_s \\[4mm] \lambda_{\text{vpp}}^t x_i + \lambda_{m,p}^t (P_{m,i}^t - x_i) - \lambda_{\text{load}}^t P_{m,i}^t, & i \in n_p \end{cases} \tag{8-46}
$$

其中，x_i 为虚拟电厂 i 直接交易电量决策；n_s、n_p 分别为售电、购电集合；λ_{vpp}^t、$\lambda_{m,s}^t$、$\lambda_{m,p}^t$ 分别为直接交易电价、电力市场售电和购电价格；λ_{ser} 为电网服务费单价；x_{ij} 为虚拟电厂 i 与虚拟电厂 j 的交易电量。

售购电双方成功交易的前提是参与直接交易获得的收益大于与电力市场交易。当多虚拟电厂直接交易不成功或存在电量剩余或缺额时，由电力市场配合交易。根据电力市场特征，当供大于求时，直接交易电价较低，随着需求的增加，其竞争用电将导致电价升高。构造电价函数：

$$
\lambda_{\text{vpp}}^t = k \left(\sum_{i=1}^{n_p} x_i \right)^2 \Bigg/ \sqrt{\sum_{j=1}^{n_s} x_j} + \lambda_{m,s}^t \tag{8-47}
$$

其中，k 为单位成本系数。

为防止虚拟电厂倒卖行为，规定在同一时段，虚拟电厂只具有售电或购电中的一种权限，不会同时从电价低的一方购电并转卖给电价高的一方。因此，应满足约束：

$$
\begin{cases} P_{m,i}^t \in [P_{m,i,\min}^t, P_{m,i,\max}^t] \\[2mm] x_i \in [0, P_{m,i}^t], & i \in n_s \\[2mm] x_i \in [P_{m,i}^t, 0], & i \in n_p \\[2mm] \displaystyle\sum_{j}^{n_s} x_j \geqslant \left| \sum_{i}^{n_p} x_i \right| \end{cases} \tag{8-48}
$$

约束条件包括以下几方面。

1）虚拟电厂供需平衡约束

$$
\sum_{i=1}^{n_{\text{MT}}} a_i + \sum_{i=1}^{n_{\text{WT}}} a_i + \sum_{i=1}^{n_{\text{PV}}} a_i = P_m^t + P_{\text{load}}^t - \sum_{i=1}^{n_{\text{IL}}} a_i \tag{8-49}
$$

$$
\sum_{i=1}^{n_{\text{D}}} a_i = \begin{cases} P_{\text{load}}^t, & P_m^t \geqslant 0 \\[2mm] P_{\text{load}}^t - \left| P_m^t \right|, & P_m^t < 0 \end{cases} \tag{8-50}
$$

其中，P_{load}^t 为 t 时刻负荷预测值；P_m^t 为 t 时刻虚拟电厂与外部交易电量，取正、取负分别代表虚拟电厂向外售、购电，此处忽略了网损。负荷智能体的决策变量 $a_i, i \in n_D$ 代表通过其他设备智能体的协调可以满足的负荷需求，上限为给定的当前时刻负荷预测值。虚拟电厂供需平衡约束在运行的任一阶段都需满足。

2) 微燃机智能体功率和爬坡率约束

$$P_{\text{MT,min}} \leqslant a_i \leqslant P_{\text{MT,max}}, \qquad i \in n_{\text{MT}} \tag{8-51}$$

$$-R_{\text{MT}}^D \Delta t \leqslant a_{i,t} - a_{i,t-1} \leqslant R_{\text{MT}}^U \Delta t, \qquad i \in n_{\text{MT}} \tag{8-52}$$

其中，R_{MT}^D、R_{MT}^U 为向上、向下爬坡率。

3) 可中断负荷智能体中断量和中断时间约束

$$0 \leqslant a_i \leqslant P_{\text{IL,max}}^t = \eta_{\text{max}} P_{\text{load}}^t, \qquad i \in n_D \tag{8-53}$$

$$\sum_{t=1}^T U_{\text{IL}}^t \leqslant T_{\text{IL,max } D} \tag{8-54}$$

其中，η_{max} 为可中断负荷最大调用率；U_{IL}^t 为可中断负荷在 t 时刻的状态标记符，1 表示切除，0 表示未切除。$T_{\text{IL,max}}$ 为可接受的中断总持续时间。

将不同虚拟电厂间的博弈问题构建为基于多代理系统的多虚拟电厂分层控制结构，将多虚拟电厂优化问题转化为一个双层协调优化模型。上层为多虚拟电厂博弈竞价模型，制定多虚拟电厂直接交易策略。下层为虚拟电厂内部分布式能源之间的合作模型，以总成本最低为目标得到最优响应功率。通过多虚拟电厂的协调互动，实现收益最大化和区域内的电能平衡。

8.6 虚拟电厂内部结算机制

虚拟电厂由多个分布式能源按照一定的规则聚合而成，考虑到虚拟电厂内部成员的多样性和多产权性，需要对其组合内部的结算机制进行研究。合理地对虚拟电厂的收益进行分配，其分配方案影响组合结构的稳定性及各成员的满意度，使得虚拟电厂的分布式能源组合能够稳定运行。合作博弈论研究的是参与者达成合作时如何分配合作得到的收益，这种收益分配既是合作博弈的结果，也是达成合作博弈的条件。虚拟电厂处于大电网和各个分布式能源之间，扮演着中介的角色，可以根据合作博弈理论制定科学的合作机制。虚拟电厂需要制定其内部聚合的多个发电或用电单元之间的合作机制，同时需要制定其与大电网以及电力交易

中心之间的合作机制，以保证所有参与者的合理收益，确保各个分布式能源参与
运行的积极性，确保虚拟电厂的稳定性。虚拟电厂的组合结构确定后，通过对其
优化调度可以得到某一个分布式能源组合下，该组合所得到的预期利润值[31]。

8.6.1　联盟博弈理论

由于虚拟电厂内部的分布式电源以互补合作的方式运行，可以将其等效为一
个合作博弈，其基本理论基础如下。

定义 8.2　联盟：设博弈局中人集合为 $N := \{1, 2, \cdots, n\}$，则对于任意 $S \subseteq N$，称 S
为一个联盟；$v(S)$ 称为联盟 S 的特征函数。$|S|$ 为联盟 S 的势，等于其内部成员
的个数。特征函数满足 $v(\varnothing) = 0$，而对于满足 $S \cap T = \varnothing$ 的联盟，若
$v(S \cup T) \geqslant v(S) + v(T)$ 成立，则称 v 是超可加的。

定义 8.3　核心：考虑到一个联盟博弈 (N, v)，其分配方案表示向量 $\boldsymbol{x}$，向量中
的元素值表示联盟中每一个成员的利润分配值。核心定义为全部不可优超的分配
方案的集合，即任何参与人或参与人组合都无意愿脱离联盟，因为组成一个新联
盟并不能使该参与人或参与人组合获得更大的收益，其表达式为

$$C := \left\{ \boldsymbol{x} \in R^N \,\middle|\, x_i \geqslant v(\{i\}), \sum_{i \in N} x_i = v(N), \sum_{i \in S} x_i \geqslant v(S), \forall S \subseteq N \right\} \tag{8-55}$$

如果某个分配分案在核心中，那么它将满足如下三个条件。

（1）个体理性

$$x_i \geqslant v(\{i\}), \quad \forall i \in N$$

（2）整体理性

$$\boldsymbol{x}^{\mathrm{T}} 1 = \sum_{i \in N} x_i = v(N)$$

（3）联盟理性

$$\sum_{i \in S} x_i \geqslant v(S), \quad \forall S \subseteq N$$

定义 8.4　Shapley 值：在合作博弈 (N, v) 中，参与人 $i \in N$ 的 Shapley 值：

$$x_i = \sum_{S \subset N, i \in S} \frac{(|S| - 1)!(n - |S|)!}{n!} [v(S) - v(S \setminus i)] \tag{8-56}$$

由于联盟 S 在参与人 i 未进入前共有 $(|S| - 1)!$ 种组成方法，而联盟 $N \setminus S$ 的 $n - |S|$

位 参 与 者 有 $(n-|S|)!$ 种 组 成 方 法 。 假 定 每 种 方 法 出 现 的 概 率 相 同 ， 则 $\dfrac{(|S|-1)!(n-|S|)!}{n!}$ 为 有 关 一 个 参 与 人 加 入 联 盟 S 的 特 定 概 率 。

Shapley 值 可 理 解 为 参 与 人 在 博 弈 中 的 所 有 可 能 联 盟 的 边 际 贡 献 平 均 值 ， Shapley 值 具 有 个 体 理 性 、 整 体 理 性 和 唯 一 存 在 性 的 特 点 。 因 此 ， Shapley 是 一 种 较 为 公 平 的 解 ， 用 Shapley 值 作 为 分 配 向 量 ， 从 公 平 方 面 看 ， 每 个 参 与 人 都 没 有 意 见 ， 在 实 际 当 中 有 广 泛 的 应 用 。 然 而 ， 基 于 Shapley 值 的 分 配 方 案 可 能 并 不 处 于 核 心 中 ， 无 法 保 证 联 盟 内 成 员 不 会 背 离 联 盟 。 与 此 同 时 ， Shapley 假 定 所 有 成 员 的 特 性 相 同 ， 忽 略 了 联 盟 中 成 员 个 体 可 能 具 有 不 同 的 属 性 这 一 特 点 。

8.6.2 Shapley 值方法的改进

Shapley 值 并 不 一 定 满 足 联 盟 理 性 条 件 ， 即 $\sum_{i \in S} x_i \geqslant v(S), \forall S \subseteq N$ ， 需 要 对 其 进 行 适 当 改 进 ， 主 要 思 路 是 ： 一 方 面 按 照 Shapley 值 法 进 行 利 益 分 配 ， 另 一 方 面 从 收 益 大 的 博 弈 者 手 中 收 回 一 部 分 利 益 ， 并 在 全 部 成 员 中 重 新 进 行 微 调 ， 使 每 个 成 员 的 收 益 均 满 足 个 体 理 性 、 联 盟 理 性 和 整 体 理 性 。 具 体 实 现 方 法 如 下 。

令 博 弈 者 i 的 收 益 微 调 系 数 为 $\Delta\lambda_i$ ， 满 足 ：

$$\sum_{i=1}^{n} \Delta\lambda_i = 0 \tag{8-57}$$

用 $\Delta\lambda_i$ 修 正 博 弈 者 i 的 分 配 x_i ， 得 到 改 进 后 的 分 配 值 为

$$x_i^* = x_i + \Delta\lambda_i \sum_{i=1}^{n} x_i \tag{8-58}$$

显 然 有 $\sum_{i \in N} x(i)^* = \sum_{i \in N} x(i) = v(N)$ ， 这 保 证 了 修 正 前 后 整 体 联 盟 分 配 之 后 不 会 发 生 变 化 。 为 了 求 得 满 足 要 求 的 收 益 微 调 系 数 $\Delta\lambda_i$ ， 对 经 过 改 进 的 Shapley 值 分 配 后 博 弈 者 i 的 收 益 增 长 情 况 进 行 量 化 处 理 ， 定 义 稳 定 指 标 SI_i 为

$$\mathrm{SI}_i = \frac{x_i^*}{v(\{i\})} \tag{8-59}$$

显 然 ， 只 有 当 $\mathrm{SI}_i \geqslant 1$ 时 ， 博 弈 者 i 才 愿 意 参 与 合 作 ， 且 稳 定 指 标 值 越 大 ， 联 盟 结 果 越 稳 定 。 然 而 考 虑 到 联 盟 中 每 个 参 与 者 的 贡 献 不 尽 相 同 ， 需 要 对 贡 献 较 大 的 成 员 稳 定 指 标 赋 予 较 大 的 权 重 ， 从 而 保 证 分 配 的 合 理 性 。 建 立 如 下 模 型 ：

$$\max \sum_{i=1}^{n} w_i \mathrm{SI}_i \tag{8-60}$$

$$\text{s.t.} \begin{cases} \mathrm{SI}_i \geqslant 1 \\ \sum_{i=1}^{n} \Delta\lambda_i = 0 \\ \sum_{i\in S} x_i^* \geqslant v(S) \end{cases} \tag{8-61}$$

在式(8-61)中，第一个约束保证个体理性条件的满足，第二个约束保证了有效性条件，第三个则保证了联盟理性。

8.6.3　评分机制

合作博弈中，分配方案不仅取决于参与成员的边际贡献，还受其他因素如地位效益、潜在风险、可信程度等的影响。因此需要建立合理的评分机制，对联盟中贡献较大的成员赋予较大的权重，本节主要从以下方面进行考量。

1）边际贡献

成员的地位效用可以通过其参与联盟前后联盟效益的变化来反映。成员 i 的边际贡献定义如下：

$$\mathrm{MC}_i = \frac{v(N) - v(N\setminus i)}{v(N)} \tag{8-62}$$

其中，边际贡献值 MC_i 是一个介于 $0\sim1$ 的数值，其值越大，表征成员 i 的地位越重要。

2）可靠性能

成员分布式能源的可靠性（包括可控性和可信性）越高，虚拟电厂控制中心可以设计更为合理的交易策略，降低惩罚风险，因此需要对成员的可控性和可信性进行有效评估。本章引入一个 CPRS 函数，通过相对预测误差 $N(0,\sigma_i^2)$ 和观察到的实际误差 e_i 来度量成员的可信性，如下：

$$\mathrm{CRPS}_i = \sigma_i \left\{ \frac{1}{\sqrt{\pi}} - 2\varphi\left(\frac{e_i}{\sigma_i}\right) - \frac{e_i}{\sigma_i}\left[2\varPhi\left(\frac{e_i}{\sigma_i}\right) - 1\right] \right\} \tag{8-63}$$

$$e_i = \frac{P_i - \bar{P}_i}{\bar{P}_i} \tag{8-64}$$

其中，P_i 为成员的实际发电量；$\overline{P_i}$ 为平均预测值；φ 和 $\varPhi$ 分别为一个高斯变量的概率密度函数和累积分布函数；标准差 σ_i 反映了成员 i 对其预测值的确信程度。相对于仅仅量度实际误差，CPRS 函数更为合理，在鼓励可再生能源机组加入的同时，也刺激他们如实申报自己的不确定性，并努力提高自己的预测精度。

3) 综合得分

将上述两个评判因素结合在一起，每个成员将获得一个反映其地位作用和可控可信性能的综合得分指标，表达如下：

$$\text{Score}_i = \alpha \text{MC}_i + (1-\alpha)\text{CRPS}_i \tag{8-65}$$

其中，α 为给定的边际贡献指标和预测精度指标之间的权重，反映了决策者对两个指标的偏好程度。一旦得到各成员的综合得分，可以将其标准化，从而计算出目标函数中每个决策者对应的优化权重。标准化过程表达如下：

$$w_i = \frac{\text{Score}_i}{\sum\limits_{i \in N} \text{Score}_i}, \quad i = 1, 2, \cdots, N \tag{8-66}$$

8.6.4　内部成员对结算机制的满意度

为了定量描述虚拟电厂内各参与者对分配策略的接受程度，判断上述分配策略的合理程度，可采用 MDP（modified disruption propensity）指标表征虚拟电厂内各单元对分配策略的满意程度。

$$D(i) = \frac{1}{n-1} \frac{\sum\limits_{j \in \{N \setminus i\}} x(j) - v(N \setminus i)}{x(i) - v(i)} \tag{8-67}$$

该指标表征参与者拒绝合作时，其他参与者人均损失与参与者的损失之比。

当 $D(i) \geqslant 1$ 时，表明参与者 i 的非合作行为将会导致其他参与者的损失大于等于自身损失；此时，参与者 i 将有很强的意愿拒绝接受该分配策略。

当 $D(i) < 1$ 时，参与者 i 才有可能接受该分配策略，且 $D(i)$ 的值越小，参与者 i 的合作意愿越强烈，其对分配策略的满意程度也越高。

8.7　小　　结

随着新能源、需求响应等相关技术的发展，虚拟电厂将成为电力市场的重要参与者。本章首先介绍了博弈论和市场规则的相关理论和算法，这是虚拟电厂确定自身运行计划和参与市场竞价的基础。其次介绍了需求响应型虚拟电厂参与电力辅助服务的特点及实施方法，主要以可中断负荷控制作为备用和直接负荷控制提供调频服务；另外，对虚拟电厂参与能量市场的竞价结构和竞价策略也进行了深入的分析。虚拟电厂作为多种分布式资源的聚合体，内部各成员间、不同虚拟电厂间的互动与博弈也尤为重要，因此在本章中针对这两类问题进行了分析和讨论。最后通过联盟博弈理论和 Shapley 值方法，对虚拟电厂内部成员的结算和分摊机制进行了论述。

参 考 文 献

[1] 卢强, 陈来军, 梅生伟. 博弈论在电力系统中典型应用及若干展望[J]. 中国电机工程学报, 2014, 34(29): 5009-5017.

[2] 徐意婷, 艾芊, 胡剑生. 基于协同演化博弈算法的微网和配电网动态优化[J]. 电力系统保护与控制, 2016, 44(18): 8-16.

[3] 识予. 纳什. 均衡论[M]. 上海: 上海财经大学出版社, 1999.

[4] Fudenberg D, Tirole J. Game theory, 1991[J]. Cambridge, Massachusetts, 1991, 393: 12.

[5] 赵敏, 沈沉, 刘锋, 等. 基于博弈论的多微电网系统交易模式研究[J]. 中国电机工程学报, 2015, 35(4): 848-857.

[6] Ni J, Ai Q. Economic power transaction using coalitional game strategy in micro-grids[J]. Iet Generation Transmission & Distribution, 2016, 10(1): 10-18.

[7] 杨力俊. 电力市场中市场力规制的策略与方法研究[D]. 北京: 华北电力大学, 2005.

[8] 袁英华. 我国电力企业市场化改革研究[D]. 长春: 吉林大学, 2004.

[9] 刘国跃. 电力市场中供电可靠性保障机制的理论与应用研究[D]. 北京: 华北电力大学, 2009.

[10] 周军. 论市场规则及其构成要素[J]. 武汉理工大学学报(社会科学版), 2004, 17(2): 165-168.

[11] 张宇波. 发电市场中的规制理论与应用研究[D]. 北京: 华北电力大学, 2009.

[12] 葛炬, 张粒子, 周小兵. 电力市场环境下辅助服务问题的研究[J]. 现代电力, 2003, 20(1): 80-85.

[13] 黄永皓, 尚金成, 康尊庆, 等. 电力辅助服务交易市场的运作机制及模型[J]. 电力系统自动化, 2003, 27(3): 23-27.

[14] 李扬, 王蓓蓓, 宋宏坤. 需求响应及其应用[J]. 电力需求侧管理, 2005, 7(6): 13-15.

[15] 牛文娟, 李扬, 王蓓蓓. 考虑不确定性的需求响应虚拟电厂建模[J]. 中国电机工程学报, 2014, 34(22): 3630-3637.

[16] 潘小辉, 王蓓蓓, 李扬. 国外需求响应技术及项目实践[J]. 电力需求侧管理, 2013, 15(1): 58-62.

[17] 陶莉. 国外分时电价政策简介及探究[J]. 电力工程技术, 2007, 26(1): 58-60.

[18] 黄海新, 邓丽, 张路, 等. 基于需求响应的实时电价研究综述[J]. 电气技术, 2015, 16(11): 1-6.

[19] 周明, 殷毓灿, 黄越辉, 等. 考虑用户响应的动态尖峰电价及其博弈求解方法[J]. 电网技术, 2016, 40(11): 3348-3354.

[20] 张沛, 房艳焱. 美国电力需求响应概述[J]. 电力需求侧管理, 2012, 14(4): 1-6.

[21] 冯庆东, 何战勇, Feng Q D, 等. 需求响应中的直接负荷控制策略[J]. 电测与仪表, 2012, 49(3): 59-63.

[22] 张钦, 王锡凡, 别朝红, 等. 电力市场下直接负荷控制决策模型[J]. 电力系统自动化, 2010, 34(9): 23-28.

[23] 邓字鑫, 王磊, 李扬. 美国居民空调直接负荷控制项目负荷削减评估方法研究[J]. 华东电力, 2014, 42(2): 373-378.

[24] 张涛, 宋家骅, 程晓磊. 可中断负荷研究综述[J]. 东北电力技术, 2007, 28(6): 46-49.

[25] 王蓓蓓, 范见修, 郑亚先, 等. 需求侧竞价对高峰电价影响的成本效益分析[C]. 中国高等学校电力系统及其自动化专业学术年会, 2005: 31-35.

[26] 方燕琼, 甘霖, 艾芊, 等. 基于主从博弈的虚拟电厂双层竞标策略[J]. 电力系统自动化, 2017, 41(14): 61-69.

[27] Yu M, Hong S H. A real-time demand-response algorithm for smart grids: A stackelberg game approach[J]. IEEE Transactions on Smart Grid, 2016, 7(2): 879-888.

[28] Wei W, Liu F, Mei S. Energy pricing and dispatch for smart grid retailers under demand response and market price uncertainty[J]. IEEE Transactions on Smart Grid, 2015, 6(3): 1364-1374.

[29] Wang Q, Zhang C, Wang J, et al. Real-time trading strategies of proactive DISCO with heterogeneous DG owners[J]. IEEE Transactions on Smart Grid, 2018, 9(3): 1688-1697.

[30] 刘思源, 艾芊, 郑建平, 等. 多时间尺度的多虚拟电厂双层协调机制与运行策略[J]. 中国电机工程学报, 2018(3): 753-761.

[31] Cheng Y, Fan S, Ni J, et al. An innovative profit allocation to distributed energy resources integrated into virtual power plant[C]. International Conference on Renewable Power Generation (RPG 2015), Beijing, 2015.

第9章 交易平台与商业模式

9.1 能源市场交易平台

能源市场通过互联网平台，接纳大量产消者和多边对接，实现能源的自由交易和众筹金融，具有交易主体多元、设施平等开放、价格透明公开等优势。能源市场交易范围广阔，按能源交易品种划分，有电力交易市场、油气交易市场、可再生能源交易市场及碳交易市场等；按交易要素划分，有能量市场、设备市场、辅助服务市场、增值服务市场、金融资本市场等。

现阶段，国内外有不少能源市场交易中心和一些能源云平台的应用。欧洲最大的能源交易所(Europe Energy Exchange, EEX)在电力市场、天然市场和碳排放交易市场均享有较高声誉，美国的纽约商品交易所和上海的国际能源交易中心主要集中在石油、天然气及其期货和其他衍生品的市场交易。随着国内电力市场改革的推进，已有国家级和各省级电力交易中心组织开展电力市场化交易业务。此外，不少企业和高校研发的能源云平台将用于远程采集监控、节能管理、运算分析等能源服务。

能源市场交易平台包括电力的批发、零售，以及天然气和冷热的销售与供应、虚拟电厂和电动汽车的购售电等。随着电力市场的开放和大规模分布式能源、储能系统等接入能源互联网，未来能源市场将会包括多样化的电力供给和需求、多元化的生产者和消费者。能源市场交易平台将用于协调这个复杂的市场，它不仅是电力、燃气等现货的交易平台，也可能发展为电力期货交易和衍生的金融交易平台[1]。

将能源市场交易和能源云结合的综合能源市场交易平台，将在能源数据监测分析基础上完成各类能源信息服务产品的市场交易与结算。未来，能源互联网将建立集信息、调度、交易、业务、数据、分析、运营等于一体的平台。平台上诸多资源可以通过交易实现最优配置，如此将信息与能源融合起来，实现效率最高。

本节将从能源市场交易平台的整体架构(图9-1)入手，介绍数据资源层、任务协调层和分析决策层的主要功能实现与技术框架。

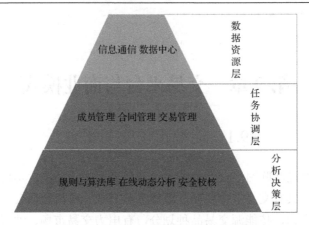

图 9-1　能源市场交易平台的主体架构

9.1.1　数据资源层

1）信息通信

能源市场交易平台的信息和数据来源需要借助能源互联网的信息通信系统，交易平台设有连接相关能源资源平台的接口，如以电力系统为例，将接入发电自动化系统、微网与分布式电源系统、智能电表通信系统、电动汽车充放电代理系统、配电自动化系统、智能负荷交互系统等。

交易平台的信息源包括能源资源信息、环境气象信息、能量生产实时信息、能量输配实时信息、负荷及需求实时信息、业务交易实时信息、相关方行为实时信息等[2]。就电力系统交易而言，需要采集的信息主要有供需方电力质量，供应方、需求方和输配方的要求，实时交易和报价信息，个体和组织的交易行为、交易评价、交易互动等。

数据信息通过智能感知技术实现终端采集和数据转换，过程包括数据感知、采集、传输、处理、服务等功能。智能传感器获取能源互联网中输配电网、信息通信网、天然气网等状态数据，用户侧传感器获取各类终端用能设备、分布式电源等运行参数[3]。智能传感器获取的数据经过预处理、聚类将数据包传送给数据中心。

通过电力载波通信、无线虚拟专网和下一代互联网（5G 技术）等网络通信技术，将数据信息传输至数据中心。电力载波通信是电力系统特有的通信方式，通过载波方式在已有电力线上将模拟或数字信号进行高速传输，无须另外架设通信网络。另外，现在用电信息采集、配用电自动化等方面已应用远/短距、公/局域网无线通信技术。下一代互联网（5G）技术凭借其超高的频谱利用率，从无线覆盖性能、传输时延、系统安全和用户体验多个方面满足能源互联网的不同应用需求。

2）数据中心

通过信息通信和平台的数据接口，获得能源市场交易的所有信息资源，由数据中心进一步将数据资源进行整合、存储，以便完成交易业务的计算、分析和决策。交易平台根据数据的来源、种类等进行集成，通过预处理将冗余、无效、重复的数据剔除；再根据数据的类型，用关系型数据库和分布式文件系统等技术存储数据；根据交易业务请求进行数据的处理、运算和分析等，最后通过可视化平台展现。能源市场交易平台的数据中心是整个交易业务的基础，其基本框架如图 9-2 所示。

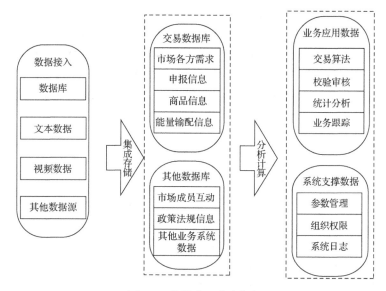

图 9-2　数据中心基本框架

数据集成过程中需要完成数据的预处理，并有效和及时地更新与废弃数据。同时，建议统一的数据集成规范，对接入的数据要按照一定规则进行清晰分类，并注明来源以便存储后进行数据定位。过时数据和不规范数据不介入数据的集成，对一些涉及隐私但具有应用必要性的数据必须经过脱敏处理。

数据存储可采用关系式数据库、分布式文件系统、分布式在线数据库等存储技术。不同的存储技术提供同种数据类型存储的能力不同，综合利用多种存储技术，提供统一存储访问接口，才能满足海量数据实时与准实时的存储需求，并提高数据存储低成本的横向扩展能力和高并发数据的快速访问响应能力[4]。同时，也可采用云平台技术，实现海量能源数据的实时高效分布式存储。相比在线数据库等存储技术，云平台具有完善的备份、镜像、归档、转储、分级存储管理、灾难预防和恢复等机制。虚拟化能源云数据中心采用云平台作为分布式存储时，不仅拥有极高的数据存储效率和极强的数据扩展性，还能保证用户数据的安全可靠性和高可用性。

数据的访问需要根据不同市场成员的业务需求进行严格分类，将数据的使用权限清晰化。由于能源交易直接面向全社会，用户范围广，交易数据较为敏感，故交易平台内部与外部的数据访问权限和密保证书等需要妥善保证。平台外部使用的数据可以供所有用户公平公开使用，一些涉及市场成员隐私和国家机密的数据应该归入平台内部。平台的交易数据必须能够被市场成员和监管者安全、可靠地访问，方便用户校验交易结果，也能够便于市场操作员与交易运营者得到交易中心内部应用的相关能量数据。因此，交易平台不仅需要在外网有应用部署，也需要在内网实现所需信息的交互。

　　数据的分析计算需要提供批量计算、流计算等运算技术，同时支持 SQL 查询，满足不同时效性的计算需求。批量计算支持数据离线分析；流计算支持实时处理；内存计算支持交互性分析。同时运用云计算技术和互联网营销技术，通过网络随时随地、按需获取计算资源，实现能源供应商、网络运营商、能源批发或零售型公司和用户等多种市场主体任何形式的交易活动。

9.1.2　任务协调层

　　1）成员管理

　　参与能源市场的成员有能源的生产者、服务者和消费者，不仅涉及能量的交易，未来的能源市场还将包括设备、服务、虚拟商品的交易。由于不同能源种类的产销者所涉及的市场交易不尽相同，按照各能源分类，对产销者进行区别化管理。市场成员管理模块是管理整个能源市场交易平台所用到的市场成员基础信息的模块，其余模块所使用的市场成员基础信息均来自该模块的维护。

　　能源市场交易平台的参与者即交易平台的主要应用者和所面对的主要受众，可分为三类：一般浏览者、注册用户和系统管理员。其具体描述与权限管理如表 9-1 所示。运营管理者通过系统管理员的身份可以对整个交易平台进行管理，监管者也可以通过系统管理员身份审核参与交易对象的资格、监督交易规则等。交易参与者包括能源买卖商注册后，完善企业资质，并通过审核后，可以浏览市场信息，检索历史交易信息，完成交易申报和合同签约等。除此之外，一般浏览者也能通过互联网进入交易平台，但只能浏览一些公开的新闻政策等信息。

表 9-1　能源市场交易平台的参与成员分类

参与身份	描述	权限与功能
一般浏览者	只能浏览能源市场交易平台发布的一般的公开信息，如互联网网民	浏览新闻、公开政策、公开的企业信息等
注册用户	能源市场交易平台的主要应用者，如能源供应商、能源零售商等	注册和完善企业信息、查看交易和市场信息、信息检索、交易申报、签约等
系统管理员	对能源市场交易平台进行管理，如交易平台工作人员、政府监管员	交易规则约束、发布交易通知和结果、审核交易成员信息、交易结算与审核等

市场成员管理模块的数据关联紧密，需要能够对其内部数据进行组合查询、修改，其中删除操作必须进行妥善管理。

2) 交易管理

交易管理负责能源交易的开展、计算和发布工作。按照交易需求和市场交易规则，首先创建一个交易序列，再规定参与该交易的准入市场成员，其次为该交易设定交易时间段，对该交易可成交能量的总上限和每一个市场成员可成交的能量做限制。然后，对交易准入的市场成员进行信息校核，生成交易公告并将交易公告发布给每个注册用户，由能源供应商和需求方进行电量电价填报，进行交易开标，随后进行交易计算并出清[5]，最终形成交易结果并将此结果递送给有关部分审核形成有约束的交易结果，如电力调度自动化系统需要进行安全校核和阻塞管理，审批结束后将交易结果下发给交易主体并写入合同。

交易申报模块为多个市场主体提供数据申报与报价递送功能，包括能源供应企业和能源用户或零售商报价。交易平台为申报的数据提供安全保护措施，具备完善的身份认证和数据加密传输机制，确保申报数据的安全、保密、不可否认和防篡改[6]。

以电力市场交易为例，交易流程可分为双边协商交易和集中竞价交易。双边协商交易是指电能生产者和电能消费者通过自由协商，签订合同的方式，直接进行电能交易，而不通过统一的市场出清交易。其约定在某一时刻按照合同商定的电量交割，本质上是一种远期合同。目前世界各国成熟的电力市场体制中，通过双边合同买卖的电量均占电能总交易量的绝大部分。在能源市场交易平台的电力板块，根据平台提供的信息，电力用户或电力批发、零售型企业与发电企业自行协商匹配交易电量和电价，经安全校核和交易中心确认后，由购电、售电、输电各方签订长期交易合同，如图 9-3 所示。

集中竞价交易流程如图 9-4 所示[6]，购售电双方在交易平台上进行集中竞价交易，包括电力用户或电力批发、零售型企业与发电企业等市场成员，交易算法一般采用撮合交易模式。针对不同交易时段，购电方向交易平台申报购电价格与购电量，售电方向交易平台申报售电价格与售电量。交易平台根据各方申报的购售电曲线，综合考虑输电成本和损耗，分别计算不同购电方与售电方的社会福利(双方的价差)，在满足电网安全约束的前提下，将社会福利最大的交易对优先撮合，形成交易匹配对；在购售双方报价的基础上，以社会福利均分为原则，形成双方的成交价格；重复上述步骤，直到社会福利小于零，撮合完成[7]。对撮合结果进行安全校验或调整后，形成最终的竞价结果清单，再对外发布交易结果，并在交易平台上即时推送给用户。

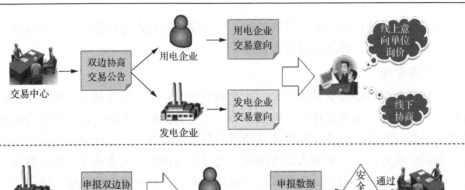

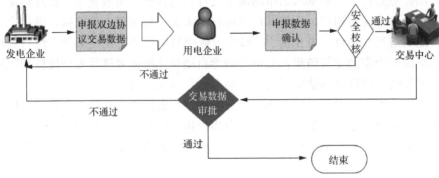

图 9-3　双边协商交易流程图

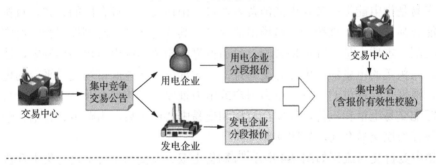

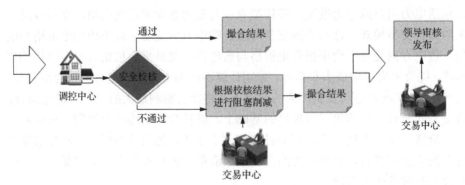

图 9-4　集中竞价交易流程图

3）合同管理

合同管理模块负责制定、执行及评估能源市场交易相关的各类合同和协议，为其提供全过程的技术支持。初始合同由交易管理模块生成，允许用户自行添加其他类型的合同。各类交易合同在经过一定的流程后在交易平台上签订，由三方完成签章后生效。交易合同可以为用户后续的数据申报、交易和审核结算提供依据，也为平台进行市场分析和信息发布等提供数据基础。

对于电力市场交易，交易结果生成的合同电量数据可以细化，如年成交电量可以在交易平台的合同管理中对合同电量按月分解。在合同执行周期内，将该合同电量计划分配到每个月并保存。合同按月分解电量还可根据发电企业的单元内机组分解，形成具体到每台机组的每月计划电量并保存，可根据此电量参与随后的结算模块。

9.1.3　分析决策层

1）规则与算法库

能源市场交易平台的核心业务是交易，完整规范的规则与算法库是保证交易顺利开展的基础。规则库配置需要实现动态的交易业务规则信息的存储及管理，并由系统管理人员不定期对规则库进行更新，以满足能源市场交易规则可能随政策市场环境变化的实际要求。例如，交易申报规则可以动态配置相关的申报参数项，能够根据不同交易时间的变化，对申报内容项目按照当前规则进行校验[6]。

在交易规则库设计中，将表征市场特性的主要参数和因素提取出来，形成交易参数注册到交易平台中，这些交易参数可以在平台各功能模块间共享[8]。交易模式和交易信息是主要的两类交易参数，其中交易类型、市场限价、市场主体可参与的交易类型等属于交易模式类；报价时间、交易撮合优先组合因素、交易发布时间等属于交易信息类。若市场交易规则有所调整，只需要修改已注册的参数，各功能模块便能在参数的生效时间同时获取和应用。

算法库配置以规则库为基础，是指交易平台通过对交易规则库的调用来实现交易结果的算法数据库。算法开发后注册到系统数据库中，其内部处理完全按照交易业务需求分别实现，互不影响。各核心算法能够自动获取规则库中的交易参数，用于形成交易撮合、合同编制和结算审核的具体算法。此外，对同一个参数设置，也需要开发多个算法并存储在算法库中，以应对相同交易规则参数设置下，不同市场的具体逻辑处理不同的情况。通过对算法库的建立和维护，达到灵活扩展、快速适应的应用效果，最大限度地减少程序版本的更替与更新。

此外，对于直接双边交易，文献[9]提出了一种采用区块链技术让各市场主体自发进行交易管理的方式。区块链技术相当于为分布式存储提供了账本，每个区块可看作账本中的一页，记录了某段时间内的交易信息及上一个区块的 Hash 值。

区块按时间顺序相连，形成区块链。在区块链网络中，每一笔交易都可追溯且不可篡改，即可通过查阅之前的交易记录来估测本次交易是否能够达成。此外，在区块链的基础上引入智能合约，能够将区块链的交易管理功能扩展到合同管理。交易双方以代码的形式将合同或协议存储在区块链上，当到达执行时间时，智能合约将会根据合同或协议自动执行业务，完成价值转换 [9]。

2）在线动态分析

能源市场交易平台除了提供交易信息，还会向全社会提供市场信息。以电力市场为例，电力市场交易平台向用户提供电力市场电力电量平衡、电力需求和负荷预测等市场信息。这些分析数据都需要交易平台对历史交易和实时交易进行分析。

基于历史交易的动态回溯技术，通过记录每个交易主体在交易过程中的报价修改数据，对历史每个时刻建立历史断面存储机制[6]。针对已经结束的交易过程，对各个环节进行缩短时间比例的历史过程回溯，包括公告确认、交易申报、撮合计算、结果发布等。

此外，在电力市场中，电价与供求数量是协调市场各个成员运动的信号，使得市场成员的个体运动汇成合力共同推动市场向社会效益最优的方向运动[10]。对各个交易成员类型建立动态模型，并整合得到电力市场的整体动态模型，以计算电力市场达到均衡状态时的电价与供求信号流，从而对市场供需关系进行动态分析。在此过程中，辅助服务市场所需的频率信息和稳定性信息也能计算得出。

3）安全校核

能源市场交易平台中，电力市场交易对安全校核的要求尤其高。电力系统运行在最经济状态时，往往受安全因素所限制。因此，在电力市场交易时，为了实现系统的最大化经济运行，必须对电力系统的安全性能进行更细致和全面的考察。在非市场环境下，系统运行方式和机组出力都相对稳定，调度人员往往大幅度调整机组的发电计划，系统的安全性一般都可以得到保证。而在电力市场环境下，各市场主体都将优先考虑经济上的最大效益。此时，由于机组报价曲线的不规则性，所制定的发电计划，可能产生严重的安全性问题[11]。因此，对交易平台中申报的发电交易计划，必须进行安全校核，以同时满足系统的经济性和安全性。此外，由于传输断面的承载功率有限，若不进行安全校核，可能导致输电阻塞、潮流越限等问题。

安全校核的内容不仅包括发电计划校核、机组辅助服务限制，还有通道阻塞管理等。当根据电网输送能力及相关信息进行安全校核，预测或检测到可能出现的阻塞问题时，需要通过市场机制进行必要的阻塞管理，由阻塞管理产生的盈利或费用按责任分摊。

对电力网络的安全校核一般有集中式和分布式两种方案：前者一般由交易平台根据初步交易结果以及线路参数，用潮流方程计算出该交易情况下每条线路的潮流，并与线路最大潮流约束进行对比，判断交易是否满足系统安全性；分布式方案是由市场参与者根据自身的初步交易结果以及本地的线路参数，通过迭代的方法计算与本地的局部线路潮流，并与最大潮流约束对比，判断交易是否满足系统安全性。交易平台通常采用集中式方案，而第二种分布式安全校核的方法常用于分布式管理的双边协商交易中。

对于安全校核未通过的，由市场交易规则决定协调原则。如根据福建省交易规则，双边协商交易安全校核未通过时，按等比例原则进行交易削减。集中竞价交易和挂牌交易安全校核未通过时，按价格优先原则进行削减；价格相同时，按发电侧节能低碳电力调度的优先级进行削减，同等情况下按等比例原则进行削减。对于约定电力交易曲线的，最后进行削减。

对于流经输电断面的交易电量进行安全校核时，可采用排队法进行阻塞管理。具体方法是：首先校验初步交易结果中输电断面上流经的电量是否超出该断面输送电量的极限值。如果超过极限值，即可能产生输电阻塞，则根据阻塞断面将电网分区，电量送出区域考虑机组最小运行方式后按中标发电企业的报价由高到低的顺序减少中标电量，电量受入区域按购电企业未中标电量的报价由低到高增加中标电量[12]，直到满足安全约束和电量需求。

9.2　能源需求侧管理平台

能源需求侧管理是从电力需求侧管理引申而来的概念，指政府通过采取有效的激励和引导措施使能源供需双方在适宜的运作方式下共同对用能市场进行管理，以达到改变用能方式、提高能效和供能可靠性的目的。在能源互联网兴起的大背景下，为适应分散化的能源市场和能源网络结构，传统的电力需求侧管理逐步向综合能源需求侧管理的方向发展，并实现结构和功能的拓展，其主要任务包括负荷预测、能效及节能管理、需求响应等。

为实现用户侧能源的智能管理，搭建能源需求侧管理平台是必不可少的，该需求侧管理平台旨在向政府有关部门、能源企业、用户、能源服务商等各类群体提供最全面的决策支撑和技术服务，这将在未来能源互联网中发挥重要作用。由于目前对能源需求侧管理平台还没有统一的认知，本节将结合现有的电力需求侧管理平台[13,14]对综合能源需求侧管理平台的整体架构和功能实现进行分析，具体按功能模块分为感知与通信层、数据与算法库及用户服务层，结构层次如图 9-5所示。

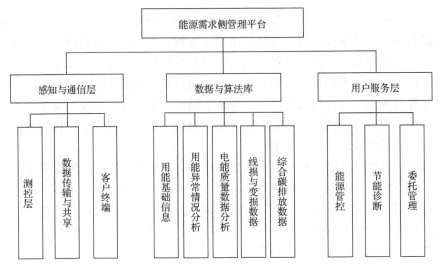

图 9-5　能源需求侧管理平台结构层次

9.2.1　感知与通信层

能源需求侧管理平台具有多边通信的特点，管理中心与智能终端设备通过交互的信息流实现采集数据与控制命令的传输与共享，从而达到用户侧能量的优化管理与控制。感知与通信层即负责数据的采集与传输，主要分测控层、数据传输与共享和客户终端三个模块。

1) 测控层

测控层是能源需求侧管理平台的采集和控制终端，一方面由智能电表、智能燃气表等通过各种传感器与用能设备相连，用来采集设备的用能信息并转换成数字信息上报；另一方面利用智能插座和智能设备中的测控组件依照接收到的控制指令对用能设备进行管理和控制操作。其中，智能电表采集的主要数据有电能量数据、交流模拟量、工况数据、电能质量越限数据、事件记录数据等，采集方式分为自动采集、随机召测和主动上报三类。整体上，测控层具有内部智能通信、参数实时采集、计量多种能源使用费用、执行控制指令等功能。

2) 数据传输与共享

测控层的内部数据传输可由本地通信模块完成，而测控层与主站、客户端中间的通信则需要远程信道的支持。利用通信管理模块中的核心设备——智能通信终端可实现需求侧管理平台的远程信息交互，并支持以太网与 GPRS 两种外部通信方式。网络化的数据共享平台将信息汇总并整理存储于数据库中，并由算法库作进一步分析。

3）客户终端

客户终端将用能信息的显示端和用户自主控制的输入端集成为一体，其向能源用户提供的信息有：平台主站发布的当前和下一日的多能源竞价策略、设备实时用能参数、当前能源消费信息、当前用能碳排放折算等。用户可通过键盘、触摸屏等终端输入设备对自身能源进行自主控制，也可以向平台主站请求增值服务，如节能诊断、需求响应、合同能源管理等。

在通信技术的支持下，用户可以使用笔记本电脑、手机等便携式设备远程执行客户终端的登录和操作。

9.2.2　数据与算法库

数据与算法库通过对用户侧上传的用能信息进行系统化加工整理，在线整合准确的负荷信息，并根据用户服务的数据类型与格式需求，利用算法库的模型或公式，对上传的数据进行计算、统计和分析，同时将二氧化碳排放信息转发给环境部门，为高级应用子模块搭建了坚实的数据基础，提高了系统的分析能力。数据与算法库可整理得到五类数据组合，包括用能基础信息、异常情况统计、能源质量数据、线损和变损数据及综合碳排放数据，并可为可再生能源出力预测、负荷预测等提供算法支持。

1）用能基础信息

用能基础信息应包括：①负荷分析，对一定时间内的冷、热、电等负荷进行分类别统计分析，数据信息包括带时标的负荷最大值与最小值，并绘制该时段的负荷曲线，方便进行同比或环比比较；②负荷率分析，按分析对象的类别统计分析某时段内的负荷率，并绘制负荷率曲线；③电量分析，按分析对象的类别或时间维度对采集的电能量进行带时间维度的统计、电量同比环比对照、电量突变分析等，在综合能源系统中还应包括对其他能源使用量的统计分析；④三相平衡度分析，针对电力需求侧，用于确定变压器及用户电能量三相平衡度，为优化相线分布奠定数据基础。

2）用能异常情况分析

用户用能异常情况分析是指通过对设备运行工况进行实时监测，将采集到的数据进行历史数据比对分析，发现并记录功率超差、能量超差、负荷超容量等用能异常情况，其中查询信息一般包括负荷数据、能量数据、电能质量数据、工况数据及设备异常事件信息等。

3）电能质量数据分析

由于能源互联网仍以电力系统为中心[15]，电能质量问题不可忽视，尤其是用户侧接入了更大容量的分布式电源后，由可再生能源间歇性导致的电源频繁启停与功率波动会对电能质量产生严重影响。同时，电力电子设备在调频调压领域的广泛使用会使需求侧系统的谐波水平显著提高。这就需要电能质量分析子模块能够对监测点的电压、电流、功率因数、谐波等电能质量数据进行越限、合格率等方面的分类统计分析。

4) 线损与变损数据

这一数据项是需求侧，尤其是采用专用变压器的大用户关注的重要用电效率指标。线损数据得到的是根据各供电点和受电点的有功和无功的正/反向电能量损耗数据及供电网络损耗数据，变损计算是指将采集到的电量信息代入变损计算模型中，生成损耗率信息。在多能源系统中，还应考虑其他能源网络的损耗数据及考虑能量枢纽的多种能源间相互转化的效率。

5) 综合碳排放数据

碳排放数据是低碳经济环境下，用户交纳碳排放税款，进行碳排放配额交易的重要数据基础，也是系统对用户进行碳管理的主要依据。用户的碳排放数据也不能直接测量得到，而需要将采集的能耗数据代入碳归算模型中，计算得到碳排放信息。

9.2.3　用户服务层

用户服务层是能源需求侧管理平台的核心，主要实现能源管控、节能诊断、委托管理三种功能。其中，能源管控是主站系统对用户有序安全用能的保障控制，同时也是对分布式微电源出力的有效控制；节能诊断为申请节能服务的用户分析某一组成部分的实际耗能情况，挖掘节能减排潜力并确定节能课题，为开展节能项目的用户进行重要的前期准备；委托管理是在对用户进行节能诊断后，制定节能方案，签订合同，由智能需求侧管理系统运营方为项目筹款，采购并安装设备，培训人员，投产运行，用户依据节能及碳减排效益支付项目费用。

1) 能源管控

能源管控分为在线监测、负荷管理和分布式电源控制三部分。

在线监测模块在线显示现场采集终端返回的运行参数，将数据以多种曲线的方式进行展示，并可以对异常情况及时报警，实现用户用能可视化管理。

负荷管理模块负责完成负荷预测和用能管控功能。其中，负荷预测的实现需要利用数据库中大量的用户用能信息，分析负荷变化相关因子，特别是天气、时间等因素与短期负荷变化的关系，采用数据仓库、数据挖掘等技术，利用算法库中的数学模型并适当运用灰色理论、模糊预测、神经网络等一系列智能算法，预测用户未来一定时段内多种能源的使用情况。其预测结果可为各能源价格制定策略提供数据基础。用能管控可通过定值控制、远方控制的方式实现，利用事先设定并集成在终端设备中的定值参数或主站下达的实时指令，保证满足用户在当前的用能模式和习惯下的正常用能需求。

在能源互联网时代，用户侧分布式电源的高渗透率使得对微电源的控制也成为需求侧能量管理的重要课题。分布式电源控制具体包括分布式可再生能源出力预测及出力控制、需求侧备用管理等。其中，可再生能源出力预测与负荷预测类似，也需要数据与算法库的支持。在出力控制方面，系统平台需要根据不同发电单元、储能单元的实时运行状态调整调度计划并下发控制命令。同时，分布式电源控制模块中的需求侧备用管理可在确定自身备用容量的基础上参与调度中心的备用竞价，并提供通信—计量—结算全过程的技术支持。

2）节能诊断

申请节能诊断服务的用户通常为大型工业用户或负荷集成商，在节能工作中，从分析某一能耗系统的实际耗能情况至选出节能课题项目的过程称为节能诊断。

节能诊断的工作内容和主要问题如下：①准备，开展节能诊断的前期工作，做好物资储备，确定节能项目的目标，建立节能工作组，明确各人员的任务和职责；②用能过程分析，分析用能过程全貌，绘制能量平衡图，收集用能流程资料，制作能耗报表；③各用能过程不同能耗情况的细致分析，找到能源利用的时间、对象和额度，对不同用能过程做出单位能耗的因素分析；④能耗费用分析，对能耗情况进行经济性评价，确定节能改造对象；⑤对节能对象的发展计划进行调查，了解节能对象的全貌，对已有能量管理情况进行分析；⑥能量平衡分析，建立能量平衡模型，对过程中输入、输出的能量进行定量计算。

3）委托管理

委托管理又称为合同能源管理(contract energy management, CEM)，其实质是由运营系统的第三方对用户进行有针对性的节能诊断，提出节能课题方案，双方签订合同后由系统运营方为项目筹资，采购原材料并安装设备，培训人员，施工、监测、管理项目的进行，最终，用户按合同规定，用节能效益向系统运营方支付项目费用。合同到期后，用户享有全部节能效益。目前，我国将电力需求侧管理项目分为能效电厂、移峰填谷和需求响应三大类[16]。其中，能效电厂项目主要分为供配电节能类、建筑节约电力类和能源综合利用类，涉及设备更换、谐波治理、热泵空调、绿色照明、余热/余压利用和能源回馈应用等方面；移峰填谷项目包括电力储能项目、蓄冷/热项目和负荷优化项目；能源需求侧管理平台为各种节能改造项目提供政策支持和技术监管，并依据能源调度计划对储能项目进行实时协同管理。

需求响应是需求侧管理的工作重心，目前我国在电力市场的需求响应项目已进入实施阶段，具体流程如下[17]：①平台向用户公布申请条件和响应原则，并对申请用户进行条件审核；②需求响应启动后由需求响应中心发出响应邀约，告知其负荷基线、约定响应量、响应时间；③收到邀约的用户进行响应能力确认，将信息反馈给需求响应中心，由需求响应中心进行综合调整；④用户按照约定执行相应的需求响应方案；⑤负荷管理模块负责统计核定用户负荷响应量和响应时间，在线监测模块负责统计核定用户设备响应量和响应时间，依照评估标准对响应有效性进行判定；⑥管理平台根据响应效果进行补贴核发。随着能源互联网的发展，电力需求侧响应将逐步向综合需求侧响应的方向发展，其依托于能源需求侧管理平台，通过电力市场、天然气市场、碳交易市场等多个能源市场的价格信号引导改变用户的综合用能行为。

9.3　能源云技术

9.3.1　多微机集群模式

1) 集群概述

微型计算机集群，简称集群(cluster)，是一种计算机系统，它通过一组松散集成的计算机软件或硬件连接起来高度紧密地协作完成计算工作。一群可以独立运行的计算机通过网络设备连接起来、通过支持软件组织起来，成为一个整体的计算平台[18]。集群系统中的单个计算机通常称为节点，通常通过局域网连接，也可通过其他方式连接。集群计算机通常用来改进单个计算机的计算速度和可靠性。

集群技术是一种计算机系统之间连接的方式，它可以将分散的计算系统连接起来，从而完成原先单独的计算系统无法完成的并行处理任务，其高并行性能在复杂的科学工程计算中的优势尤为凸显。除了满足计算系统的速度要求，随着计算机性能的发展和网络不安全因素的出现，系统的稳定性和可靠性的问题亟待解决。用集群技术将两台以上的设备连接后，当整个集群系统中发生单点或者局部多点故障时，集群中其他的计算机将自动接替故障设备，其工作过程与云技术相似。双机热备份就是集群技术解决可靠性最典型的例子：通过集群软件将两台相同的计算机系统连接起来，其中一台作为主机，另一台作为备份，当主机系统崩溃时，备份计算系统自动接替主机任务。

集群中涉及的关键技术可以根据典型的集群体系结构分为以下四个层次[19]。

(1)网络层：网络互联结构、通信协议、信号技术等。

(2)节点机及操作系统层：高性能客户机、分层或基于微内核的操作系统等。

(3)集群系统管理层：资源管理、资源调度、负载平衡、并行 I/O、系统安全等。

(4)应用层：并行程序开发环境、串行应用、并行应用等。

以上四个层次所解决的问题各有不同，其中集群系统管理层是集群特有的功能与技术的体现，集群技术将其有机结合，以达到快速计算和稳定可靠的性能。在复杂的计算系统中，每个集群都是计算任务网格中的一个节点，故要求每个集群系统管理层需要通过开发和运行关键应用达到自我保护、自我配置、自我优化、自我治疗的系统自治性。

根据不同的标准，可以将集群分为多种不同的类型[20]。例如，根据集群中的每个节点是 PC、工作站还是 SMP（symmetric multi-processors，即节点中含有多个处理器），可以分为 PC 集群（cluster of PCs, COP）、工作站集群（cluster of workstations, COW）或 SMP 集群（clusters of SMP, CLUMP）；根据节点所采用的操作系统，可以分为 Linux 集群、NT 集群、Solaris 集群、DigitalVMS 集群、AIX 集群、HP-UX 集群和 Wolfpack 集群等；如果每个节点的硬件配置和操作系统等软件都相同，则可以称为同构集群，否则称为异构集群；根据集群节点的归属，可以分为专用集群和非专用集群。

2）多微机集群在虚拟电厂平台中的应用

基于虚拟电厂的能量管理平台是一种自动预警型、计算机主动的基于全局优化的闭环控制系统，能适应能源网在空间、时间和目标等 3 个维度上的特点，进行多方面实时协调的综合预警和智能辅助决策系统[21]。其计算量有着非常可观的数量级，从求解代数方程的稳态分析发展到求解微分-代数方程的暂态分析，还有海量案例的扫描计算，模块众多且自动化程度要求很高。传统的能源管理或调度控制平台虽然是分布式结构，但核心还是主备机模式，无法适应海量微分代数方程的求解计算，更无法满足风险评估和自动预警等在线计算要求。

加速电力系统计算的主流技术包括并行计算等，实现并行计算的主流平台包括集群系统等，其中集群已应用于电力系统的电磁暂态和暂态稳定的并行计算中。应用于虚拟电厂能量管理系统的新一代支撑平台由服务器的主备机模式发展为计算机集群的并行计算模式，相应的支撑软件也从普通的客户/服务器结构发展为多代理体系结构，集群的体系结构如图 9-6 所示。

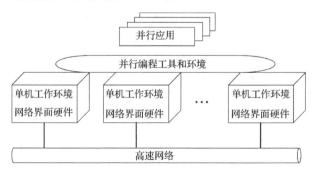

图 9-6　微机集群的体系结构

该集群作为分布式的实时并行计算平台,其硬件体系由 N 台基于 Linux 系统的微型计算机组成。集群机中包括协调机和计算子机。其中,协调机分配计算任务给各个子机,并综合各个子机返回的计算结果。根据计算量和实时性要求确定集群中子机数量后,由协调机上的协调调度管理软件决策具体任务由哪个子机承担[21]。

9.3.2　组件技术

1) 组件技术及其特点

组件(component)技术是一种软件开发技术,是指将复杂的应用软件拆分成一系列软件单元,即组件,这些组件具有可现行实现,易于开发、理解和调整等特点。

组件技术在电力系统中的应用源于其彼此独立,便于单独开发的特点。这是由于工程实际中,电力系统应用软件的功能、算法需要随着工程环境和实际需求的变化,做繁杂的修改、更新,整体软件的实际应用率不高,也阻碍了应用软件的研发与推广[22]。组件技术可以解决其中的部分问题,它借鉴硬件工业发展的成果,将应用软件划分为若干组件,通过接口与实现的分离,使得代码完全走向市场。组件之间可独立设计、开发,甚至调试,软件开发者不必重复前人已经做过的工作,而是集中精力通过组装现成的组件实现新功能和完善大型应用。

与电力系统常用的结构化软件开发技术对比,组件技术有以下明显的优势[23]。

(1) 真正的软件重用和高度的互操作性:组件是完成通用或特定功能的一些可互操作和可重用的模块,应用开发者可以将组件自由组合,应用于不同领域,生成合适的应用系统。

(2) 接口的可靠性:组件接口是不变的,一旦被发表,就不能被修改。因此,组件封装后,只能通过已定义的接口提供合理一致的服务。这种接口定义的稳定性为应用开发者构造出坚固的应用提供了保障。

(3) 可扩充服务:每个组件都是独立自主的,只能通过接口与外界通信。组件之间的交互服务通过消息传送实现。当一个组件需要开发新的服务时,可通过增加新的接口来提供新服务,不影响原接口已存在的用户。

(4) 具有强有力的基础设施:为了使组件有机地胶合在一起,实现无缝连接,需要功能很强的基础设施。这些基础设施是获得重用性、可移植性和互操作性的有效工具。通过基础设施可以找到组件提供的服务和所需访问的服务器结构,并在应用程序编译时进行静态联编。若用户不知道可用的服务器和接口信息,也可在应用程序执行时进行动态联编,即在运行时间内搜索可用服务器,找到服务器接口,构造请求并发送,最后收到应答。

(5) 具有构建和胶合组件的工具:在设计组件与其他应用软件的接口时,利用构建和胶合组件的工具,可以方便地添加及替换应用中的组件,充分发挥可重用的优势,实现应用程序的组装和升级。

2) 组件平台架构

组件平台是一个可以独立运行的应用软件，通过可视化的用户界面对外发布各组件所拥有的服务，其提供的功能如表 9-2 所示。

表 9-2 组件平台的功能

功能	描述
组件注册	组件可在平台上进行注册或卸载
应用装配	应用软件可在平台上进行装配，可挑选该应用所需的组件
消息驱动	组件之间的通信使用消息驱动的方式进行，可解除组件之间的耦合
动态部署	动态部署组件不会影响应用软件的运行
实时监控	可实时监控各组件的使用情况，分析性能瓶颈
安全控制	对客户端的调用采用安全控制机制，防止非法请求

组件平台由组件端、平台端和应用端构成，其架构图如图 9-7 所示。组件在组件平台上进行注册，应用程序可以通过调用组件平台上的服务来获取数据并处理业务逻辑。在组件化设计方法中，应用组件平台并采取多层分布式架构，可以提高软件的重用性，便于系统的升级、更新与维护。同时，通过组件平台可以快速集成各个组件，构建功能复杂的大型分布式应用软件。

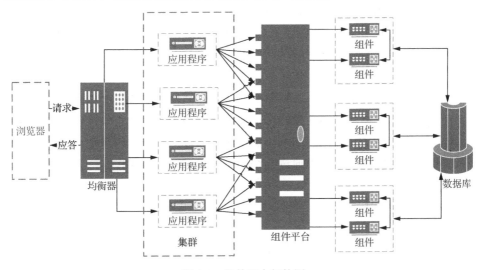

图 9-7 组件平台架构图

9.3.3 多智能代理技术

1) 多代理技术及其应用场景

多代理系统是一个松散耦合的代理网络，由大量自治的软件或硬件实体组成。

每个代理都是自主的，有能力解决局部问题，但不能独自实现全局目标。单个代理有自身的输入输出数据通道，通过交互构成多代理系统，解决超出单个代理能力或知识的问题。多代理系统中没有系统全局控制，但存在协调代理以解决代理间的决策冲突[24]。

目前电力系统应用的智能控制系统多采用集中控制，计算和通信复杂度会随系统状态和规模的改变而急剧增加，多代理技术则无须集中控制，而是将控制目标分配给各个代理来完成。此外，电力系统中常用的专家系统在解决问题时一般不与周围环境发生相互作用，缺乏灵活应变性，不需要与其他系统或代理相互协调，但需要人的干预，不具备自发性。

多代理技术适用于解决复杂开放的分布式问题，适用于运行在以下几个场景中[25]。

(1)数据控制和资源处于分布式环境需要协调。

(2)系统中的软件模块相互独立且需要相互通信，各个模块要通过合作或者竞争等方式实现某些功能或任务。

(3)需要在不同硬件平台上相互协作完成的某些功能，或用不同编程语言相互配合实现某些任务，进而需要将原有的软件进行包装并增加通信功能。

多代理系统可以将大的复杂系统划分成小的相互协调、易于管理的系统，原先需要整个系统集中完成的任务，可以分配给几个子系统来完成。不同子系统之间既相对独立又有相互联系，通过子系统之间的信息通信和协调来整合全局任务，使得系统具有很好的自主性和启发性。

2)虚拟电厂典型场景下的代理分类

虚拟电厂与智能电网的交互需要一个分散式的控制系统，在控制过程中涉及状态预测、信息传递，指令计算和任务执行等。应用多代理系统进行技术支撑，可以提高分布式电源和电网之间的协调控制。通过化整为零的理念，原先需要整个系统集中控制的过程，可以通过几个子系统来进行分布式控制，再通过子系统之间的通信和系统合作来整合。

相对于传统的协调控制，多代理技术应用于虚拟电厂中有以下几方面的优势[26]。

(1)多代理技术可以满足电力系统分布化的趋势，使分布式电源得到合理利用。

(2)通过多代理系统的应用达到对虚拟电厂和智能电网之间、虚拟电厂与虚拟电厂之间的协调控制。

(3)通过多代理系统的应用达到对电网电能质量的优化，通过多代理系统的应用加强虚拟电厂对智能配电网的支撑能力从而改善电网的可靠性。

(4)多代理系统的应用能够加强电网的可扩展性和开放性。

虚拟电厂整合各种分布式发电系统，作为一个特别的电厂参与电网运行。由于多代理技术的智能性、独立性和协调性，可以将一个全局的控制问题转为多层次、多个控制系统的分布式优化问题，实现整个系统的经济性和稳定性。典型的基于多代理技术的虚拟电厂分层控制结构如图 9-8 所示，包括电力市场代理、虚拟电厂代理和设备代理三层，各层次之间通过信息和能量交换实现优化协调[27]。

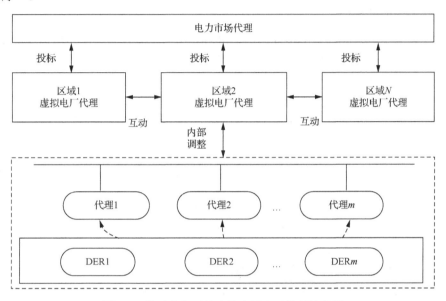

图 9-8　基于多代理技术的虚拟电厂控制结构图

(1) 设备代理层：发电代理负责向上层虚拟电厂代理提供运行状态、出力预测等信息，负荷代理根据负荷的重要程度进行优先级划分，将不同种类的负荷信息发送给上层代理。各设备代理根据上层代理控制指令和自身约束动态调整发电/负荷量，并将自身电量信息等及时反馈给上层代理。

(2) 虚拟电厂代理层：结合自身发电预测及区域内负荷预测等信息，对下层代理运行计划进行调整；接收电力市场代理下发的电价及其他虚拟电厂代理竞价信息，以最大化自身效益为目标调整竞价策略，确定向相邻代理出售或购买的电量，并将策略反馈给上级代理。

(3) 电力市场代理层：汇总下层虚拟电厂代理上报的意愿购售电量、出力范围等信息，考虑系统安全性，进行市场出清，并将出清电价及其他虚拟电厂代理竞价信息发送给各虚拟电厂代理，同时监视各虚拟电厂代理电量情况，判断达到纳什均衡点的条件是否满足，若满足，则停止博弈的进程。

基于上述的多虚拟电厂分层控制结构，可以将多虚拟电厂优化问题转化为一个双层协调优化模型。上层为多虚拟电厂博弈竞价模型，根据需求和供给的具体数值，制定多虚拟电厂直接交易策略。下层为虚拟电厂内部 DER 之间的合作模型，以总成本最低为目标得到最优响应功率。通过多虚拟电厂的协调互动，实现收益最大化和区域内的电能平衡。

9.3.4　三维可视化人机界面

1) 三维可视化技术

可视化技术包括科学计算可视化、数据可视化、信息可视化和知识可视化等分支。科学计算可视化是指运用计算机图形学和图像处理技术，将计算过程中产生的数据与计算结果转换为图形或图像显示出来，并进行交互处理的理论、方法及技术。数据可视化不仅包括科学计算数据的可视化，而且包括工程数据和测量数据的可视化[28]。信息可视化则侧重于抽象数据集和大规模非数值型信息资源的视觉呈现。知识可视化是更高阶的可视化技术，其应用视觉表征手段促进群体知识的传播和创新。目前电力系统的可视化的应用和需求尚处在数据可视化阶段，重点在数据的可视化展示。

电力系统各类控制系统的人机界面显示主要以画面和窗口的形式构成，包含系统画面、操作画面、报警画面、逻辑图、趋势图等内容。这些画面和图表等可视化界面将电力系统内部的运行状态形象直观地展现给运行人员，以高度集成的软环境，提高电网运行人员对于电网运行数据与信息的感知能力与分析效率。合理适当的显示手段能够提升运行人员分析、解决问题的速度，提高工作效率，为电力系统安全稳定地运行提供保障。而不符合人类信息感知与思维逻辑方式的人机界面则会降低工作效率，拖延事故处理的时间，甚至会影响电力系统机组和设备的安全运行。

2) 虚拟电厂平台的三维可视化需求

虚拟电厂能量管理和调度平台的三维可视化需求包括动态曲线与仪表显示、主接线图动态显示、综合预警与状态显示、智能监视与安全分析、辅助决策与操作校核等功能。平台的人机界面提供的交互功能有登录与退出、权限设置、个人信息管理、实时监控管理、历史信息管理、事项信息管理、报警信息管理、报表管理、能量管理、气候监控管理、系统安全管理等。

对于虚拟电厂平台的实现，主要的图形编程实现技术包括 OpenGL(open graphics library)、Direct3D、视觉化工具函式库(visualization toolkit, VTK)等。随着可缩放矢量图形(scalable vector graphics, SVG)技术作为标准图形格式在电力系统中得到广泛应用，基于 SVG 的可视化技术逐渐应用于电力系统的静态图形展示中，使得电力系统的可视化程度不断提高。一些能量管理系统和数据采集与监控系统中已经提供了 SVG 接口[29]。以 SVG 作为核心开发的虚拟电厂可视化平台，兼容 Java 3D/JOGL（Java OpenGL）等三维图形编程技术，辅以图表、界面元件等基本的可视化元素，并根据用户需求设计智能的人机交互方式，其结构框架如图 9-9 所示。

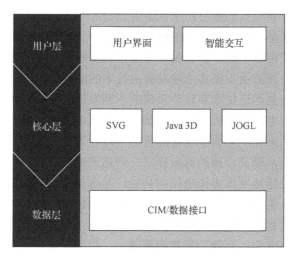

图 9-9　可视化平台的结构框架

此外，随着电力大数据可视化研究的深入，数据的重要性在电力系统决策中越发显著，虚拟电厂平台中也将实现电力大数据的三维可视化。随着虚拟电厂的运行，系统大数据将实时产生，这是电网和设备运行状态的数据体现，多种类型数据的融合分析与展示需要通过电力大数据可视化技术实现。同时，电力大数据可视化技术与三维场景相结合，直观展现虚拟电厂运行的全景状态。电力大数据三维全景可视化将电力大数据映射为场景中多种物体，以其灵活多样的显示状态对电力大数据进行多维、动态的全方位可视化分析展示。其中，场景管理作为统筹场景数据、组织场景对象、控制场景显示、加速场景渲染的核心，在电力大数据三维全景可视化中显得尤为重要[30]。

9.4　商业模式与案例分析

9.4.1　虚拟电厂商业模式

根据商业模式强调内容的不同，其实质可以由价值实现论、企业运作秩序论与"投入-产出"关联论三种不同角度阐述[31,32]。价值实现论认为商业模式是企业创造价值、获取价值的工具与途径，是一个公司在价值网络里创造和获取价值的核心逻辑与战略选择，描述了企业在市场上创造价值的方法，不仅包括产品、服务、形象等，还包括企业的组织结构和运作架构。企业运作秩序论认为，商业模式规定了公司在价值链中的位置，是企业在其运行过程中使其收入大于投入而获得利润的标准的方式和方法。"投入-产出"关联论认为商业模式是企业投入与产出之间的一种创造工具或者联系，是使企业的投入转化为价值增值的产出的方法。

总体而言，商业模式的核心在于价值的创造和实现，它与技术间存在相互作用。一方面，技术是商业模式发展的推动因素之一，随着知识和技术的不断进步与发展，商业模式也应不断革新。另一方面，商业模式也是技术价值获得实现和提升的平台，一个好的商业模式才能发掘出技术的潜在价值[33]。

因此，随着信息通信技术和软件系统的不断发展与创新，国内外专家学者逐渐将目光投向虚拟电厂这一极具市场前景的能源互联网的重要组成部分。随着电力市场改革的不断深化，全面市场化的售电市场正在逐渐实现。虚拟电厂应紧密把握自身技术特点，确立合理的商业模式。合适的商业模式能够能挖掘出虚拟电厂的潜在价值，更好地发挥虚拟电厂的功能，是虚拟电厂发展的原动力，是虚拟电厂发展的引擎，是虚拟电厂实现和提升价值的平台。

随着能源转型目标的提出，分布式能源企业的市场规模化及科学技术的不断进步，电力行业在安全、高效、可靠的基础上，提出了绿色、环保、智能的进一步要求。政治、经济、社会、技术多方面变革电力企业传统商业模式不再适用。虚拟电厂作为市场参与者，其商业模式应由产品转向服务，凭借与用户互动方面的独特优势，一方面为用户提供高效的能源服务，另一方面，发展更加丰富的增值辅助服务，以清洁、高效、可持续发展的方式满足用户需求，实现商业价值。综合分析各国的现有实例，虚拟电厂的研究仍处于起步阶段，目前尚未存在普遍的商业模式，甚至难以寻找到成熟的商业模式。虚拟电厂的商业模式仍处于探索阶段。

根据用户需求和应用场合的不同，各个虚拟电厂在规划设计、设备配置、运营方式及建设模式等方面都存在着较大差异。通常，虚拟电厂的组成包括分布式能源、负荷、储能及各种运行控制设备。此外，其内部也可能存在电动汽车、需求侧可控负荷等多类设备。

虚拟电厂分布式能源主要包括风力发电机组、光伏发电机组和小型水利发电机组等，并配置有一定的储能。常规的风光发电机组随机性强，波动较大，经济性差，难以获得较高的经济效益。但由于虚拟电厂构成取决于软件和技术，其内部资源在地域上可以是分散的。一定区域内，不同地域间的风电和光伏出力均具有内部互补性，同时风电和光伏发电之间也存在一定的互补，因此，借助虚拟电厂良好的互动性，可以缓解随机波动，实现风光资源的内部消纳。另外，光伏发电出力特性与负荷的用电特性相似度较高，在负荷高峰时段，虚拟电厂可以设置光伏发电直接消纳负荷，达到削峰的作用。虚拟电厂内分布式能源中的小水电机组，可以迅速调节出力，能够作为虚拟电厂的备用发电设备。然而，小型水利发电机的出力在一年中波动剧烈，丰水期发电量极大，枯水期则基本不出力，只能在丰水期获利较多。但目前，小水电机组的建设、运营技术和造价水平均已较为成熟，投资成本较低，总体而言仍具有良好的经济性。

此外，电价和虚拟电厂投资成本都对虚拟电厂的经济性存在较大的影响。在电价方面，购售电价差是虚拟电厂的重大盈利来源，在我国现行情况下，虚拟电厂可以作为大用户直接购电，从而通过较低的购电价格来获取购售电价差额利润。在更为开放的电力市场环境中，虚拟电厂作为资源聚合商，可以以售电主体的形式参与市场竞争，根据自身优化算法制定自己的售电价格，获得更大的利润。目前虚拟电厂的电源设备、储能设备、控制系统等造价较高，随着技术的发展，虚拟电厂未来投资成本必然呈现下降趋势，可以获得更大的收益。因此，随着技术水平的不断发展和设备成本的不断下降，虚拟电厂将具有旺盛的生命力。

综合以上分析，目前虚拟电厂可能的商业模式主要包括以下情况。

1)虚拟电厂作为售电主体

虚拟电厂直接联系内部用户，在电力市场环境下，可以作为售电主体，对内部用户售电。此时，购售电价差是影响虚拟电厂经济效益的重要因素。

在电力市场中，虚拟电厂运营商直接参与电力零售环节，并基于其独特的先进技术，优化能源消费方式，提供更加高效、多样化的能源服务。虚拟电厂可将内部设备产生的电力售给内部的用户，并从电力市场购买内部不足的电力差额，再以自定的售电价格售给用户，以此获利。虚拟电厂运营商还可以充分利用分布式能源，提供差异化电力服务、多种增值服务等手段来拓展业务类型，提高竞争力。根据内部用户不同使用电能的习惯，虚拟电厂可以为用户提供切实有效的电能方案，提升用户的舒适性，满足用户的不同偏好和需求。虚拟电厂可展开的相关增值服务包括用户合理、安全、智能、优化的用电规划、用户用电设备的运行维护等。

随着投资成本的逐渐下降，虚拟电厂作为售电主体，通过积极参与电力市场竞争，能够为内部用户提供优质、高效、可靠的电能，降低电能供给成本，提高电力资源利用效率，具有良好的经济前景。

2)虚拟电厂作为虚拟电源商

虚拟电厂内部存在多种分布式能源、可控机组等电力生产资源。在电力市场环境下，虚拟电厂还可以作为虚拟电源商参与市场竞争。虚拟电厂可以自定的购电价格从内部发电设备购电，并向电力市场出售内部剩余的电力差额，以此获利。与常规电源商不同的是，虚拟电厂运营商能够基于电力市场的电价变化通过管理和控制其内部设备，增加自身盈利。盈利策略为以虚拟电厂自身对电网供需和电价的预测机制为基础，尽可能在高电价时售电[34]，具体实现方式主要有下几种。

(1)调控内部储能设备，低电价时储能，高电价时供能，实现"低储高发"套利。

(2)调控内部可控分布式电源参与批发市场的供应竞价，高价时增加发电，发电设备获得额外收益。

(3)调控内部可控负荷，在高电价时，降低用电负荷，并对这些负荷用户提供一定补偿。

通过高价售电，虚拟电厂使可控的分布式电源得以参与市场竞争，虚拟电厂经济效益得到提升，并能够有效降峰，缓解电网的供需紧张状况，提高电网可靠性和电力市场运行效率，实现虚拟电厂、内部发用电用户、电力市场的共赢。

3)虚拟电厂作为辅助服务提供者

与常规的电力发用电设备相比，虚拟电厂具有可控分布式电源、储能装置、可控负荷等大量可控设备，具有极强的灵活性和可控性。独特的"源荷储"统一管理的特点，低启动成本的可控分布式电源和储能装置，均为虚拟电厂带来了极大的优势。由此，虚拟电厂可以提供可中断负荷调峰、电储能调峰、黑启动等多种有偿辅助服务，基于"补偿成本、合理收益"的原则获得收益。

4)虚拟电厂作为电动汽车聚合商

随着电动汽车产业的发展、电动汽车渗透率的提高、充电站点数量的增加，充放电的无序性与复杂的现金流管理将大大降低充电系统的运行效率。虚拟电厂可以作为电动汽车聚合商，有效引导电动汽车充放电，高效管理分散的电动汽车。通过激励信号与控制手段，虚拟电厂激励引导内部车载能源尽量在负荷低谷充电，并尽量将充电过程分散在较长的时段内，协调安排各用户的充电时间，在满足充电电量需求的前提下尽量减少系统峰值负荷的增长，能够有效改善负荷特性、充分利用清洁能源、高效利用电网资产、降低系统运行风险，也能够通过峰谷充放电获得更高收益[35]。

综上所述，虚拟电厂是发电设备、用电设备、储能设备的有机聚合体，通过智能管理、集成互补，能够减少能源损失，大大提升内部资源利用率，具有广阔的商业前景。合理的虚拟电厂商业模式可以改善负荷特性，实现削峰填谷，减少投资与运营成本，也可以提供差异化的电力服务，建立需求侧响应机制，精确把握每一个用户的能源需求，实现用电负荷的集中控制与综合管理。在电力市场中，虚拟电厂可以作为售电主体或虚拟电源商，也可以为市场提供辅助服务，还可以作为电动汽车聚合商，能够充分参与能源互联网与电力市场，实现多方合作共赢。

9.4.2　案例分析

1）Next Kraftwerke 公司

Next Kraftwerke 是德国的一家大型虚拟电厂运营商，同时也是欧洲电力交易市场认证的能源交易商，参与能源的现货市场交易。Next Kraftwerke 公司经营与虚拟电厂相关的一切业务，既提供电力交易、电力销售、用户结算等业务，也为其他能源运营商提供虚拟电厂的运营服务。

由于风电和太阳能发电量的进一步增加，电力市场对电力灵活性的要求不断提升，平衡辅助运营商应能够快速灵活地平衡市场波动。此时，生物质能发电、小型水力发电等可再生能源的灵活性具有极高的商业价值，并将随着风光等不可控分布式能源的份额增长而不断提升。然而，小规模的具有灵活性的电力生产商和消费者难以从电力市场中获利。由此，Next Kraftwerke 聚合内部分布式发用电单元，采用了独特的商业模式，主要利润点包括：将风电和光伏发电等可控性较差的发电资源直接参与电力市场交易，获取利润分成；利用生物质发电和水电启动速度快、出力灵活的特点，参与电网的二次调频和三次调频，从而获取附加收益。后者是该公司最重要的利润来源之一。目前 Next Kraftwerke 公司占据了德国二次调频市场 10% 的份额，在德国虚拟电厂方面遥遥领先。利用每 15min 一次，一天 96 次的电力市场价格波动，虚拟电厂调节分布式能源及需求响应，使电能能够在高峰电价出售，获得较大利润，如图 9-10 所示。同时通过在峰值负载时智能分配各个分布式能源单元产生的功率，为电网的稳定性做出了重大贡献。

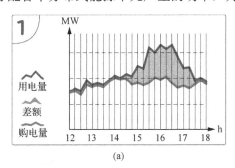
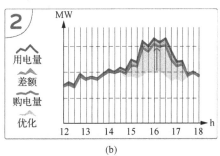

图 9-10　高峰负荷调控

截至现在，Next Kraftwerke 公司管理了超过 4500 个分布式发电单元，包括生物质发电装置、热电联产、水电站、灵活可控负荷、风能发电站和光伏发电站等，总体容量达到 3200MW。2015 年，Next Kraftwerke 公司销售额达到 2.73 亿欧元，2016 年交易电量达到 10.2TW·h，具有良好的经济效益。

2) AGL 能源公司

AGL（Australian Gas Light）能源公司是澳大利亚最大的能源服务商，是澳大利亚领先的综合可再生能源公司之一。近年来，AGL 能源公司在为用户提供安全可负担的能源的同时逐步减少温室气体排放。凭借超过 175 年的经验，AGL 为澳大利亚东部用户提供天然气、电力、太阳能的相关产品和服务来满足用户的能源需求，由此，AGL 公司拥有多样化的发电组合，包括传统火力发电以及可再生能源发电，如水能、风能、太阳能、沼气、生物质能等。

美国 Sunverge 能源公司作为全球领先的蓄电池系统制造商和供应商之一，与AGL 公司在智能储能系统方面有良好的合作关系。智能储能使客户能够有效管理自身的可再生能源发电，并为能源服务商管理这些可再生能源，将其连接到虚拟电厂，为区域的峰值能源需求提供技术保障。

为进一步推动可再生能源发电研究，AGL 公司于 2016 年 8 月 5 日宣布，与Sunverge 能源公司及澳大利亚可再生能源机构（ARENA）合作，在南澳大利亚州阿德莱德推进全球最大的虚拟电厂示范项目。该项目依托云互联能量管理系统，将构建一个产量 5MW 且能够存储 7MW·h 能源的虚拟电厂，实现用户侧储能电池的直接接入。

一方面，用户通过控制储能系统，能够储存利用光伏电力，在日间与夜间均能使用太阳能，能够提高用户对屋顶太阳能系统产生的能源的利用程度，减少用户从电网购能，减少电费，削减排放，有效管理能源并提高收益。另一方面，虚拟电厂根据电力市场价格和指令状况，利用云互联能量管理系统实现电池的统一调度。在高峰期间，用户能够自行消耗其存储的太阳能，降低高峰期间的电力需求，减轻管理难度。虚拟电厂灵活调用用户存储在电池中的能量，通过向电网售电为电网提供支持，并使用户能够获得零售上网电价，增加用户收益。同时，虚拟电厂统一调度储能系统参与电网稳定性服务获取收益，能够提升电网稳定性，降低电价波动的风险。虚拟电厂与用户储能系统使用户可以更好地利用太阳能，并减少电能的传输，在区域内提供近距离的电力供应。通过郊区电力合理分配，虚拟电厂可以提高电网支持能力。

该项目预计在 2018 年下半年完成全部共计 1000 个电池的安装。通过有效利用储能，太阳能电池板的输出功率大、剩余电力较多的用户预计能在 7 年甚至更短时间内收回投资。由此，该案例有效展示了在未来可再生能源背景下，如何由电力网络、零售商、消费者和市场运营商之间的关系来创造新的价值并保障网络的可靠性。

3) Stem 公司

美国 Stem 公司旨在构建和运营最大的用户储能网络。通过分析，其储能网络数字化连接能够优化用户能源价值，并协助用户参与能源市场，在减少电网碳排放的同时产生经济和社会效益。通过建立利用分布式储能系统集成的虚拟电厂，Stem 公司能够在高峰时为市场运营商提供极高的瞬时功率，随时随地满足容量需求，从而提高可再生能源占比，大大降低传输和配送电能的费用，并提供一系列增值服务。Stem 集成的虚拟电厂增强了电网恢复力，提高了电网弹性和电能质量，既能通过智能控制、监控和储能相结合，解决系统和本地的容量问题，也能解决高渗透率的可再生能源带来的挑战。通过先进的储能设备网络和计量与监控功能为电网运营商提供了实时可见性，电网运营商能够实时快速地知晓电网状态和可调度资源。通过控制储能，Stem 软件能够更加智能地预测用户行为并规划系统调度。通过增值服务和参与能源市场，可以进一步提高多方收益。

根据市场运营商性质与要求的不同，Stem 公司的虚拟电厂能够提供不同的服务。

位于美国得克萨斯南奥斯汀的 Stem 虚拟电厂为奥斯汀能源提供储能选择，降低用户能源成本，聚合可再生能源并减少用户支出。由此，太阳能+储能一体化情况下的组合电力成本可以大大降低，其计划目标是将电力成本降至 0.14 美元/(kW·h) 以下。同时，Stem 的软件驱动储能能够降低企业高峰需求并提供实时的能源管理和可视化工具来降低企业的能源成本。利用储能系统，系统能经济高效地提供实时可调度资源，利于解决光伏发电不稳定性和负荷需求峰谷波动带来的问题，有助于改善电网的稳定性和分配能源规划。总体而言，奥斯汀虚拟电厂利用技术创新，最大限度地提高用户的太阳能和储能整合价值，提高了电网可靠性，提升了用户价值。

在纽约布鲁克林区和皇后区，Stem 虚拟电厂为爱迪生联合电气公司提供快速可靠的需求响应以替代传统的集中式配电，从而降低用户成本。利用智能储能，企业的日常运营不受影响，且能获得多种经济和环境效益。Stem 的智能储能服务可以降低自动化能源成本，提高其运营的可持续性。通过智能软件与储能相结合，能在高峰时刻利用需求侧响应降低负荷需求，形成更加高效、可持续、弹性的电网。Stem 的储能网络作为虚拟电厂，可以提供电能输出，缓解电能拥堵。

通过数据分析和先进的能源存储技术，Stem 技术使企业能够实现可持续发展目标，获取有效的资源整合和需求响应，达到降低成本、提高收益的目的。其优势和赢利点在于：分布式储能系统使企业采用分布式能源成为可能，企业能更好地满足其自身能源需求；有效降低电力峰值，缓解高峰时期电网压力，减少峰值电厂建造成本；储能缓解了太阳能发电的波动，使可再生能源占比得以增加，能源更加清洁。

9.5　小　　结

本章介绍了能源市场的交易平台的主要功能实现和技术框架、能源需求侧管理平台的组成特点和功能需求，并对虚拟电厂和能源管理平台的云技术及虚拟电厂的商业模式进行了总结归纳。

能源市场交易平台包括电力的批发、零售，以及天然气和冷热的销售与供应、虚拟电厂和电动汽车的购售电等。随着电力市场的开放和大规模分布式能源、储能系统等接入能源互联网，未来能源市场将包括多样化的电力供给和需求、多元化的生产者和消费者。能源市场交易平台将应用于协调这个复杂的市场，它不仅是电力、燃气等现货的交易平台，也可能发展为电力期货交易和衍生的金融交易平台。本章从能源市场交易平台的整体架构入手，介绍了数据资源层、任务协调层和计算分析决策层的主要功能实现和技术框架。

然后介绍了适应能源互联网发展的能源需求侧管理平台的整体架构和功能实现，并将其按功能模块分为感知与通信层、数据与算法库以及用户服务层。其中感知与通信层又可分为测控层、数据传输与共享和客户终端三个模块，负责实现采集数据与控制命令的传输与共享；数据与算法库通过对用户侧上传的用能信息进行系统化加工整理，为高级应用子模块搭建了坚实的数据基础，提高了系统的分析能力；而用户服务层则是能源需求侧管理平台的核心，主要实现能源管控、节能诊断、委托管理三种功能。能源需求侧管理平台依靠感知与通信层、数据与算法库和用户服务层三者间的协调与配合完成荷预测、能效及节能管理、需求侧响应等任务，从而实现用户侧能源的智能管理。

实现能源云平台和虚拟电厂管控平台需要一系列软硬件技术的支撑，本章在介绍了交易平台和需求管理平台的基础上，提出了多微机集群技术、组件技术、多智能代理技术和三维可视化技术等平台支撑技术。集群技术是一种计算机系统之间连接的方式，运用它可以将分散的计算系统连接起来完成原来单独节点的计算系统无法完成的任务。组件技术应用于软件开发，是指将复杂的应用软件拆分成一系列可现行实现、易于开发、理解和调整的软件单元，即组件。多智能代理技术中的每个代理通过交互解决超出单个代理能力或知识的问题，其中的每一个代理是自主的不同的使用者可以采用不同的设计方法和计算机语言开发出完全异质的代理。可视化技术应用于电力系统中，一般是指运用计算机图形学和图像处理技术，将计算过程中产生的数据和计算结果，以及工程数据和测量数据转换为图形或图像在屏幕上显示出来，并进行交互处理。

虚拟电厂商业模式是虚拟电厂的运营、盈利模式，也是虚拟电厂得以生存的经营方法。合适的商业模式能够能挖掘出虚拟电厂的潜在价值，更好地发挥虚拟电厂的功能,是虚拟电厂发展的原动力,是其实现和提升价值的平台。作为市场参与者,虚拟电厂一方面为用户提供高效的能源服务,另一方面发展更加丰富的增值辅助服务,以清洁、高效、可持续发展的方式满足用户需求,同时提供产品和服务,实现商业价值。目前尚未存在普遍的虚拟电厂商业模式,可能的商业模式主要包括:虚拟电厂作为售电主体,由购售电价差获取盈利;虚拟电厂作为虚拟电源商,通过高峰向市场售电获取盈利;虚拟电厂作为辅助服务提供者,由有偿辅助服务获取盈利;虚拟电厂作为电动汽车聚合商,由峰谷充放电获取盈利等。FENIX 项目、功率匹配器项目及 Next Kraftwerke 公司的虚拟电厂运行服务均具有其特殊的商业模式。

参 考 文 献

[1] 冯庆东. 能源互联网与智慧能源[M]. 北京: 机械工业出版社, 2015.

[2] 钱志新, 刘志波. 新能源互联网[M]. 南京: 南京大学出版社, 2015.

[3] 田世明, 栾文鹏, 张东霞, 等. 能源互联网技术形态与关键技术[J]. 中国电机工程学报, 2015, 35(14): 3482-3494.

[4] 朱金鑫, 陆圣芝, 范永璞. 基于移动互联网的综合能源信息服务平台框架研究[J]. 现代制造, 2017(3): 27-28.

[5] 应弘毅. 全国统一电力市场技术支撑平台系统的研究与开发[D]. 长春: 吉林大学, 2015.

[6] 苏凯, 姚星安, 张德亮, 等. 广东电力市场交易系统设计与实现[J]. 南方电网技术, 2015, 9(8): 52-56.

[7] 陈皓勇, 张森林, 张尧. 电力市场中大用户直购电交易模式及算法研究[J]. 电网技术, 2008, 32(21): 85-90.

[8] 程海花, 杨争林, 曹荣章. 电力市场交易中规则库和算法库的开发[J]. 电力系统自动化, 2010, 34(3): 49-52, 115.

[9] 邰雪, 孙宏斌, 郭庆来. 能源互联网中基于区块链的电力交易和阻塞管理方法[J]. 电网技术, 2016, 40(12): 3630-3638.

[10] 汤振飞, 唐国庆, 于尔铿, 等. 电力市场动态分析[J]. 中国电机工程学报, 2001, 21(12): 88-92.

[11] 武亚光, 邓佑满, 张锐, 等. 发电侧电力市场中安全校核算法的研究与实现[J]. 中国电机工程学报, 2001, 21(6): 48-52.

[12] 张粒子, 陈之栩, 舒隽, 等. 东北区域市场中长期交易安全校核改进方法[J]. 电力系统自动化, 2007, 31(8): 95-99.

[13] 冯庆东. 能源互联网与智慧能源[M]. 北京: 机械工业出版社, 2015.

[14] 闫华光, 陈宋宋, 钟鸣, 等. 电力需求侧能效管理与需求相应系统的研究与设计[J]. 电网技术, 2015, 39(1): 42-47.

[15] 董朝阳, 赵俊华, 文福栓, 等. 从智能电网到能源互联网: 基本概念与研究框架[J]. 电力系统自动化, 2014, 38(15): 1-11.

[16] 国家发展和改革委员会经济运行调节局. 电力需求侧管理城市综合试点项目类型及计算方法(试行)[Z]. 2014-11.

[17] 江苏省经济和信息化委员会, 江苏省物价局. 江苏省电力需求响应实施细则[Z]. 2015-06.

[18] Sterling T. Beowulf Cluster Computing with Linux[M]. Caumbridge: MIT Press, 2002.

[19] 张志友. 计算机集群技术概述[J]. 实验室研究与探索, 2006, 25(5): 607-609.

[20] Rajkumar Buyya. 高性能集群计算[M]. 北京: 人民邮电出版社, 2002.

[21] 张伯明, 孙宏斌, 吴文传. 3 维协调的新一代电网能量管理系统[J]. 电力系统自动化, 2007, 31(13): 1-6.

[22] 林涛, 万秋兰. 组件技术在电力系统计算软件设计中的应用[J]. 电力工程技术, 2002, 21(5): 23-24.
[23] 邱岩. 组件技术及其分析比较[J]. 计算机工程与设计, 2003, 24(7): 13-17.
[24] 吴俊宏. 多端柔性直流输电控制系统的研究[D]. 上海: 上海交通大学, 2010.
[25] 罗凯明, 李兴源, 李雪. 多代理技术在电力系统中的应用[J]. 国际电力, 2004, 8(3): 38-43.
[26] 季阳. 基于多代理系统的虚拟发电厂技术及其在智能电网中的应用研究[D]. 上海: 上海交通大学, 2011.
[27] 刘思源, 艾芊, 郑建平, 等. 多时间尺度的多虚拟电厂双层协调机制与运行策略 [J]. 中国电机工程学报, 2018, 38(3): 753-761.
[28] 沈国辉, 佘东香, 孙湃, 等. 电力系统可视化技术研究及应用[J]. 电网技术, 2009(17): 31-36.
[29] 赖晓文, 陈启鑫, 夏清, 等. 基于 SVG 技术的电力系统可视化平台集成与方法库开发[J]. 电力系统自动化, 2012, 36(16): 76-81.
[30] 曲朝阳, 熊泽宇, 颜佳, 等. 基于空间分割的电力大数据三维全景可视化场景管理方法[J]. 华北电力大学学报(自然科学版), 2016, 43(2): 23-29.
[31] 张其翔, 吕廷杰. 商业模式研究理论综述[J]. 商业时代, 2006(30): 14-15.
[32] 张希. 商务模式理论研究综述[J]. 发展研究, 2009(1): 67-70.
[33] 褚燕. 基于智能电网的电网企业商业模式创新研究[J]. 华东电力, 2010, 38(11): 1667-1670.
[34] 张弛, 陈晓科, 徐晓刚, 等. 基于电力市场改革的微电网经营模式[J]. 电力建设, 2015, 36(11): 154-159.
[35] 王君安, 高红贵, 颜永才, 等. 能源互联网与中国电力企业商业模式创新[J]. 科技管理研究, 2017, 37(8): 26-32.

第10章 从无序到有序——虚拟电厂未来的发展趋势

10.1 虚拟电厂对能源生产和消费模式的影响

10.1.1 虚拟电厂发展对能源生产的影响

1) 我国能源生产现状

21世纪以来,世界各国在能源资源方面的竞争更加激烈。为了更好地保证自身的能源供应,许多国家都在积极地开发和利用新能源资源。与此同时,传统能源的大量使用所带来的全球气温上升、大气污染等环境问题也使得新能源的开发和利用成为未来能源发展的重要方向。

目前,我国的生产和消费结构是以碳能源为主的,包含风能、水能、太阳能在内的新型能源在我国能源结构中只占一少部分[1]。

首先,以煤炭为主的能源结构是我国长期发展新能源模式的制约因素。在能源结构上,我国是少数几个以煤炭为主要能源原料的国家之一,近几年煤炭在我国的能源消费中的比例仍然很高。目前以煤为主的能源结构在我国未来一段时间内是不会发生根本性改变的。

其次,我国新能源的发展在资金和技术方面也是倍感压力。以太阳能为例,受到地理环境、技术条件、成本等方面的压力,很多太阳能产业的发展在政府的扶持下仍然举步维艰。

再次,我国传统能源占据着主导地位,并且成本相对于新能源成本低了许多。消费者偏向使用传统能源,既有生活习惯的影响也有消费水平的制约。我国目前所处的发展阶段与发展低碳的经济之间存在比较尖锐的矛盾,虽然现在经济发展缓慢,但是对低碳经济的影响依然存在。以下以2006~2015年我国能源消费总量及构成的表格来分析(表10-1)。

由表10-1可以看出,煤炭比重呈现下降趋势,但是仍然占主导地位,石油的比重基本上趋于平稳,仅次于煤炭,比重占据能源整体占比的第二位。天然气及风电、水电和核电等其他能源的比重均呈现上升趋势,其整体比重和石油的比重基本持平。这个表格也表明我国新能源的发展前景良好,虽然和传统能源相比还是很悬殊,但是从传统能源比重不断下降的趋势来看,新能源赶超传统能源指日可待。

表 10-1　能源消费总量及构成

年份	能源消费总量/万吨标准煤	占能源消费总量的比重/%			
		煤炭	石油	天然气	一次电力及其他能源
2006	286467	72.4	17.5	2.7	7.4
2007	311442	72.5	17.0	3.0	7.5
2008	320611	71.5	16.7	3.4	8.4
2009	336126	71.6	16.4	3.5	8.5
2010	360648	69.2	17.4	4.0	9.4
2011	387043	70.2	16.8	4.6	8.4
2012	402138	68.5	17.0	4.8	9.7
2013	416913	67.4	17.1	5.3	10.2
2014	425806	65.6	17.4	5.7	11.3
2015	430000	64.0	18.1	5.9	12.0

最后，我国能源的价格机制设定不合理。传统能源产业由于原材料市场饱和，所以其能源价格较低，而新能源产业的能源价格在成本压力下高于传统能源价格。因此，需要重构能源的价格形成机制。在市场经济的条件下，除了让市场供求自行决定能源价格，促进能源利用率的提高之外，政府也要对能源价格机制进行调整。在市场上自发确定能源的价格并没有包含能源价格的全部构成，而能源价值不能反映出能源的真实价格。为此，应当在市场已经形成价格的基础上，适时、适度地对整个能源市场的价格进行调整，从而使传统能源价格和新能源价格一个呈现价格降低趋势，另一个呈现价格增长趋势。最终达到一个均衡点，新能源产业取代传统能源产业。

我国发展新能源资源有着比较强的优势，如丰富的风能资源、太阳能资源及地热资源等。第一，在新能源资源中，太阳能资源非常广泛，其安全清洁且能够循环利用的特点，可以减少对环境的污染。同时，我国太阳能资源的利用及开发技术相对较成熟，如太阳能热水器、太阳能光伏产业及太阳能热发电等技术都具有广泛的应用意义[2]。第二，我国沿海地区的风能资源相对较为丰富，而且具有较高的发电效率。当前我国许多地区都在积极建设风力发电站，这样可以减少对传统煤炭发电的依赖性，提升我国电力能源的清洁性。第三，我国核能产业发展已经具有 30 多年的历史，已建设完成秦山核电站和大亚湾核电站等大型核电站，初步形成了一定的核电工业基础。发展核电站不仅有利于我国的能源安全，还能减少煤炭化石能源对生态环境的污染，节约环境治理成本。第四，我国河流众多，且地势落差较大，水能资源蕴含量非常丰富。而且我国有着较长的水能资源利用历史，在水能资源的开发技术上相对先进。从整体上看，我国能源产业正快速健康地发展，虽然我国新能源产业发展时间短，然而发电速度持续上升，风电行业的发展速度仍保持一个较高的增长量，核能和太阳能发电也处于快速发展的状态。

除此之外，我国政府对新能源推出了新的示范措施，颁布了私人补贴的有关政策，同时拓宽了试点范围[3]。在政策的引导下，我国新能源标杆上网消费市场已经启动，在网络技术支撑下，新能源设施的建设也得到了迅速发展，以新能源标杆上网为发展战略指导，新能源建设积极投入到基础设施的建设中，得到了社会各界的普遍响应。新能源产业前期发展较慢，需要国家提供补贴支持，然而产业最终的发展还是要依靠市场及产品质量。目前，许多新能源标杆企业的利润主要是通过政府提供高额的补贴，一些企业整体营业情况不佳，而政府为这类企业提供高额的补助，让企业能够迅速提升自身利润，当企业对政府补贴产生依赖性时，将影响自身创新发展，使得企业无法向前发展。

2) 虚拟电厂对传统能源发展的影响

随着环境污染、能源紧缺等问题的日益严重，绿色、环保的清洁能源成为能源利用和开发的新方向。然而，新能源分布较为松散、容量较小且出力具有随机性，这在一定程度上限制了其发展。虚拟电厂的提出与利用，促进了分布式能源的利用和发展，在一定程度上减少了传统能源的使用。同时，虚拟电厂通过合理调配分布式能源和传统发电资源，促进二者优势互补，既保证一定程度的清洁能源占比，又保证电能的稳定性和可靠性。

除此之外，近几年出现的电力供应呈现出尖峰时刻供电短缺，低谷时段出现大量容量闲置的特点。这种现象不仅增加了供电成本，而且导致大量的污染排放。因此，如何调整用户的用电习惯、降低峰谷差、提高用电负荷率及节能减排成为电力行业急需解决的问题。虚拟电厂可通过整合需求侧资源，使得需求侧的用户单元在某些特定情况下成为发电单元，利用用户的用电弹性，缓解峰荷时段电力供应紧张的情况，对于降低发电上网电价、促进电力系统经济和安全运行具有积极的作用[4]。

目前国内外学者针对虚拟电厂与常规机组的合作进行了研究，从现有的碳排放交易机制出发，虚拟电厂参与清洁发展机制交易，常规机组参与碳排放权交易市场，分析了二者由于碳排放、备用、发电成本等方面由于互补性而形成的合作空间，同时研究了碳排放模式、虚拟电厂对可再生能源的预测精度、碳排放等几个因素对虚拟电厂与传统能源合作的影响，为虚拟电厂与传统机组的合作提供了一种方法[5]。

3) 对分布式能源发展的影响

分布式能源的发展主要受两方面因素的限制：一方面，分布式能源分布较为分散、单个分布式能源容量较小，且分布式能源出力具有随机性；另一方面，部分分布式能源产业的前期投入成本较高，其能源价格相比于传统能源较高，在电力市场中的竞争力较弱。

虚拟电厂通过先进的控制、计量、通信等技术聚合分布式电源、储能系统、可控负荷、电动汽车等多种类型的分布式能源，并通过更高层面的软件构架实现多个分布式能源的协调优化运行，更有利于资源的合理优化配置及利用。虚拟电厂的提出与发展使得分散的分布式能源并网问题得到了有效的解决，促进了分布式能源的大规模开发和利用。文献[6]采用场景抽样生成与缩减技术处理风光发电的不确定性，形成含概率信息的经典场景，在此基础上，根据合作博弈理论，建立了基于场景分析的虚拟电厂单独调度、与配电公司联合调度模型，分析了含风光水的虚拟电厂与配电公司的合作空间和利益分配。文献[7]以虚拟电厂为分布式能源的能量管理方式，在具有大规模分布式光伏的虚拟电厂中围绕储能系统的三方面作用对其配置求解。首先基于虚拟电厂运行模型分析了储能系统的需求响应、削峰填谷和提高电压质量作用，然后结合各分布式能源的数学模型搭建了经济、网供和电压子目标函数，从而构建了储能系统的优化配置模型，最后将目标函数归一化后对模型求解。不仅如此，虚拟电厂使得多种分布式能源之间能够更好地协调合作，分布式能源资源得到更好的利用，从而实现能源的高效利用，提高能源的利用效率。

除此之外，随着电力市场的逐渐开放，虚拟电厂可作为中间商为分布式发电资源和负荷用户提供双向互动的平台，构建新的消费模式，虚拟电厂通过新的增值服务业务吸引更多的分布式能源和负荷用户参与，增强分布式能源在市场中的竞争力，从而促进分布式能源的进一步开发和利用。文献[8]分析了虚拟电厂同时参与双边合同市场、日前市场、实时市场和平衡市场的三阶段竞标流程，并以此为依据建立了同时参与多类电力市场情况下计及电动汽车和需求响应的虚拟电厂三阶段竞标模型。

虚拟电厂的提出和发展为分布式能源自身发展及分布式能源与传统能源之间的协同合作提供了更广阔的空间，缓解了传统能源的压力，同时也为新能源发展提供了可能性。

10.1.2 虚拟电厂对消费模式的影响

虚拟电厂的发展有利于构建新型电力消费模式，催生新的增值业务需求。随着虚拟电厂的发展，在电力消费终端，可实现精准感知、实时响应需求，完善现有业务、拓展增值服务。

1) 常见电力消费模式

由于电能及电能产业的特殊性，电力市场与传统市场存在一定的差异。第一，电能难以存储，生产和消费必须即时平衡；第二，电能的生产、传输、消费必须通过电网完成，因此具有鲜明的网络产业特征；第三，电能产业与国民经济各部门息息相关，属于国民生产生活的刚需。

电力市场的实质是通过建立一个充满竞争和选择的电力系统运营环境来提高整个电力工业的经济效益。竞争和选择是市场机制相互依存的两个方面，依据竞争和选择的不同程度，可以把电力市场模式分成四种类型[9]。

（1）完全垄断型模式。完全垄断型模式在发、输、配和供电四个领域均是垄断的。它的基本特点是整个电力行业是一个纵向高度集成的系统，是在电力市场出现前电力行业普遍采用的模式。在规模经济仍可能获得效益的小系统中，趋向于保持垄断经营。

（2）买电型模式。买电型模式是将竞争引入电力工业的最初级模式，在这种模式下，电力系统各发电厂与电网分开，成为独立法人，发电市场存在唯一的买电机构，各发电公司相互竞争，但不允许通过输电网将电直接卖给最终用户。

在此种模式下，在发电领域引入竞争机制，允许多种经济成分、多种所有制形式的电厂存在；电网运营管理机构成为电网运行中枢；配电公司存在竞争和专营两种运营模式；各电网之间通过电网运营管理机构进行电力交易；引入投标机制与国家宏观调控。

（3）批发竞争模式。批发竞争模式又称批发市场竞争模式或批发竞争、输电网开放、多个购买者模式。其主要特点为：发电领域引入竞争机制体现在发电厂建设和运营两方面，发电厂所发的电可直接卖给配电公司或大用户；输电网络向用户开放并提供输电服务；配电公司或大用户获得选择权，但配电网仍不开放；买卖双方共同承担市场风险。在此阶段，市场更多地允许发电商与售电公司通过合同方式实现交易。

批发竞争模式被认为是一种过渡模式，对于拥有复杂电力系统的发达国家，在采用零售竞争模式之前，往往会采用批发竞争模式，并逐渐向零售竞争模式过渡。

（4）零售竞争模式。零售竞争模式又称直销型模式或完全竞争模式。在此模式中用户获得了选择权，发电环节和零售环节都是较完全的竞争。其特点是：独立发电公司直接接受用户选择，同时也获得了选择用户的权力；所有用户都获得了选择权；发电、零售与输配电领域完全独立，配电和输电网络均向用户开放；出现了供电零售公司；电网交易中心不再是买电机构，实际上变成了拍卖商或经纪人，买卖双方签订的所有交易合同都必须通过电网输送。

随着电力市场的逐渐开放，电力市场中发电、输电、配电各环节的独立性更强，用户也获得了更多的选择权。国内外学者对于开放电力市场模式下的用户消费行为进行了研究。文献[10]对基于峰谷电价机制的用电消费模式进行了研究，以工业企业用电习惯作为切入点，通过对不同企业的用电成本进行分析比较，为企业提供了调整班制的方案选择。文献[11]围绕电能商品附加值、从总结统一调配方式下电能质量服务下手，在分析现行电能商品差价式零售业雏形的基础上提出了基于电力超市模式的配用电新概念。在未来的电能商品市场中，电能客户设备不断复杂化，电能不再单向流动，电能零售商可以就地购买用户提供的性价比更高的过剩电能，并卖给其他用户，整个配电系统形成一个电能随意流通并富含各种性价比的商品流通渠道。文献[12]提出了一种新模式，独立电力系统模式。独立电力系统是指与传统互联电力系统之间没有电气连接的电力系统，其电能的生产、传输和消费一般在特定区域内完成，独立电力系统提倡电能的就地生产和消费，避免远距离送电，同时支持根据用户需求定制系统的组成和构架。

2) 对消费模式的影响

随着各种分布式能源的大量开发和利用，能源的消费模式也发生了一定的变化。为促进分布式能源的利用，增加分布式能源的竞争力，需要完善能源消费政策，实行差别化能源价格政策，同时加强能源需求侧管理，推行合同能源管理，培育节能服务机构和能源服务公司，实施能源审计制度。因此，虚拟电厂的发展促进了分布式能源的消纳，提供需求侧管理服务，有助于新的能源消费模式的开展。

第一，虚拟电厂能满足各类用能终端的灵活接入需求；依托信息技术，实现配用电信息的采集与处理，构建智能化电力运行监测、管理技术平台，使电力设备和用电终端进行双向通信与智能调控，实现分布式电源及电动汽车等终端设备及时、有效的接入，形成开放共享的能源网络。

第二，随着电力市场的逐渐开放，虚拟电厂能满足新的业务需求，实现客户用电管理优化、用能实时分析和预测、合同能源管理、需求侧响应服务等需求，并可提供用电增值服务，与客户分享增值收益。同时，由于虚拟电厂的分散式控制形式，虚拟电厂平台能快速处理收集到的负荷曲线数据，预测用电趋势，合理规划各发电单元，全面优化用电需求侧管理和用电调度。

第三，虚拟电厂的发展有助于生产者与消费者之间的双向互动。虚拟电厂将风电、光伏、电动汽车等分布式能源和工业、建筑、居民等消费端紧密连接，实现生产者与消费者能量流、信息流的双向互动，推动发、输、配、用电各环节创新产品服务和商业模式，加快向开放、共享、互动、绿色的电力系统转型升级。

10.2　对我国能源战略的影响

10.2.1　我国新能源产业发展战略

能源是现代化的基础和动力，能源供应与安全事关我国现代化建设全局。21

世纪以来，我国能源发展成就显著，供应能力稳步增长，能源结构不断优化，节能减排取得成效，国际合作取得新突破，建成世界最大的能源供应体系，有效地保障了经济社会的持续发展。同时，随着政治、经济格局的调整，能源供求关系也发生了变化。我国能源资源约束日益加剧，生态环境问题日益突出，能源发展面临着一系列的挑战；另外，我国可再生能源、非常规油气和深海油气资源开发潜力很大，能源科技创新取得了新突破，能源发展也面临着新的机遇。

我国能源战略以开源、节流、减排为重点，确保能源安全供应，转变能源发展方式，调整优化能源结构，创新能源体制机制，着力提高能源效率，严格控制能源消费过快增长，着力发展清洁能源，推进能源绿色发展。

我国能源发展坚持"节约、清洁、安全"的战略方针，加快构建清洁、高效、安全、可持续的现代能源体系，重点实施以下四大战略。

(1)节约优先战略。把节约优先贯穿于经济社会及能源发展的全过程，集约高效开发能源，科学合理地使用能源，大力提高能源效率，加快调整和优化经济结构，推进重点领域和关键环节节能，合理控制能源消费总量，以较少的能源消费支撑经济社会较快发展。到 2020 年，一次能源消费总量控制在 48 亿 t 标准煤左右，煤炭消费总量控制在 42 亿 t 左右。

(2)立足国内战略。坚持立足国内，将国内供应作为保障能源安全的主渠道，牢牢掌握能源安全主动权。发挥国内资源、技术、装备和人才优势，加强国内能源资源勘探开发，完善能源替代和储备应急体系，着力增强能源供应能力。加强国际合作，提高优质能源保障水平，加快推进油气战略进口通道建设，在开放格局中维护能源安全。到 2020 年，基本形成比较完善的能源安全保障体系。国内一次能源生产总量达到 42 亿 t 标准煤，能源自给能力保持在 85%左右，石油储采比提高到 14%～15%，能源储备应急体系基本建成。

(3)绿色低碳战略。着力优化能源结构，把发展清洁低碳能源作为调整能源结构的主攻方向。坚持发展非化石能源与化石能源高效清洁利用并举，逐步降低煤炭消费比重，提高天然气消费比重，大幅度增加风电、太阳能、地热能等可再生能源和核电消费比重，形成与我国国情相适应、科学合理的能源消费结构，大幅度减少能源消费排放，促进生态文明建设。到 2020 年，非化石能源占一次能源消费比重达到 15%，天然气比重达到 10%以上，煤炭消费比重控制在 62%以内。

(4)创新驱动战略。深化能源体制改革，加快重点领域和关键环节改革步伐，完善能源科学发展体制机制，充分发挥市场在能源资源配置中的决定性作用。树立科技决定能源未来、科技创造未来能源的理念，坚持追赶与跨越并重，加强能源科技创新体系建设，依托重大工程推进科技自主创新，建设能源科技强国，能源科技总体接近世界先进水平。到 2020 年，基本形成统一开放、竞争有序的现代能源市场体系。

我国能源战略的主要任务有以下五点。

(1)增强能源自主保障能力。一方面，推进煤炭清洁高效开发利用，稳步提高国内石油产量，大力发展天然气；另一方面，积极发展能源替代，加强储备应急能力建设。

(2)推进能源消费革命。调整优化经济结构，转变能源消费理念，强化工业、交通、建筑节能和需求侧管理，严格控制能源消费总量过快增长，不断提高能源使用效率，推动城乡用能方式变革。

(3)优化能源结构。积极发展天然气、核电、可再生能源等清洁能源，降低煤炭消费比重，提高天然气消费比重，推动能源结构持续优化。

(4)拓展能源国际合作。统筹和利用国内国际两种资源、两个市场，加快制定利用海外能源资源中长期规划，着力拓展进口通道。

(5)推进能源科技创新。按照创新机制、夯实基础、超前部署、重点跨越的原则，加强科技自主创新，鼓励引进消化吸收再创新，打造能源科技创新升级版，建设能源科技强国。

为保障能源的稳步发展，需要深化能源体制改革，完善现代能源市场体系，推进能源价格改革，深化重点领域和关键环节改革，健全能源法律法规，进一步转化政府职能，健全能源监管体系。同时，健全和完善能源政策，完善能源税费政策，完善能源投资和产业政策，完善能源消费政策。

10.2.2　对能源战略的影响

经济的高速发展促使能源需求越来越大，而我国目前在能源方面过度依赖化石燃料，在资源的可持续供应和发展上存在很大压力。虚拟电厂作为一种能源聚合形式，其发展和推广对我国能源战略产生了一定的影响。

1)我国能源发展的问题与挑战

国际能源新形势对我国能源发展也带来了挑战，并与能源领域长期和短期的固有矛盾相互交织，构成了影响我国未来能源发展的突出问题。

我国能源发展面临着很大的挑战。①资源约束加剧。中国人均能源资源拥有量在世界上处于较低水平，煤炭、石油和天然气的人均占有量仅为世界平均水平的67%、5.4%和7.5%。近年来，能源消费总量增长较快，随着未来经济发展和城镇化的提速，我国近期能源消费还将继续增长，资源约束矛盾将加剧。②环境承载力不足。化石能源特别是煤炭的大规模开发利用，对生态环境造成严重影响。大量耕地被占用和破坏，水资源污染严重，二氧化碳等有害气体排放量大。未来相当长时间内，化石能源在我国能源结构中仍占主体地位，我国能源发展迫切需要能源绿色转型。③能源效率不高。能源结构不合理，能源技术装备水平低，单位产值能耗远高于发达国家，第二产业能耗比重过高。单纯依靠增加能源供应，难以满足持续增长的消费需求。④能源安全形势严峻。近年来,我国石油生产和消费之间的缺口不断扩大,石油对外依存度逐渐增加,与此同时,我国油气进口来源相对集中,受地缘政治和军事力量影响,进口通道受制于人,远洋运输能力不足,能源储备规模较小,能源保障能力脆弱。⑤体制机制亟待改革。能源体制机制深层次矛盾不断积累,煤电矛盾反复发作,天然气和发电企业的政策性亏损严重,新能源并网消纳和分布式能源发电上网受到电力体制制约,价格机制尚不完善。

面对我国能源发展的上述问题,我国能源发展战略实施了以下对策:培养节能意识;加强对开发利用新能源和可再生能源的认识;借鉴国外先进技术和经验,加速能源结构调整;修订和制定能源政策;采用法律和经济手段,促进能源发展战略的实施。

2)虚拟电厂发展对我国能源战略的影响

虚拟电厂作为一种新型能源聚合方式,为分布式能源提供了一种新的能源利用方式;同时,虚拟电厂中聚合的分布式能源大部分为清洁能源,虚拟电厂的开发和利用,促进了清洁能源的有效利用,打破了化石能源在我国能源利用方面的绝对占比,改变了我国的能源结构。虚拟电厂的发展对我国能源战略的实施和改进有一定的促进和推动作用。

(1)节能降耗,提高能源利用率。虚拟电厂通过先进的通信技术及软件技术聚合和管理多种分布式能源,一方面,多种分布式能源在虚拟电厂的调控下相互协调配合,风光等具有随机波动性的发电单元可通过与其他发电单元的合作保证整体出力的稳定性,从而减少了能源的丢弃与浪费,实现个体的有效利用及整体资源的优化配置;另一方面,虚拟电厂可整合分布式能源与传统能源进行协调合作,提高分布式能源的利用率,同时尽可能减少传统能源的浪费,达到节能降耗、提高能源利用率的目的。

(2)提高可再生能源利用率,促进能源结构调整。虚拟电厂整合的大部分分布式能源均为清洁能源,其发电对环境无污染,可缓解环境污染的现象,虚拟电厂的发展使得分布式能源并网问题得到解决,使得分布式能源得到大规模的开发和利用,提高了分布式能源的利用比例。与此同时,虚拟电厂的发展和应用促进了传统资源与新型能源的协调合作,形成了传统能源的能源利用新方式,促进了我国能源结构的调整。

10.3　监管问题及监管活动

10.3.1　我国能源监管架构

所谓能源监管是指国家基于国家或社会公共利益的需要,通过有关国家机关、政府部门或其他受权的机构,对能源部门的有关活动进行规制、管理、监督和处理的活动。

我国能源管理体制几经变迁。能源机构变革经历电力工业部、煤炭工业部、石油工业部、国家能源委员会、燃料工业部、工业和能源部、国家发展和改革委员会能源局和国家能源局。从能源管理体制演变进程来看，可以分为两个阶段：第一阶段是在改革开放之前，以能源部门为基本单元多次分合，但保持政企合一、高度集中的特质；第二阶段是在市场改革进程中，政企逐步分开，能源管理职能随市场调整，期间伴随利益博弈。2013年，在新的一轮机构改革中，国家能源局、国家电力监管委员会的职责整合，重新组建国家能源局，完善能源监督管理体制，不再保留国家电力监管委员会。改革后，国家能源局继续由国家发展和改革委员会管理。

能源监管架构主要从以下几个方面规定[13]：能源监管的范围、政府监管的原则及措施以及能源监管过程中的多重目标的协调配合。

首先，能源监管的范围主要有：因过度竞争而需要监管的领域，因信息不充分而需要监管的领域，因巨大投入产业和资源浪费而需要监管的领域，因垄断而需要监管的领域，因意外利润而需要监管的领域，因内部成本外部化而需要监管的领域，因重要生活性产品的稀有而需要监管的领域，因实施标准化而需要监管的领域，因应对投机性操作市场而需要监管的领域。

其次，政府监管需要遵循的原则和措施。政府监管的原则主要有不干预完全竞争市场、预防和纠正市场失灵现象、促进经济发展、保障国家安全与社会公平和生态健康、尽量采取间接干预措施及灵活性这六项原则。在监管措施的采取上，政府或其主管机构的主要做法一般是：对于过度竞争，采取反对不正当竞争的监管措施；对于信息不充分，要求各方全面、充分、客观地披露信息，并在必要时由政府组织信息收集和披露；对于巨大投入产业和资源浪费，监管措施往往是只许可一家或少数企业进行经营；对于垄断，在拆分垄断企业不造成资源浪费的情况下，对垄断企业进行所有权拆分或者法律拆分，在拆分造成资源浪费时，进行财务拆分或会计拆分；对于意外利润，通过控制国内价格避免出现过高的意外利润，征收意外利润税；在出口管理方面，对于出口能源产品按受控制的国内价格与国际市场价格之差征收出口税；对于内部成本外部化，建立和制定有关空气、水、土地、汽油等的标准是常用的监管措施；对于稀有重要生活性产品或服务的不公平分配，实施能源普遍服务制度、限制或者禁止能源产品的出口；对于非标准化，实施标准化制度；为了应对道德风险，对能源领域有关的上游、中游和下游事项进行监管。

最后，国家实施能源监管往往有多重目标，包括促进经济发展、确保国家安全、保障民生及保护生态环境等。在能源监管的过程中，需注意多重目标之间的矛盾，实现多重目标之间的协调稳定配合，在保障国家安全的基础上，实现经济、环境、国民生活质量等多方面的共同进步，达到多重目标共同进步的目的。

10.3.2　虚拟电厂发展过程需要监管的问题

1) 因过度竞争需要的监管

所谓过度竞争，是指在竞争过程中，出于竞争的需要，众多卖方将价格相继降低到低于成本的过低水平，导致相互竞争的大部分企业歇业时或资源严重浪费时而出现的市场缺陷。

虚拟电厂的发展为传统能源和新型能源之间的竞争提供了一个平台，虚拟电厂整合分布式能源，解决了分布式能源大规模并网的问题。而随着逐渐开放的市场，传统能源和分布式能源之间存在竞争，传统资源发电成本相对较低，但不具备清洁性，而大部分分布式能源发电成本较高且具有清洁性，在市场规则不够完善的情况下，可能出现传统能源和新型能源过度竞争而导致整个市场出现资源浪费或部分发电企业经营破产的局面。这需要国家制定完善的市场规则及监管措施，从而避免过度竞争导致的市场缺陷。

2) 因信息不充分需要的监管

在完全竞争的市场中，往往会出现信息不充分的问题。其原因是：①在市场全球化的背景下，收集和传播信息需要成本乃至很高的成本；②出于在讨价还价中取得优势地位的考虑，企业可能不向消费者提供信息；③尽管作为群体性的消费者在政治和经济方面可能具有获取信息的兴趣和资金，但单个的消费者则不然。

随着电力市场的逐渐开放及虚拟电厂的发展，在售电侧可能出现众多售电商，用户需要根据自己的用能需要选择不同的售电商，在这种情况下可能存在某些售电商不提供信息的情况。为了确保消费者能够及时获取全面、详细和真实的信息，保证消费者选择符合自己意愿或适合自己消费能力的能源产品或服务，不支付不合理的高价，需要在能源信息收集和传播方面进行监管。

3) 因垄断而需要的监管

在某种产品的一个或少数供应商完全排他性地占有一个市场，而没有其他替代者的情况下，就会出现垄断现象。

在虚拟电厂的发展过程中，虚拟电厂提高了分布式能源的竞争力，促进了传统能源和新型能源之间的竞争，可能导致过度竞争而引起的垄断，这不仅会对整个市场造成一定的损失，公众利益也会由于垄断价格而发生损失，国家应该通过制定合理的监管制度避免垄断现象的发生。

4) 因实施标准化而需要的监管

在能源生产和消费领域，能源产品需要执行一定的标准。一方面，数量相当的标准有助于提高效率；另一方面，当一个或少数能源企业控制某一市场时，就无法制定广泛应用的标准。

虚拟电厂区别于传统电厂，虚拟电厂内部包含多种类型的发电单元和用电单元，其标准相较于传统电厂存在一定差异，且在其应用于电力市场时需要进行一定标准的制定，过多或过少的标准都会导致成本的增加和资源的浪费。因此，为了确保其标准化，进行监管就成为必不可少的事项。

5) 应对投机性操纵市场而需要监管

正常的投机是市场所允许的，有时似乎还是必要的；但是，操纵市场性的投机严重扭曲市场、不能反映基本供求，是有害的。

随着电力市场的进一步放开，虚拟电厂可作为售电商参与售电侧竞争，同时，虚拟电厂中包含发电单元与用电单元，既可作为生产者，又可作为消费者。因此，虚拟电厂参与市场竞争时存在多种可能性，为确保市场不被扭曲，打击操纵市场性的投机，为应对投机性操作而进行监管是有必要的。

10.4　虚拟电厂在未来的发展趋势

10.4.1　虚拟电厂研究热点

1) 国外虚拟电厂研究热点

从虚拟电厂概念的提出和研究发展历程来看，国外对虚拟电厂的研究主要源于大量小型分布式发电单元集成以及需求侧响应的智能决策需求，研究问题也多着眼于虚拟电厂作为一个整体参与电力市场的竞标决策，以最优化虚拟电厂区域范围内的发电和用电效益[14]。国外虚拟电厂的研究和实施主要集中于欧洲与北美，而且欧洲及美国虚拟电厂的应用形式也有着显著的不同，欧洲各国的虚拟电厂研究主要针对实现分布式电源可靠并网和电力市场运营，以分布式电源为主；而美国的虚拟电厂研究主要基于需求响应计划发展，兼顾可再生能源的利用，以可控负荷为主[15]。

2) 国内虚拟电厂研究热点

我国虚拟电厂研究的出发点和侧重点相较国外有所不同。虚拟电厂在我国的研究主要是为大规模新能源电力的接入提供框架和技术支撑，通过虚拟电厂的运行机制实现传统能源与新能源之间的互补协同调度与电网的优化运行，以最大限度地平抑新能源电力的强随机波动性，提高新能源的利用率。目前，由于我国电力市场的逐渐开放，虚拟电厂作为整体参与电力市场竞价及虚拟电厂中需求响应的应用也成为国内虚拟电厂的研究新热点。

10.4.2　虚拟电厂的未来发展趋势

1）虚拟电厂能源架构方面的发展趋势

对于虚拟电厂的能源架构方面，国内外学者已经进行了一系列的研究。虚拟电厂可看作一种新型的能源聚合方式，是一系列分布式能源的聚合，虚拟电厂可将分散在中压配电网的各点的不同分布式能源进行聚合。为了确保虚拟电厂的安全稳定运行，国内外研究人员建立了考虑风光互补、储能系统、可控符合、需求响应等的虚拟电厂模型。

一些学者将区域风力机组和常规水电、火电机组以及储能设备进行聚合形成虚拟电厂，建立虚拟电厂数据模型，并采用实际电网运行数据进行验证，确认了方案的可行性；对于电动汽车、可控负荷和热电联产发电系统，以虚拟电厂的方式进行聚合管理，进行频率二次调整，提供负荷频率控制功能，确认电动汽车稳定可靠并网；在虚拟电厂模型中加入具有存储功能的设备作为附加能源或电能的缓冲装置，以提高供电质量，校正电压波动和闪变或稳定系统频率，从而提高了系统的安全性和可靠性；在虚拟电厂模型中增加可控负荷，通过调节可控负荷对可再生能源发电出力的不确定性波动以及突发故障进行调控，平衡电能供需，从而提供系统的稳定性及安全性；根据需求响应的不同机理，考虑需求响应的不确定性，分别建立基于激励的和基于价格的需求响应虚拟电厂模型，通过需求响应调节虚拟电厂内部功率波动，确保整体系统的稳定性。

2）虚拟电厂在运行控制方面的发展趋势

虚拟电厂可分为两类：商业型虚拟电厂和技术型虚拟电厂。商业型虚拟电厂是从商业收益的角度考虑虚拟电厂，是分布式能源投资组合的一种灵活表述，其基本功能是基于用户需求、负荷预测和发电潜力预测，制定最优发电计划，并参与市场竞标。商业型虚拟电厂不考虑虚拟电厂对配电网的影响，并以与传统发电厂相同的方式将分布式能源加入电力市场。商业型虚拟电厂投资组合中的每一个分布式能源向其递交运行参数、边际成本等信息，将这些输入数据整合后创建唯一的配置文件，它代表了投资组合中所有分布式能源的联合容量。结合市场情报，商业型虚拟电厂将优化投资组合的潜在收益，制定发电计划，并与传统的发电厂一起参与市场竞标。一旦竞标取得市场授权，商业型虚拟电厂与电力交易中心和远期市场签订合同，并向技术型虚拟电厂提交分布式能源发电计划表和运行成本信息。而技术型虚拟电厂则是从系统管理的角度考虑的虚拟电厂，考虑分布式能源聚合对本地网络的实时影响，并代表投资组合的成本和运行特性。技术型虚拟电厂提供的服务和功能包括提供系统管理、系统平衡及辅助服务。在本地网络中，分布式能源的运行参数、发电计划、市场竞价等信息由商业型虚拟电厂提供，技术型虚拟电厂整合商业型虚拟电厂提供的数据及网络信息，计算本地系统中每个分布式能源可做出的贡献，形成技术型虚拟电厂的成本和运行特性。

虚拟电厂的控制方式有三种：集中控制方式、集中-分散控制方式和完全分散控制方式。文献[16]提出了一体化电站的运营模式，建立包括电动汽车充、换、储一体化电站和可中断负荷的虚拟电厂控制模型，以运行成本最小为调度目标实现虚拟电厂的经济调度。文献[17]基于投资组合理论的基本思想，提出将虚拟电厂可再生能源出力随机地映射到一般投资组合模型，可考虑价格随机性的思路，建立了考虑多个可再生能源发电电源不确定性的容量配置模型，在单一时段容量配置模型基础上，进一步分析了考虑可再生能源出力偏差惩罚及多时段容量配置问题。

3) 虚拟电厂在电力市场交易中的发展趋势

虚拟电厂最具吸引力的功能在于能够聚合分布式能源参与电力市场和辅助服务市场运行，为配电网与输电网提供管理及辅助服务。

一方面，虚拟电厂可有效聚合热电联产机组及其他种类的分布式能源，参与能量市场和旋转备用市场，从而提高决策的灵活性、获得更大的收益；同时通过虚拟电厂的有效聚合，可降低由于分布式能源出力随机导致的系统风险[18]。另一方面，多个虚拟电厂可合作参与电力市场，通过联合竞标获得收益，以虚拟电厂联盟在日前市场的竞标收益和平衡市场收到的奖惩之和最大为目标参与竞标，从而提高分布式能源在电力市场中的竞争力。除此之外，随着电力市场售电侧的逐渐开放，虚拟电厂可聚合负荷侧资源，使其作为一个整体参与电力市场的竞争，提高负荷侧资源参与市场的积极性和竞争力。

10.5　小　　结

为适应我国的地理、天气、发电类型结构等具体国情，我国构建虚拟发电厂的结构形式和功能配置必须进行有针对性的设计和调整。但是，从目前我国对电力能源经济环保性的迫切需求及新能源发电规模的快速发展趋势来看，虚拟电厂在我国将有广阔的发展空间。

首先，虚拟电厂作为一种新能源聚合方式，可实现对新能源电力的大规模、安全、高效利用。以风能和太阳能为代表的新能源具有显著的间歇性与强随机波动性，若将单一形式的多台新能源发电机组规模化地接入大电网，将产生较严重的系统稳定性问题，这将是制约新能源电力大规模开发利用的瓶颈。不仅如此，单一区域内新能源的容量较小且分布较为分散，这也为新能源的大规模开发带来了挑战。虚拟电厂将新能源电力与传统能源以及储能装置聚合起来，形成统一的整体，在智能协同调控和决策支持下对大电网呈现出稳定的电力输出特性，为新能源电力的安全高效利用开辟了一条新的路径。

其次，虚拟电厂丰富了智能电网的内涵，也扩展了智能电网的外延。智能电网概念提出以来，多数情况下强调电网自身以及电网与用户之间的信息化、自动化、互动化，较少涉及电源与电网的关系。而通常概念下的智能电网对不同类型电源的输出特性也并不十分关注。尽管提到能源利用方式的变革，也提到经济社会效益的综合提升，但具体如何落实，在智能电网概念中并不明确。而虚拟电厂的提出，为保证安全、可靠、优质、高效的电力供应，满足经济社会发展对电力的多样化需求，解决能源与环保问题提供了可行的解决方案。

另外，虚拟发电厂的建设对于完善我国的电力市场体制具有重要的促进作用。在对多种能源发电形式进行有效集成的同时，虚拟发电厂在参与电力市场运营过程中，不仅具有传统发电厂的稳定出力和批量售电特征，还具有多样化电源集成的互补性和丰富的调控手段。因此，虚拟电厂在电力市场中既可以参与前期市场、实时市场，也可以参与辅助平衡市场，这将从根本上改变了可再生能源发电依靠国家补贴、在电力营销中毫无优势的被动局面。

参 考 文 献

[1] 丁梦宁. 我国新能源产业现状分析及对策[J]. 城市地理, 2016(24): 102.

[2] 吴仕业. 我国新能源产业发展现状及战略研究[J]. 华东科技(学术版), 2014(2): 451.

[3] 郝薛妹. 浅析 WTO 背景下我国新能源产业补贴现状以及解决措施[J]. 环球市场, 2016(18): 7-8

[4] 姜海洋, 谭忠富, 胡庆辉, 等. 用户侧虚拟电厂对发电产业节能减排影响分析[C]. 2011 北京供热节能与清洁能源高层论坛, 2011: 37-40.

[5] 张媛, 徐谦, 杨莉, 等. 考虑碳交易的虚拟电厂与常规机组合作空间研究[J]. 能源工程, 2016(5): 1-7.

[6] 董文略, 王群, 杨莉. 含风光水的虚拟电厂与配电公司协调调度模型[J]. 电力系统自动化, 2015, 39(9): 75-81.

[7] 韦立坤, 赵波, 吴红斌, 等. 虚拟电厂下计及大规模分布式光伏的储能系统配置优化模型[J]. 电力系统自动化, 2015(23): 66-74.

[8] 周亦洲, 孙国强, 黄文进, 等. 计及电动汽车和需求响应的多类电力市场下虚拟电厂竞标模型[J]. 电网技术, 2017, 41(6): 1759-1766.

[9] 黄昆彪. 基于峰谷电价机制下的用电消费模式的研究[J]. 电力需求侧管理, 2008, 10(1): 56-58.

[10] 刘兵, 阮江军, 魏远航, 等. 基于电力超市模式的配用电新概念[J]. 电力系统自动化, 2007, 31(10): 36-40.

[11] 陈来军, 梅生伟, 许寅, 等. 未来电网中的独立电力系统模式[J]. 电力科学与技术学报, 2011, 26(4): 30-36.

[12] 胡德胜. 论我国能源监管的架构:混合经济的视角[J]. 西安交通大学学报(社会科学版), 2014, 34(4): 1-8.

[13] 刘吉臻, 李明扬, 房方, 等. 虚拟发电厂研究综述[J]. 中国电机工程学报, 2014, 34(29): 5103-5111.

[14] 卫志农, 余爽, 孙国强, 等. 虚拟电厂的概念与发展[J]. 电力系统自动化, 2013, 37(13): 1-9.

[15] 徐璐, 袁越. 基于电动汽车一体化电站的虚拟电厂智能调度[J]. 电力建设, 2015, 36(7): 133-138.

[16] 黄昕颖, 黎建, 杨莉, 等. 基于投资组合的虚拟电厂多电源容量配置[J]. 电力系统自动化, 2015(19): 75-81.

[17] 孙国强, 周亦洲, 卫志农, 等. 能量和旋转备用市场下虚拟电厂热电联合调度鲁棒优化模型[J]. 中国电机工程学报, 2017, 37(11): 3118-3128.

[18] 胡殿刚, 刘毅然, 王坤宇, 等. 多商业型虚拟发电厂联合竞标及分配策略[J]. 电网技术, 2016, 40(5): 1550-1557.